“十二五”职业教育国家规划教材
经全国职业教育教材审定委员会审定

常用工具软件
项目教程
（第3版）

蔡英 蔺抗洪 ◎ 主编
谈杰 徐鲜 谭桂华 ◎ 副主编

人民邮电出版社
北京

图书在版编目（CIP）数据

常用工具软件项目教程 / 蔡英，蔺抗洪主编. -- 3版. -- 北京 : 人民邮电出版社，2016.3（2024.6重印）
“十二五”职业教育国家规划教材
ISBN 978-7-115-39140-7

Ⅰ. ①常… Ⅱ. ①蔡… ②蔺… Ⅲ. ①软件工具－高等职业教育－教材 Ⅳ. ①TP311.56

中国版本图书馆CIP数据核字(2015)第224328号

内容提要

本书介绍目前最为流行的常用工具软件，包括音频/视频工具、网络应用工具、系统安全工具、图形编辑工具、文档翻译工具、高级图像工具、光盘管理工具、磁盘维护工具、系统维护工具、通信娱乐工具等。

本书从初学者的角度出发，以软件的基本功能为主线，用丰富的案例贯穿全书，重点介绍常用工具软件的使用方法和操作技巧。读者通过学习本书，可以轻松、快速地熟悉和掌握这些工具软件。

本书可作为各类职业院校“常用工具软件”课程的教材，也可作为计算机短期培训班的培训用书。

◆ 主　　编　蔡　英　蔺抗洪
副 主 编　谈　杰　徐　鲜　谭桂华
责任编辑　马小霞
责任印制　焦志炜
◆ 人民邮电出版社出版发行　　北京市丰台区成寿寺路 11 号
邮编　100164　　电子邮件　315@ptpress.com.cn
网址　http://www.ptpress.com.cn
三河市君旺印务有限公司印刷
◆ 开本：787×1092　1/16
印张：16.25　　2016 年 3 月第 3 版
字数：408 千字　　2024 年 6 月河北第 27 次印刷

定价：39.80 元

读者服务热线：(010)81055256　印装质量热线：(010)81055316
反盗版热线：(010)81055315
广告经营许可证：京东市监广登字 20170147 号

第3版 前　言 PREFACE

随着计算机技术的发展和普及，计算机各种常用工具软件的教学已经是职业学校相关专业必不可少的内容。本书根据教育部最新专业教学标准要求编写，邀请行业、企业专家和一线课程负责人一起，从人才培养目标、专业方案等方面做好顶层设计，明确专业课程标准，强化专业技能培养，安排教材内容，力求达到“十二五”职业教育国家规划教材的要求，提高职业院校专业技能课的教学质量。

本书全面贯彻党的二十大精神，以社会主义核心价值观为引领，传承中华优秀传统文化，坚定文化自信，使内容更好地体现时代性、把握规律性、富于创造性。

教学方法

本书精选了目前同类工具中好用且使用广泛的软件作为讲解对象，以软件的基本功能为主线，用典型操作案例的形式介绍软件的使用方法。本书介绍的常用工具软件包括音频/视频工具、网络应用工具、系统安全工具、图形编辑工具、文档翻译工具、高级图像工具、光盘管理工具、磁盘维护工具、系统维护工具、通信娱乐工具等。

本书每一个项目自成一体，读者可以方便地选择自己感兴趣的内容阅读；每种软件都通过典型案例进行讲解；每个项目后面都配有适量的习题。相信读者通过本书的学习，可以在较短的时间内熟悉并掌握这些工具软件。

教学内容

本课程的教学时数为72学时，各项目的教学课时可参考下面的课时分配表。

项　目	课程内容	课时分配	
		讲授	实践训练
项目一	音频/视频工具	4	4
项目二	网络应用工具	4	4
项目三	系统安全工具	2	4
项目四	图形编辑工具	4	4
项目五	文档翻译工具	4	4
项目六	高级图像工具	2	4
项目七	光盘管理工具	2	4
项目八	磁盘维护工具	4	4
项目九	系统维护工具	4	4
项目十	通信娱乐工具	2	4
课时总计		32	40

教学资源

为方便教师教学，本书配备了内容丰富的教学资源包，包括 PPT 课件、习题答案、教学大纲和 2 套模拟试题及答案。任课老师可登录人民邮电出版社教学服务与资源网（www.ryjiaoyu.com）免费下载使用。

本书由蔡英和蔺抗洪任主编，谈杰、徐鲜和谭桂华任副主编。由于编者水平有限，书中难免存在疏漏之处，恳请读者批评指正。

编者

2023 年 5 月

目 录 CONTENTS

项目四　图形编辑工具　87

项目五　文档翻译工具　117

项目六　高级图像工具　143

项目七　光盘管理工具　175

项目八　磁盘维护工具　187

项目九　系统维护工具　215

项目十　通信娱乐工具　233

PART 1

项目一 音频/视频工具

当代计算机凭借其强大的多媒体功能让人们的生活变得更加丰富多彩。在工作之余，用计算机欣赏喜欢的音乐或者影视作品的确是一件十分惬意的事情。本项目将介绍与媒体播放和编辑相关的一些软件的使用方法。

学习目标

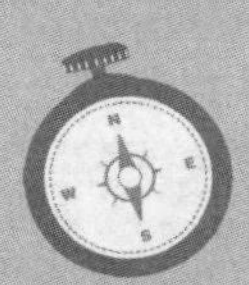

- 掌握音频播放软件酷我音乐盒的使用方法。
- 掌握视频播放软件暴风影音的使用方法。
- 掌握格式转换软件格式工厂的使用方法。
- 了解视频制作软件 HyperCam 的使用方法。

任务一　掌握酷我音乐盒的使用方法

酷我音乐盒集播放、音效、转换、歌词显示等众多功能于一身，操作便捷，功能强大，深受用户喜爱，是一款融歌曲和 MV 搜索、在线播放、同步显示歌词为一体的音乐播放器。

（一） 编辑歌曲

要使用酷我音乐盒来播放音乐，应先将音乐文件添加到软件中。用户可以创建自己的播放列表，添加自己喜爱的歌曲。

【操作思路】

- 添加歌曲。
- 删除歌曲。
- 对歌曲进行排序。
- 编辑播放列表。

【操作步骤】

STEP 1 添加歌曲。

酷我音乐盒提供了 3 种添加曲目的方法，用户可以根据需要选择不同的添加方式。

（1） 单击播放列表右下方的 十 添加 按钮（如图 1-1 所示），在弹出的菜单中选择【自动扫描全盘文件】命令，系统将自动扫描硬盘中的音乐文件，并将其添加到播放列表。

图1-1 扫描全盘文件添加歌曲

（2） 单击播放列表右下方的 添加 按钮，在弹出的菜单中选择【添加本地歌曲文件】命令（如图 1-2 所示），浏览并选择音乐文件，单击 打开(O) 按钮，此时所选择的音乐文件便添加到列表中。

图1-2 添加本地歌曲文件

（3） 单击播放列表右下方的 添加 按钮，在弹出的菜单中选择【添加本地歌曲目录】命令（如图 1-3 所示），浏览并选择想添加的音乐文件目录，单击 确定 按钮，此时整个目录下的所有音频文件均会添加到列表中。

可以直接将本地硬盘中的曲目（单个或多个）拖曳到酷我音乐盒的播放列表中的任意位置。

图1-3 添加本地歌曲目录

STEP 2 删除歌曲。

（1） 单击【播放列表】面板中的 管理 按钮，在弹出的菜单中有 3 种删除歌曲的方式，如图 1-4 所示。

图1-4 删除歌曲 1

- 删除当前选中的歌曲。
- 删除错误的歌曲。
- 清空当前列表。

（2） 选中列表中的任意歌曲，单击鼠标右键，在弹出的菜单中有 4 种删除歌曲的方式，如图 1-5 所示。

- 移出列表。
- 删除本地文件。
- 列表去重（针对重复歌曲）。
- 清空列表。

图1-5　删除歌曲 2

STEP 3　对歌曲进行排序。

（1）　右键单击列表中的任意歌曲，选择【歌曲排序】选项，可对当前列表中的文件进行排序。酷我音乐盒提供了多种排序方式，用户可以选择一种喜欢的方式对歌曲进行排序，如图 1-6 所示。

图1-6　排列歌曲顺序 1

- 按歌名。
- 按歌手。
- 按播放次数。
- 按添加时间。
- 随机排序。

（2）　单击【播放列表】面板中的 管理 按钮，在弹出的菜单中选择【歌曲排序】命令，可对当前列表中的文件进行排序，如图 1-7 所示。

图1-7 排列歌曲顺序 2

STEP 4 编辑播放列表。

默认情况下，在酷我音乐盒中添加的歌曲都会存放在【默认列表】中。当然，用户也可以根据自己的需要进行分类，创建不同的列表进行管理。

（1） 新建播放列表。

选择【播放列表】面板中的【创建列表】命令，新建一个列表并输入列表名称，以便更好地把自己喜欢的曲目归类，如图 1-8 所示。

图1-8 创建列表

（2） 编辑播放列表。

右键单击【播放列表】面板中的任意列表，在弹出的菜单中可以进行播放、创建列表、导入列表、导出列表、重命名列表、删除列表、还原列表等操作，如图 1-9 所示。

图1-9 编辑播放列表

（二） 显示歌词

读者在欣赏音乐的同时，往往希望能同步看到歌词。这里主要介绍编辑歌词的方法，使播放音乐的时候显示合适的歌词。

【操作思路】

- 添加歌词。
- 修改歌词。

【操作步骤】

STEP 1 添加歌词。

（1） 播放歌曲，单击屏幕上方的【歌词 MV】命令，面板上会出现默认最匹配的歌词，如图1-10所示。

图1-10 显示歌词

（2） 播放歌曲，单击屏幕右下方的【词】命令，电脑显示屏上将出现默认最匹配的歌词，当酷我音乐盒最小化后，歌词依然存在，并且可以随便拖动来改变其位置，如图1-11所示。

图1-11 添加歌词

STEP 2 修改歌词。

（1） 如果发现歌词与歌曲速度不匹配，可以在【歌词】面板上单击鼠标右键，在弹出的快捷菜单中选择【搜索并关联歌词】命令，如图 1-12 所示。

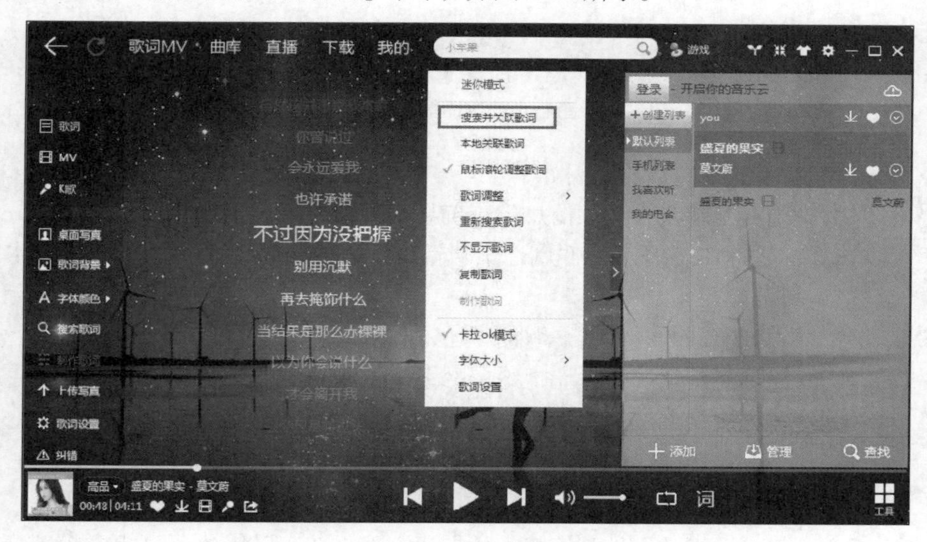

图1-12 搜索并关联歌词

（2） 在弹出的对话框中，可以重新搜索歌词，关联本地歌词，如图 1-13 所示。

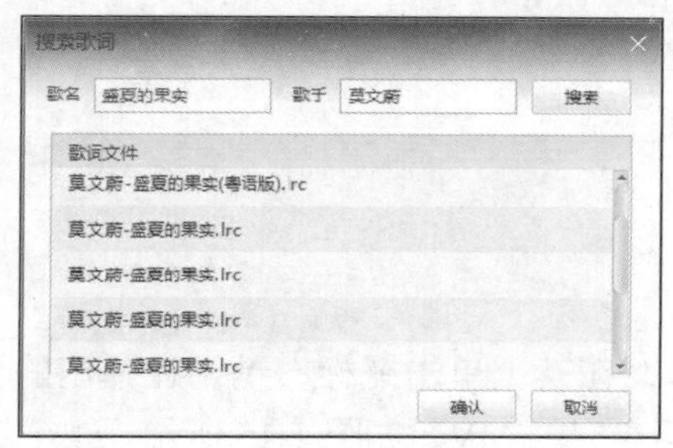

图1-13 搜索歌词

（3） 也可以选择【歌词设置】选项卡，修改歌词的基本设置，如图 1-14 所示。

图1-14 歌词基本设置

歌词下载失败的原因如下。

- 可能是歌曲文件信息不正确导致搜索时无法正确匹配，解决的方法是选择该歌曲，打开【文件属性】对话框，设置正确的【标题】和【艺术家】选项即可。
- 可能是歌曲太新，歌词库还未收录最新歌词。
- 可能是系统防火墙拒绝了网络请求而无法连接到歌词服务器。
- 可能是无法连接网络，需要检查网络连接是否正常。

（三） 掌握其他功能

酷我音乐盒不仅可以播放本地计算机上的音乐文件，还可以播放 MV 和在线音乐文件，以及管理音乐文件等。

【操作思路】

- 播放 MV。
- 播放网络音频。

【操作步骤】

STEP 1 播放 MV。

选中播放列表中的曲目，在其上单击鼠标右键，在弹出的快捷菜单中选择【播放高清 MV】命令，可以开始播放相对应的 MV，如图 1-15 所示。

图1-15 播放 MV

STEP 2 播放网络音频。

（1） 收听网络电台歌曲。

在主菜单中选择【电台】选项，选择你想收听的电台歌曲，右边【我的电台】列表中将会出现所添加的电台，如图 1-16 所示。

图1-16 收听网络电台歌曲

（2） 下载网络电台歌曲。

如果用户想把正在收听的电台节目保存下来，也可以通过酷我音乐盒来实现。在收听过程中，单击要下载电台右方的按钮，在弹出的菜单中选择【下载】命令，在弹出的对话框中，确定保存路径和保存的资源类型，如图 1-17 所示。

图1-17　下载网络电台歌曲

任务二　掌握暴风影音的使用方法

暴风影音（Media Player Classic）支持 RealONE、Windows Media Player、QuickTime、DVDRip、APE 等多种格式，有“万能播放器”的美称。其安装和维护简便，并对集成的解码器组合进行了尽可能的优化和兼容性调整，适合大多数以多媒体欣赏或简单制作为主要使用需求的普通用户。本任务以暴风影音 5-5.41.0925 为例，详细介绍其中的操作技巧。

（一）　播放影音文件

暴风影音最突出的功能就是能播放多达 660 多种影音文件，下面主要介绍播放影音文件的基本方法。

【操作思路】

- 启动暴风影音。
- 认识暴风影音的主界面。
- 打开需要播放的影音文件。
- 播放影音文件。

【操作步骤】

STEP 1　认识暴风影音的主界面。

（1）　下载并安装暴风影音后，直接双击桌面图标启动暴风影音，其主界面如图 1-18 所示。

图1-18　暴风影音主界面

（2）　单击暴风影音按钮，选择【文件】菜单命令，在弹出的菜单中可以选择文件的打开方式，如图 1-19 所示，各种打开方式的用法如表 1-1 所示。

图1-19　打开影音文件的菜单

表 1-1　文件打开方式

文件的打开方式	含义
打开文件	直接打开常用的视频播放文件
打开碟片/DVD	打开光驱中的视频内容，包括虚拟光驱的内容
打开 URL	利用得到的视频网络地址打开需要播放的影音文件
打开方式（高级）	用于打开一些不常见的影音文件格式

STEP 2 打开需要播放的影音文件。

（1） 选择【文件】/【打开文件】命令，在弹出的【打开】对话框中选择需要播放的影音文件，如图 1-20 所示。

图1-20 选择需要播放的影音文件

（2） 单击 打开(O) 按钮，选中的文件会在暴风影音中自动播放，并自动调整界面大小。在右侧的播放列表中也可以看到播放的内容，如图 1-21 所示。

图1-21 正在播放的视频内容

（二） 优化播放环境

暴风影音的特点在于它强大的辅助功能，下面介绍其面板参数的设置方法。

【操作思路】

- 启动暴风影音。
- 调节播放画质、音频、字幕。
- 设置【高级选项】参数。

【操作步骤】

STEP 1 添加多个文件。

启动暴风影音，选择【文件】/【打开文件】命令，在弹出的【打开】对话框中选中多个视频文件，效果如图 1-22 所示。

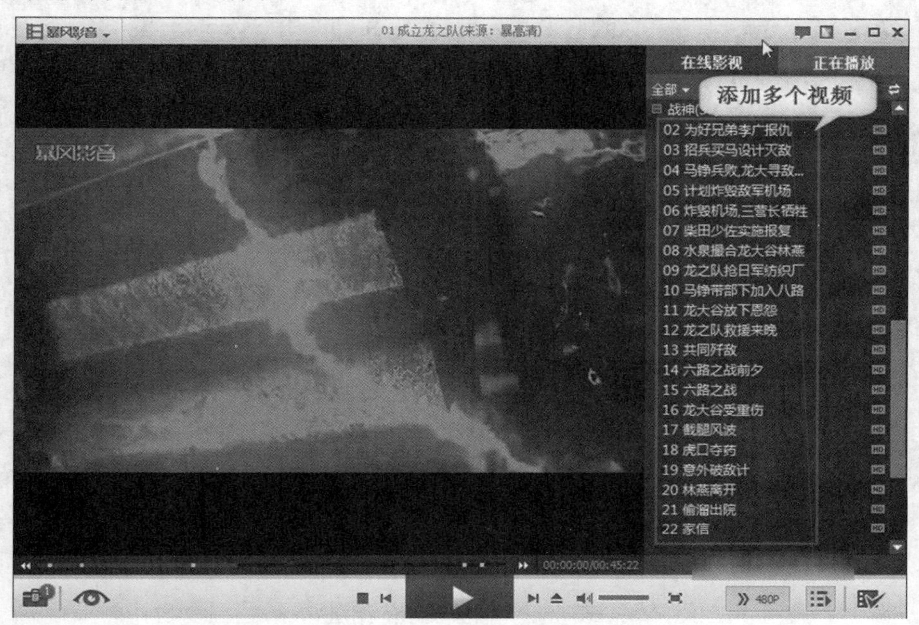

图1-22 添加多个视频

STEP 2 调节播放效果。

（1） 选择【播放】菜单命令，在下级菜单中可以使用一些常见的命令，如图 1-23 所示。

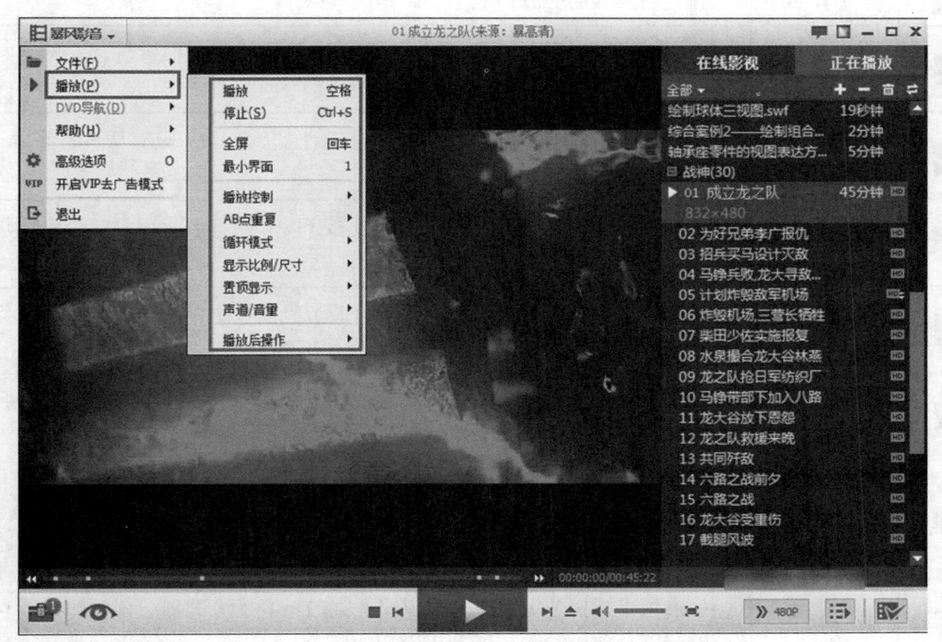

图1-23 【播放】菜单

（2） 在播放界面的上方移动鼠标时，会出现按钮工具栏（如图 1-24 所示），左侧分别为“全屏”“最小界面”“1 倍尺寸”“2 倍尺寸”“从不置顶”和“剧场模式”。右侧所显示的是几种常用的播放调节按钮。这些工具的用法如表 1-2 所示。

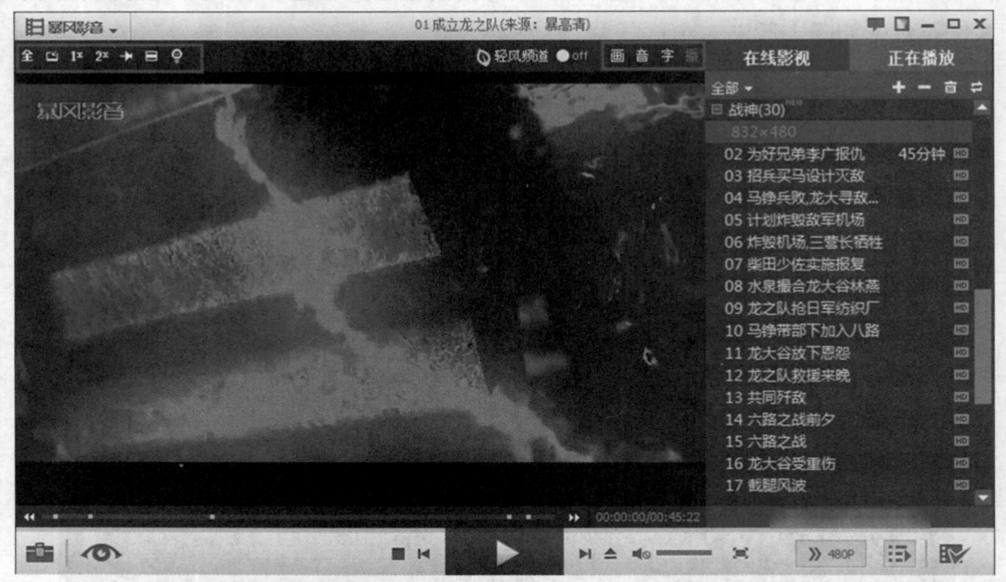

图1-24 菜单栏

表 1-2 播放按钮的用法

按钮	名称	含义
全	全屏	单击该按钮后播放界面为全屏显示
	最小界面	将当前播放器缩放到最小，简化播放器
	从不置顶	在用暴风影音看电影或视频时，打开其他网页或文件夹时，它不会始终在各窗口的前面，有可能会挡住你的观看
	剧场模式	平均分布所观看影片的时长，中间自动暂停 5min。只有从头看到尾，没有快进、加速播放的时候才起作用
	关灯模式	选中该选项，电脑屏幕中除了暴风影音以外的其他应用程序变黑，整个计算机屏幕只能看到暴风影音
画	【画】	该选项卡指画质调节，它可以进行调节画质、比例和翻转、平移、缩放等操作，以使视频达到最佳效果，如图 1-25 所示
音	【音】	该选项卡指音频调节，它可以进行放大音量、选择声道、提前或延后声音等操作，如图 1-26 所示
字	【字】	该选项卡指字幕调节，它可以进行载入字幕，修改字幕字体、字号、样式，提前或延后字幕，显示方式、位置，加入次字幕等操作，如图 1-27 所示
播	【播】	该选项卡指播放调节，它可以修改播放核心、分离器、视频解码器、音频解码器、渲染器等，如图 1-28 所示

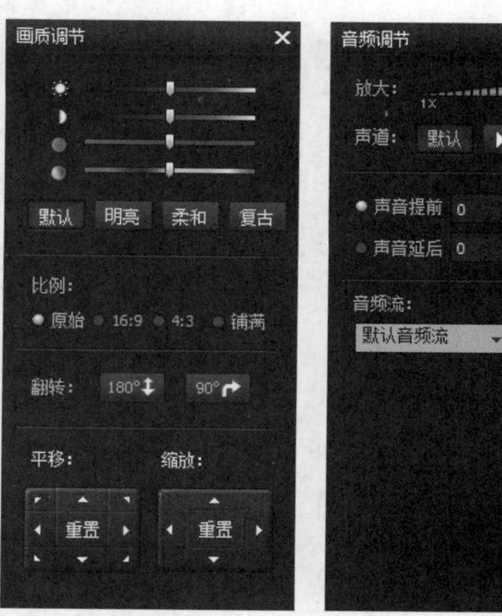

图1-25 画质调节

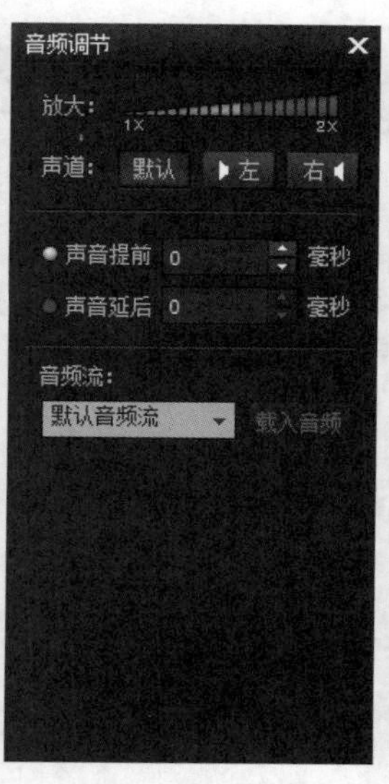

图1-26 音频调节

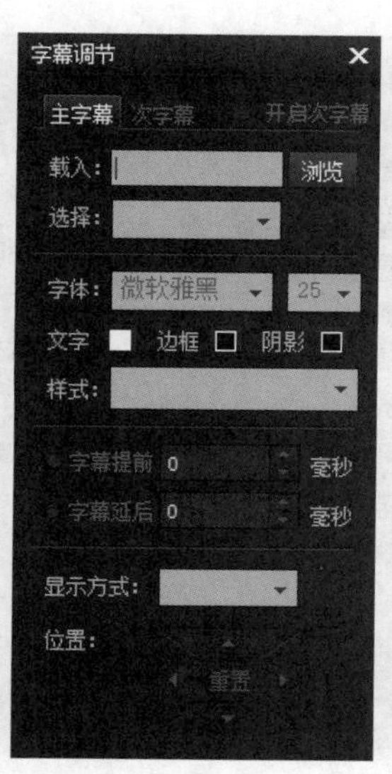

图1-27 字幕调节

图1-28 播放调节

STEP 3 设置【高级选项】参数。

（1） 在屏幕上单击鼠标右键，或单击主菜单，都可以在弹出的菜单中选择【高级选项】命令，如图 1-29 所示。

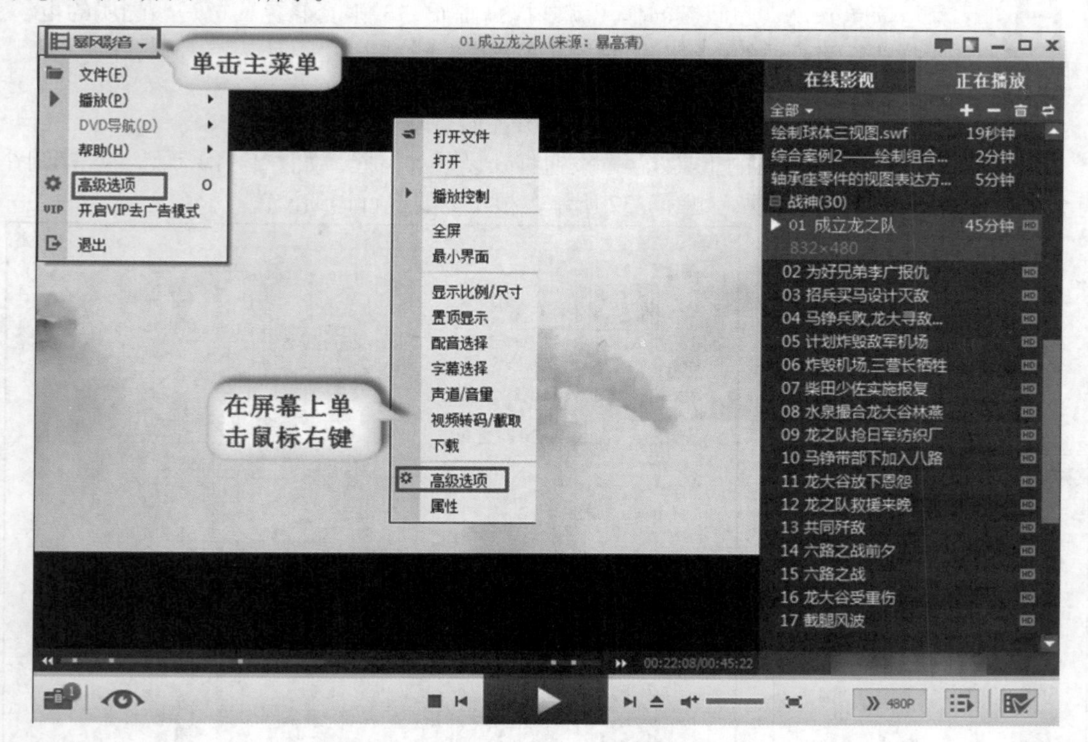

图1-29 选择【高级选项】命令

（2） 打开【高级选项】对话框，可以进行热键设置、截图设置、隐私设置、播放记忆等操作。操作都比较简单，容易掌握，如图 1-30 所示。

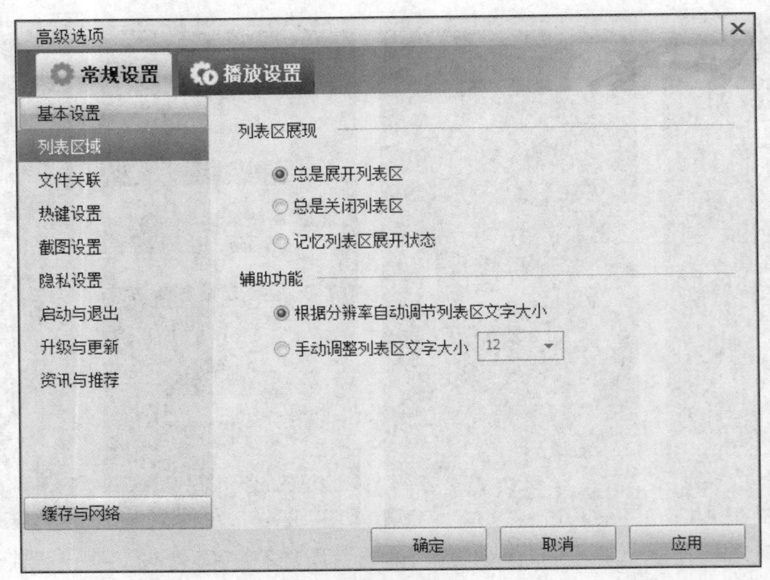

图1-30 【高级选项】对话框

STEP 4 左眼键的使用。

知识提示

简单来说，左眼键的作用就是提高画质，增强真彩色，把一般画质的电影换成高清画质的电影，同时提高色彩的分辨率。

（1） 在播放界面的左下方单击图标打开左眼键功能。

（2） 单击图标左方的工具箱按钮打开设置对话框，如图 1-31 所示，单击图标，打开【左眼设置】对话框，如图 1-32 所示，根据需要进行详细设置。

图1-31 【工具箱】对话框

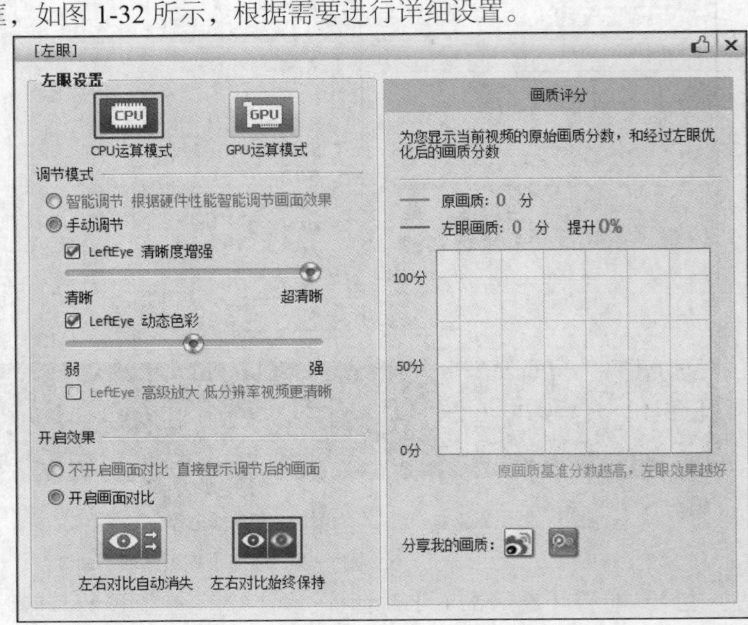

图1-32 【左眼】设置

（3） 启用左眼键前后的效果对比如图 1-33 所示。

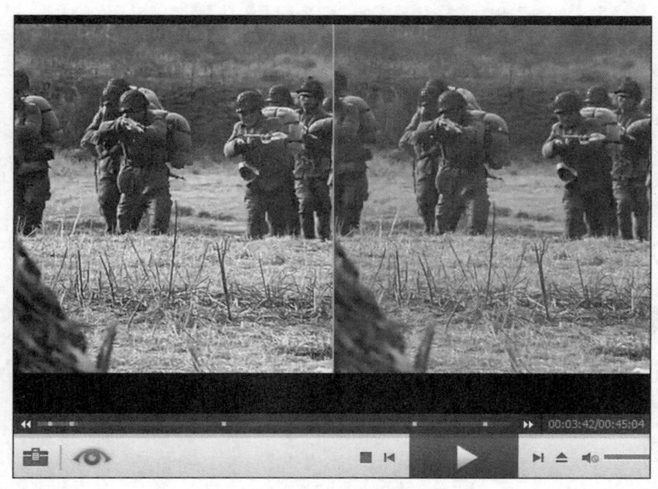

图1-33 效果对比

【知识拓展】——用命令行操作暴风影音。

在命令行中也能实现对暴风影音的操作，如要打开“D:\电影\电影 1.rmvb”文件，可以选择【开始】/【运行】命令，打开【运行】对话框，在【打开】文本框中输入“CMD”便可打开命令行模式，然后进入 storm.exe 所在的目录，运行“storm.exe D:\电影\电影 1.rmvb”即可。其格式为“storm.exe 文件路径参数”，表 1-3 为常用的命令行参数。

表 1-3 常用的命令行参数

命令行参数	含义
/sub "字幕文件"	载入一个附加的字幕
/cd	播放 CD 或(S)VCD 的全部音轨
/open	打开文件，但不自动开始播放
/shutdown	完成后关闭操作系统
/fullscreen	以全屏模式启动
/regvid	注册视频格式
/unregvid:	解除注册视频格式
/regaud:	注册音频格式
/unregaud	解除注册音频格式
/start ms	开始播放于 ms（毫秒）处

有时在看电影的途中需要关闭计算机，那么下次如何继续观看呢？其实，暴风影音已经为用户想到这一点了，它提供了一个类似于下载软件的“断点续传”功能。选择【主菜单】/【高级选项】/【播放设置】/【播放记忆】选项卡，在【播放记忆设置】栏选中【记住本地播放进度】复选框，并单击 确定 按钮，下次播放时只需选择上次未看完的文件就可以继续观看了。

任务三 掌握格式工厂的使用方法

格式工厂是一款万能多媒体格式转换软件，可以实现大多数视频、音频以及图像不同格式之间的相互转换，在转换时可以设置文件输出配置，增添数字水印等功能。格式工厂在转换过程中可以修复损坏的视频文件，还具有 DVD 视频抓取功能，可以轻松备份 DVD 到本地硬盘。本任务将以格式工厂 3.3.5 为例来讲解其功能和技巧。

（一） 转换视频格式

格式工厂可以将所有类型视频转换为 MP4、3GP、MPG、AVI、WMV、FLV、SWF、RMVB（该格式需要安装 Realplayer 或相关的译码器）等常用格式。

【操作思路】

- 转换视频为指定格式。
- 视频剪辑。
- 视频合并。

【操作步骤】

STEP 1 转换视频。

格式工厂可以转换的格式很多，这里以把“.avi”格式视频转换成“.swf”格式为例进行说明。

（1） 在桌面双击图标打开格式工厂软件，其软件界面如图 1-34 所示。

图1-34 主界面

（2） 在主界面单击 视频 按钮展开视频格式卷展栏，单击【—>SWF】图标，如图 1-35 所示。

（3） 在【—>SWF】对话框中单击 添加文件 按钮，打开需要转换的文件，如图 1-36 所示。

（4） 在图 1-36 中单击 输出配置 按钮来改变配置文件分辨率、名称和图标等。完成后单击 确定 按钮，如图 1-37 所示。

图1-35 选择转换类型

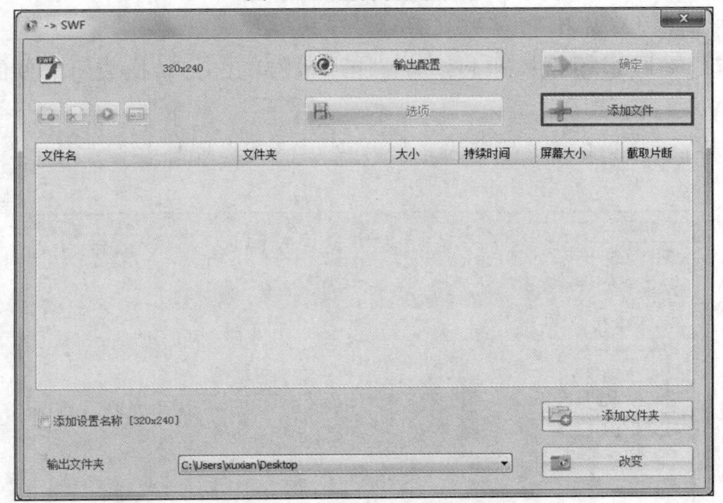

图1-36 选择需要转换的文件

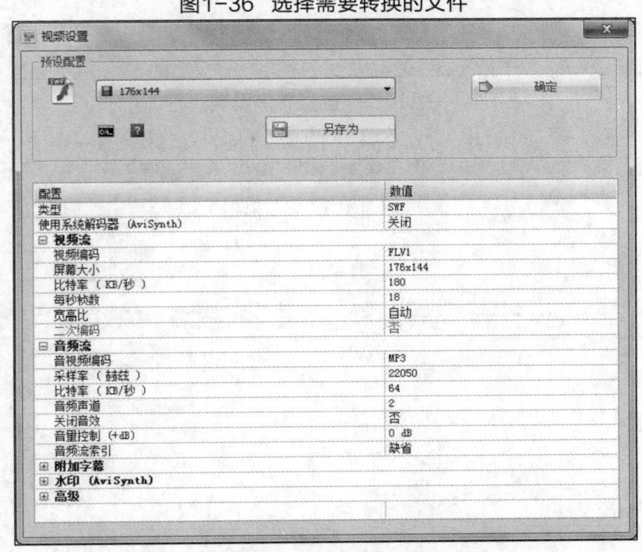

图1-37 输出配置

（5） 在图 1-35 顶部单击开始按钮开始视频转换，在【转换状态】栏中将显示转换进度。单击停止按钮可以停止转换，单击移除按钮可以删除该任务。转换完成后的效果如图 1-38 所示。

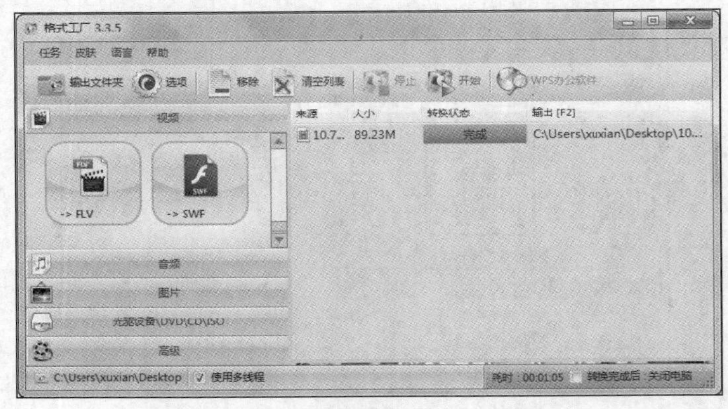

图1-38 完成转换

STEP 2 视频剪辑。

视频剪辑就是在原视频的基础上，剪辑出所需要的部分转换成所需要的格式后，进行保存。

（1） 在主界面单击 视频 按钮，展开视频格式卷展栏，单击【—>AVI】图标，如图 1-39 所示。

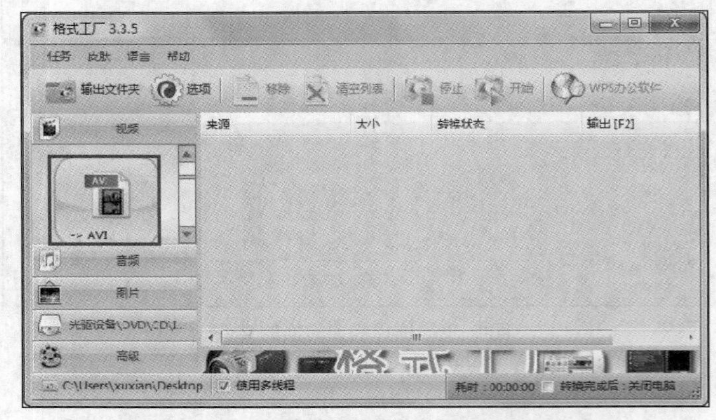

图1-39 选择转换类型

（2） 单击 添加文件 按钮，打开需要转换的文件，如图 1-40 所示。

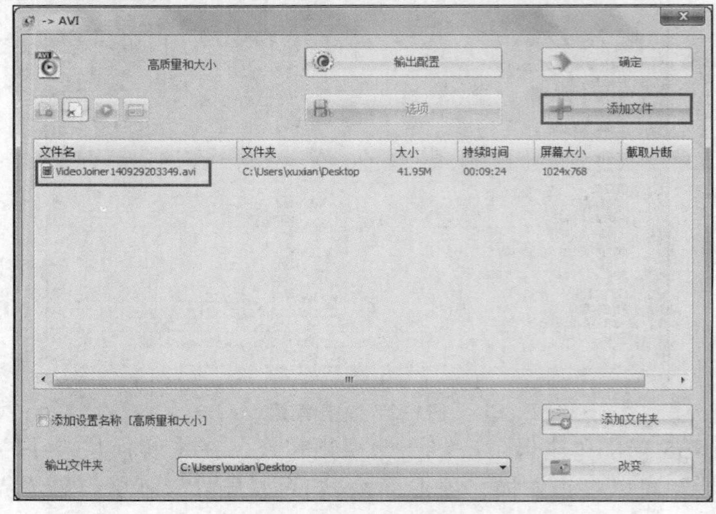

图1-40 添加文件

（3） 右键单击准备编辑的视频文件，选择 选项 命令，打开视频剪辑面板。

（4） 在界面右侧选中【画面裁剪】复选框，然后拖曳左侧视频窗口的红色边框边界调整画面大小，如图 1-41 所示。

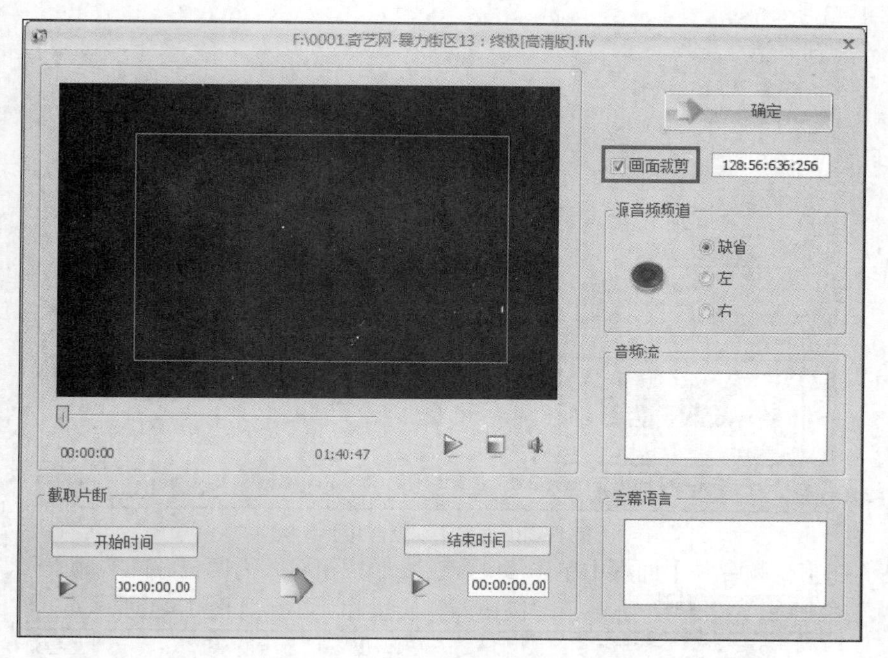

图1-41 裁剪画面

（5） 单击 开始时间 按钮可以把当前的播放时间作为开始时间，单击 结束时间 按钮可以把当前的播放时间作为结束时间，也可以直接在下方的时间文本框中输入时间。单击 确定 按钮完成视频截取，如图 1-42 所示。

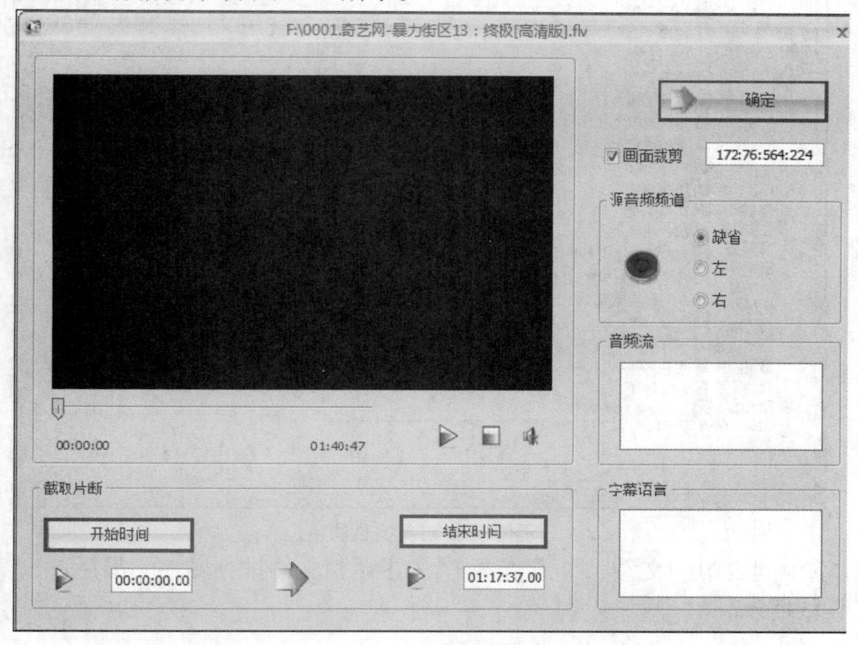

图1-42 剪辑文件

STEP 3　视频合并。

合并视频与剪辑视频刚好相反，即将多个分离视频合并成为统一格式的一个视频。

（1） 在主界面中单击 高级 按钮，展开【高级】命令卷展栏，单击【视频合并】图标，如图 1-43 所示。

图1-43　选择【视频合并】命令

（2） 在【视频合并】面板中单击 添加文件 按钮导入需要合并的视频文件。

（3） 单击 高质量和大小 按钮调整质量和大小，如图 1-44 所示。

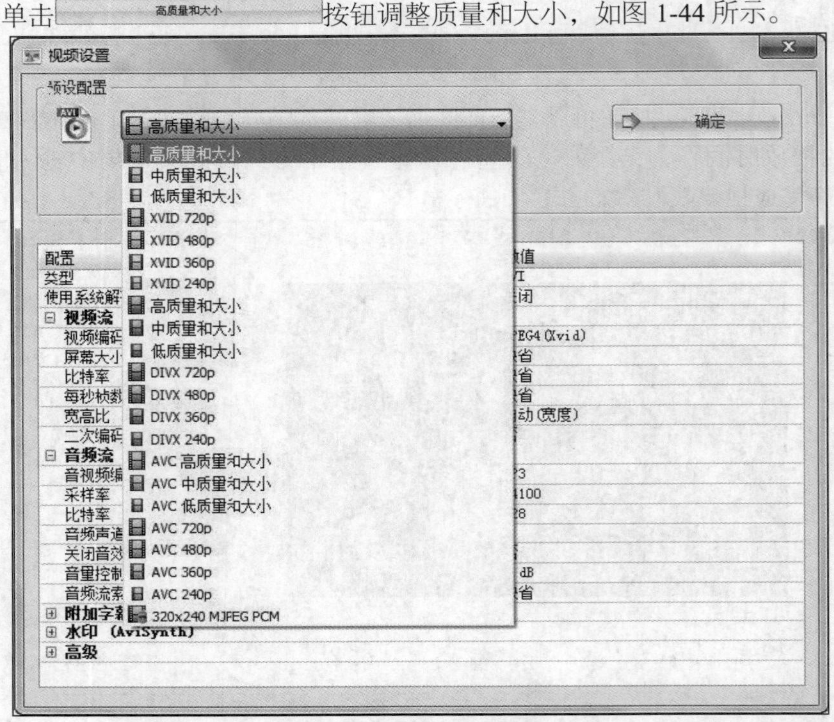

图1-44　选择文件质量

（4） 选中列表中的文件，单击 或 按钮调整文件排列顺序，最后单击 确定 按钮，如图 1-45 所示。

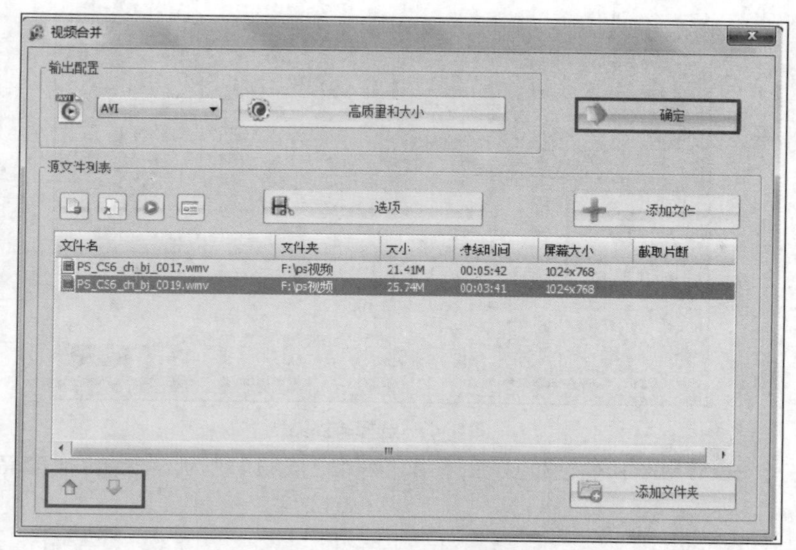

图1-45 调整文件排列顺序

（5） 在界面顶部单击 开始 按钮开始视频合并，在【转换状态】栏中将显示转换进度。转换完成后的效果如图 1-46 所示。

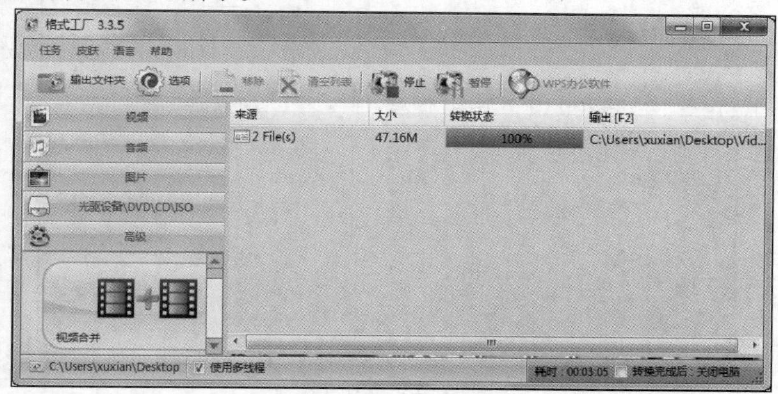

图1-46 完成视频合并

（二） 转换音频格式

格式工厂可以将所有类型音频转换为 MP3、WMA、AMR、OGG、ACC、WAV 等常用格式。

【操作思路】

- 转换音频为指定格式。
- 音频剪辑。
- 音频合并。

【操作步骤】

STEP 1 转换音频。

下面以将选定音频文件视频转换成 WMA 格式为例说明音频格式转换的方法。

（1） 在主界面单击 音频 按钮展开音频格式卷展栏，单击【—>WMA】图标，如图 1-47 所示，打开【—>WMA】对话框。

图1-47 选择转换类型

（2） 在【—>WMA】对话框中单击添加文件按钮，打开需要转换的音频文件，如图 1-48 所示。

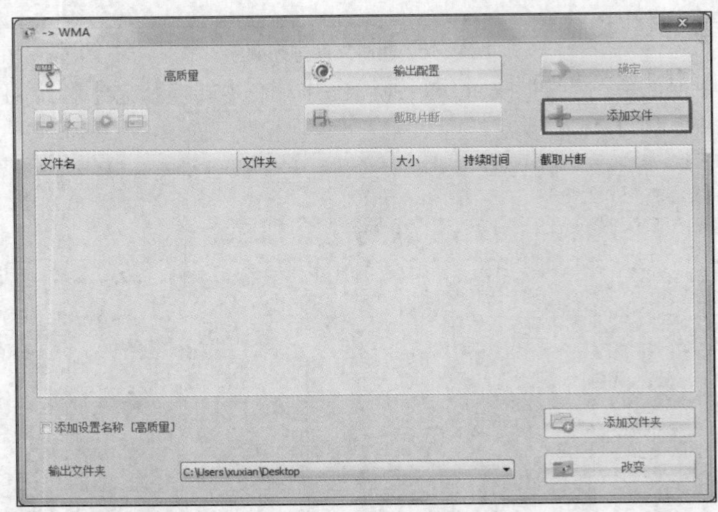

图1-48 添加文件

（3） 在图 1-48 中单击输出配置按钮来改变配置文件音频质量、名称和图标等。完成后单击确定按钮，如图 1-49 所示。

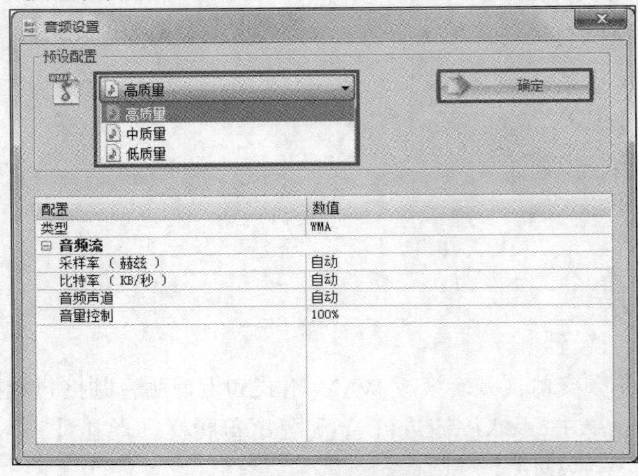

图1-49 音频设置

（4） 在图 1-49 顶部单击 按钮开始视频转换，转换完成后的效果如图 1-50 所示。

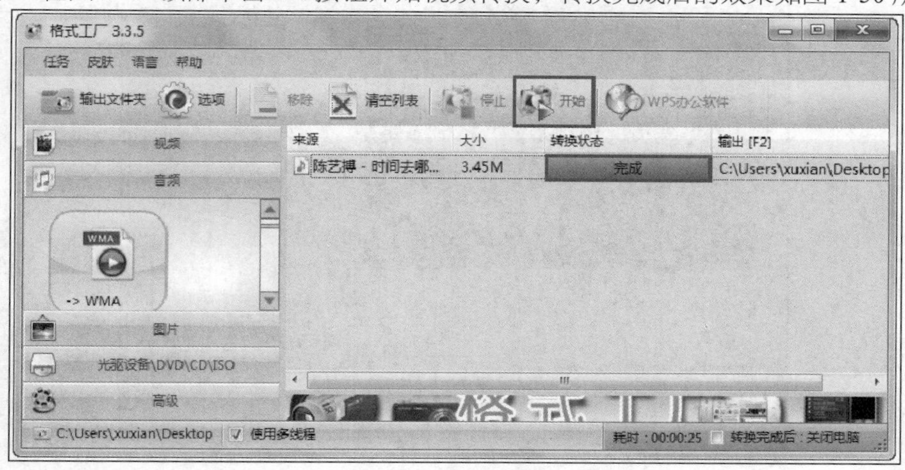

图1-50 转换完成

STEP 2 音频剪辑。

音频剪辑就是在原音频的基础上，剪辑出所需要的部分转换成所需要的格式后，进行保存。

（1） 在图 1-47 所示界面左侧选择拟转换格式。

（2） 单击 添加文件 按钮，打开需要转换的文件。

（3） 单击 截取片断 按钮，打开音频剪辑面板，如图 1-51 所示。

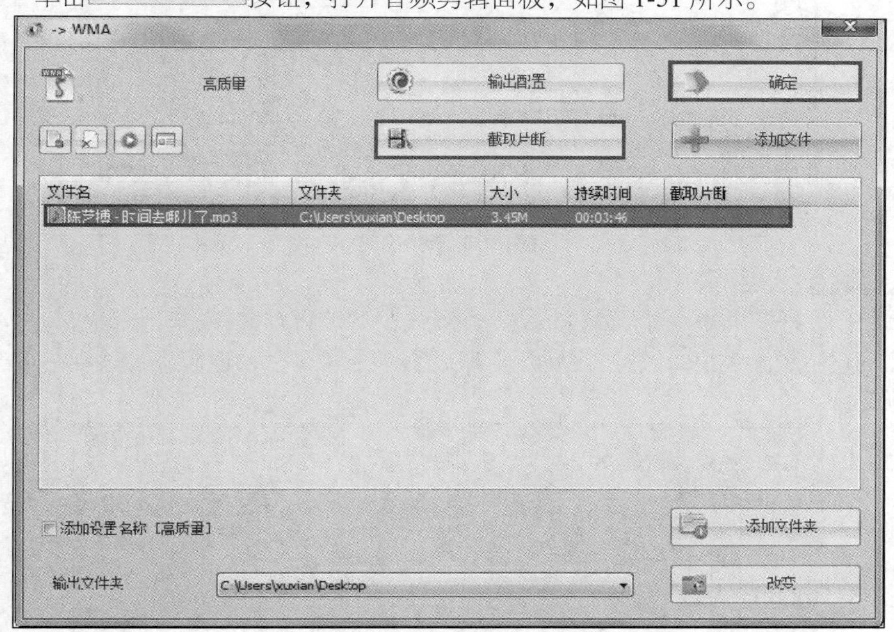

图1-51 打开音频编辑窗口

（4） 单击 开始时间 按钮可以把当前的播放时间作为开始时间，单击 结束时间 按钮可以把当前的播放时间作为结束时间，也可以直接在下方的时间文本框中输入时间。单击 确定 按钮完成音频截取，如图 1-52 所示。

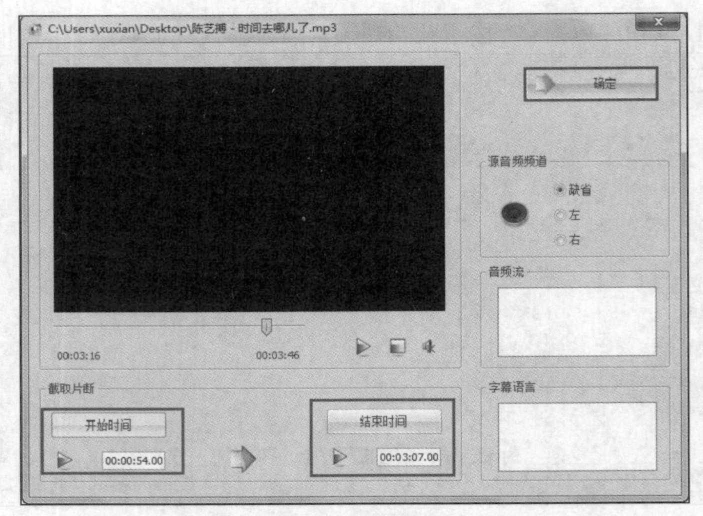

图1-52　编辑音频

（5）　在界面顶部单击开始按钮开始音频转换，在【转换状态】栏中将显示转换进度。转换完成后的效果如图 1-53 所示。

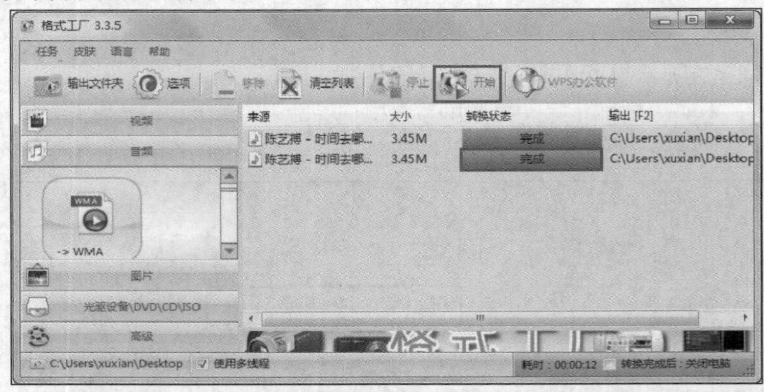

图1-53　转换完成

STEP 3　音频合并。

音频合并可将多个分离音频合并成为一个统一格式的音频文件。

（1）　在主界面单击高级按钮展开【高级】命令卷展栏，选择【音频合并】选项，如图 1-54 所示。

图1-54　选择音频合并

（2） 设置转换后的文件类型，然后单击 添加文件 按钮导入文件，如图 1-55 所示。

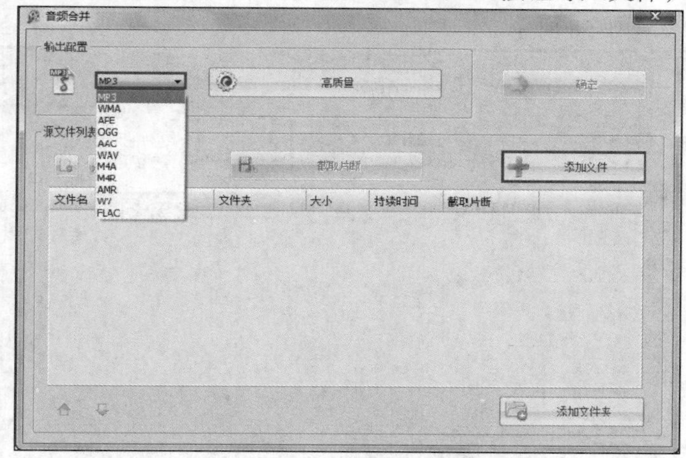

图1-55 添加文件

（3） 单击 高质量 按钮调整质量和大小，如图 1-56 所示。

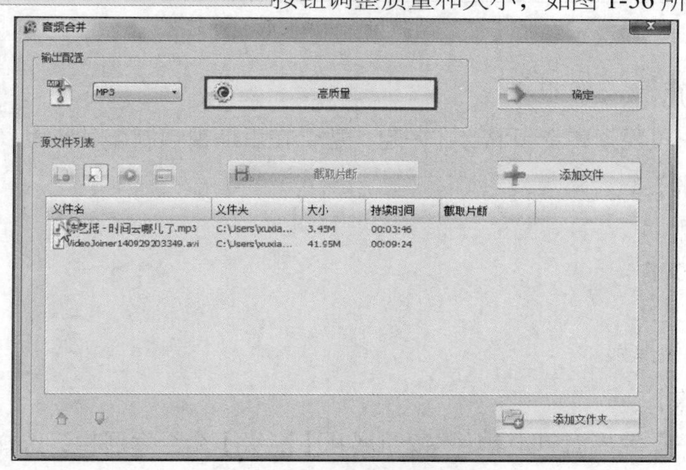

图1-56 调整质量和大小

（4） 选中列表中的文件，单击 或 按钮调整文件排列顺序，最后单击 确定 按钮，如图 1-57 所示。

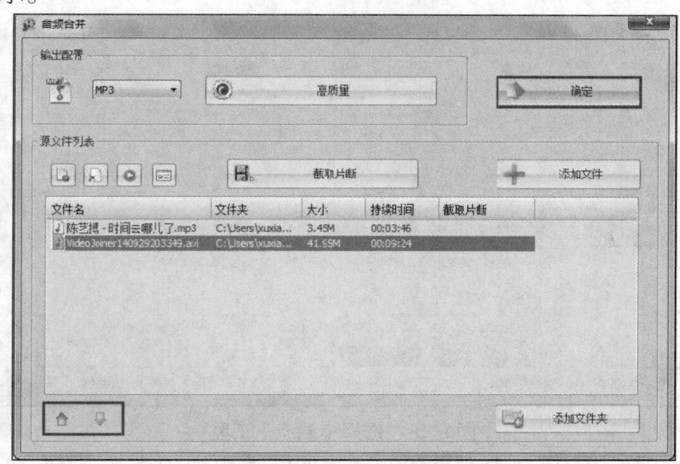

图1-57 调整文件的排列顺序

（5） 在界面顶部单击按钮开始音频合并，在【转换状态】栏中将显示转换进度。转换完成后的效果如图 1-58 所示。

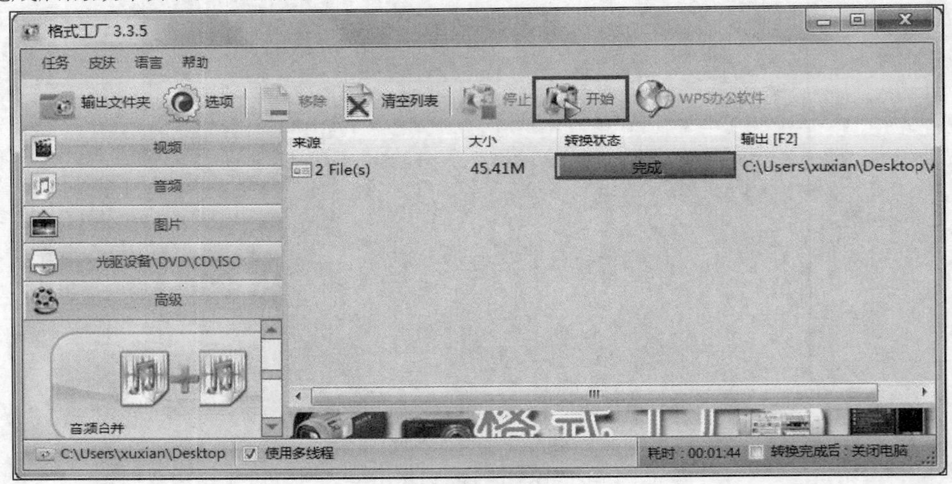

图1-58 转换完成

（三） 混流

混流可以将一段视频和音频混合在一起，适合在后期视频制作时使用。

【操作思路】

- 设置视频格式。
- 添加视频文件。
- 添加音频文件。
- 混流音频和视频。

【操作步骤】

STEP 1 在主界面单击按钮展开【高级】命令卷展栏，选择【混流】选项，如图 1-59 所示。

图1-59 选择【混流】工具

STEP 2 在弹出的界面中左上角选择需要的输出视频格式，如图 1-60 所示。

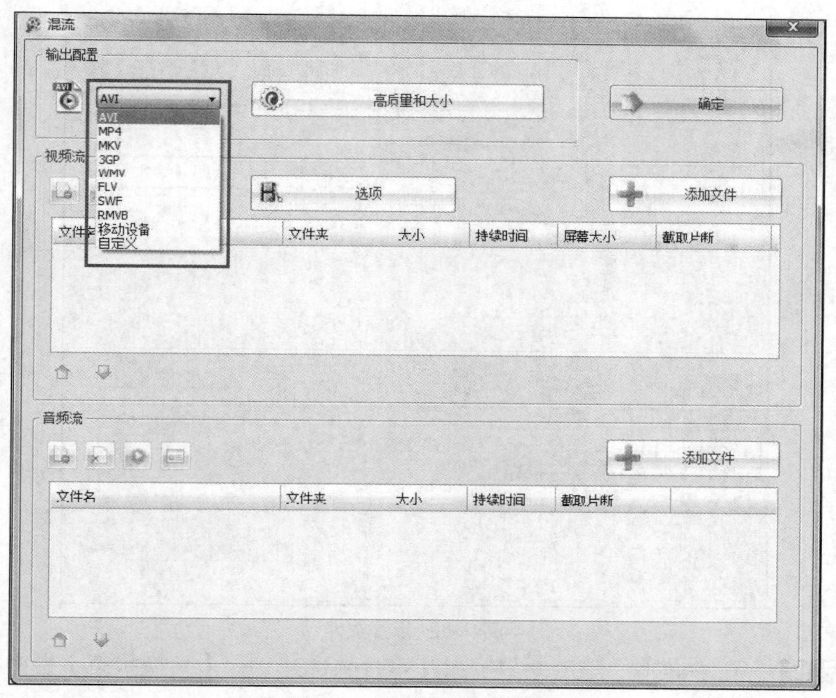

图1-60 选择输出视频格式

STEP 3 单击 高质量和大小 按钮调整质量和大小，如图 1-61 所示。

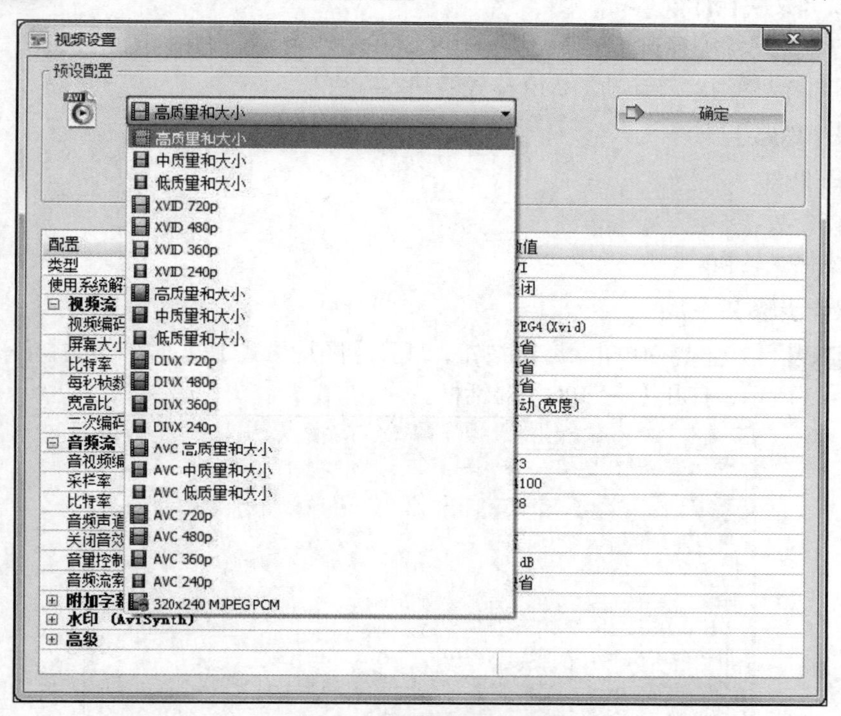

图1-61 调整质量和大小

STEP 4 在【视频流】分组框中单击 添加文件 按钮，添加需要的视频文件。

STEP 5 在【音频流】分组框中单击 添加文件 按钮，添加需要的音频文件。完成后单击 确定 按钮，如图 1-62 所示。

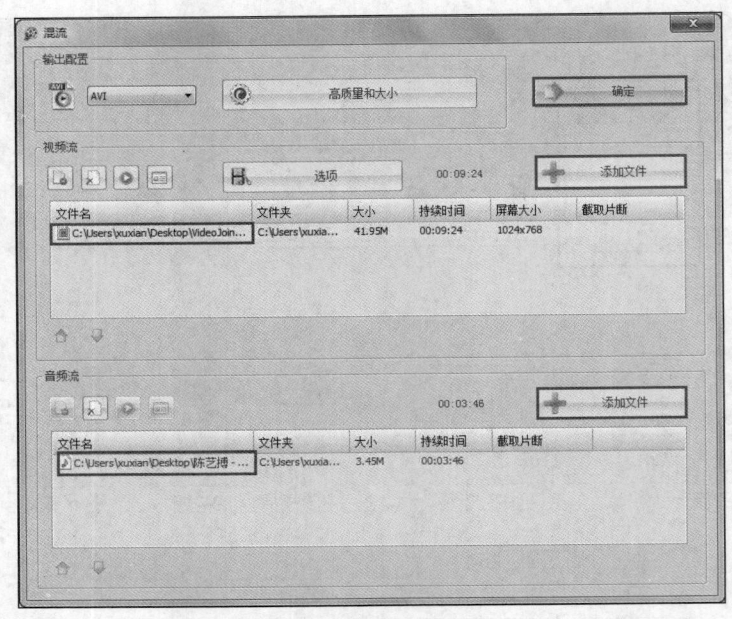

图1-62 添加文件

STEP 6 在界面顶部单击 开始 按钮开始音频合并，在【转换状态】栏中将显示转换进度。

（四） 转换图像

格式工厂可以将所有类型图像转换为 JPG、BMP、PNG、TIF、ICO、GIF、TGA 等常用格式。下面介绍将 JPG 转换成 BMP 格式的基本方法。

【操作思路】

- 选择图像。
- 设置参数。
- 完成格式转换。

【操作步骤】

STEP 1 在主界面单击 图片 按钮，展开【图片格式】卷展栏，选择【—>JPG】选项，如图 1-63 所示，打开【—>JPG】对话框。

图1-63 选择图片格式

STEP 2 在图 1-64 中单击 添加文件 按钮，打开需要转换的文件。

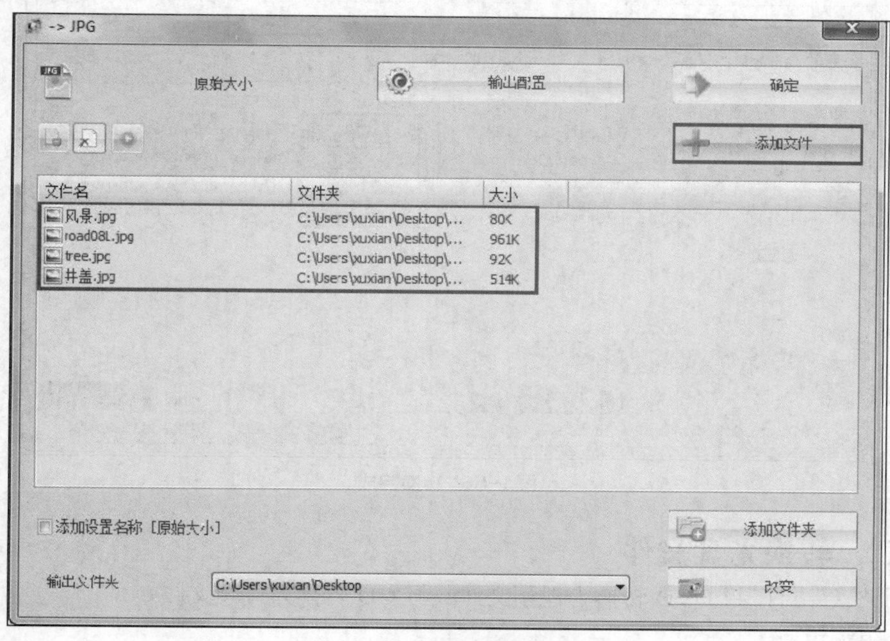

图1-64 选择需要转换的文件

STEP 3 在图 1-64 中单击 输出配置 按钮来改变配置文件分辨率、名称和图标等，如图 1-65 所示。完成后单击 确定 按钮。

图1-65 输出配置设置

STEP 4 在图 1-65 顶部单击【开始】按钮 开始视频转换。转换完成后的效果如图 1-66 所示。

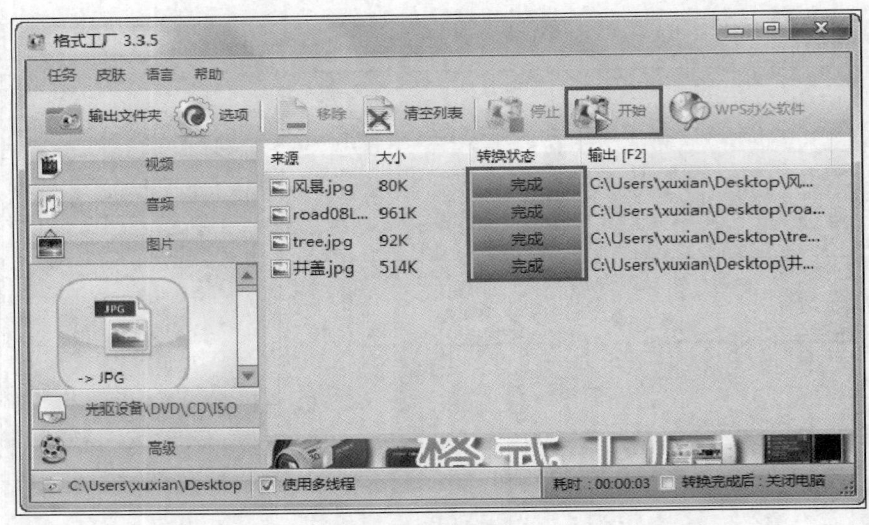

图1-66 转换完成

（五） 转换光盘文件

使用该软件可以将 DVD 转换为视频文件或将 CD 转换为音频文件。

【操作思路】

- 将 DVD 转换为视频文件。
- 将 CD 转换为音频文件。

【操作步骤】

STEP 1 将 DVD 转为视频文件。

（1） 在主界面单击 光驱设备\DVD\CD\ISO 按钮，展开卷展栏，选择【DVD 转到视频文件】选项，如图 1-67 所示。

图1-67 选择转换类型

（2） 按照图 1-68 所示设置转换参数。

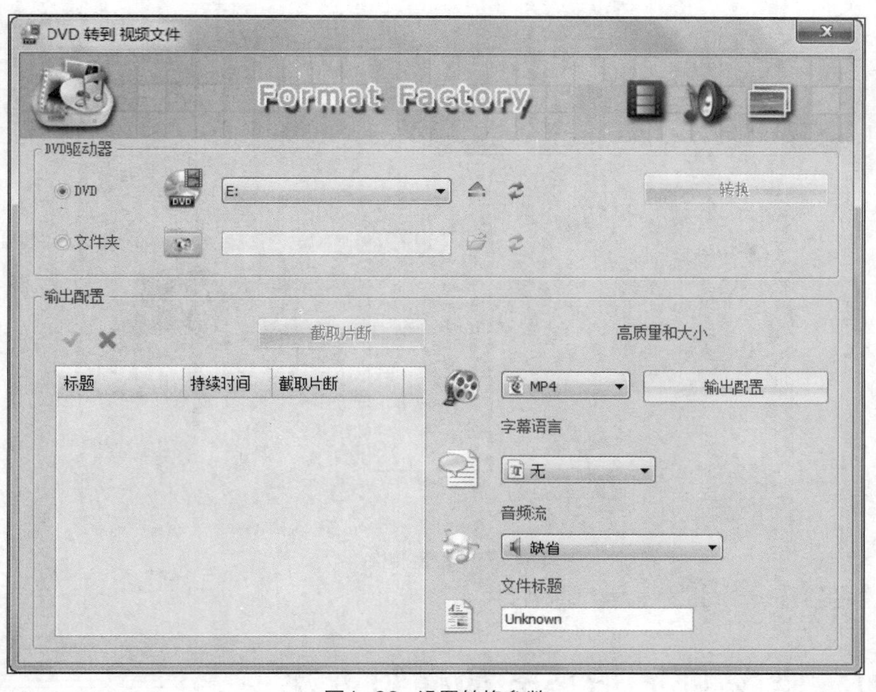

图1-68　设置转换参数

（3）　单击【开始】按钮开始转换。

STEP 2　将 CD 转为音频文件。

（1）　在主界面单击光驱设备\DVD\CD\ISO按钮，展开卷展栏，选择【音乐 CD 转到音频文件】选项，如图 1-69 所示。

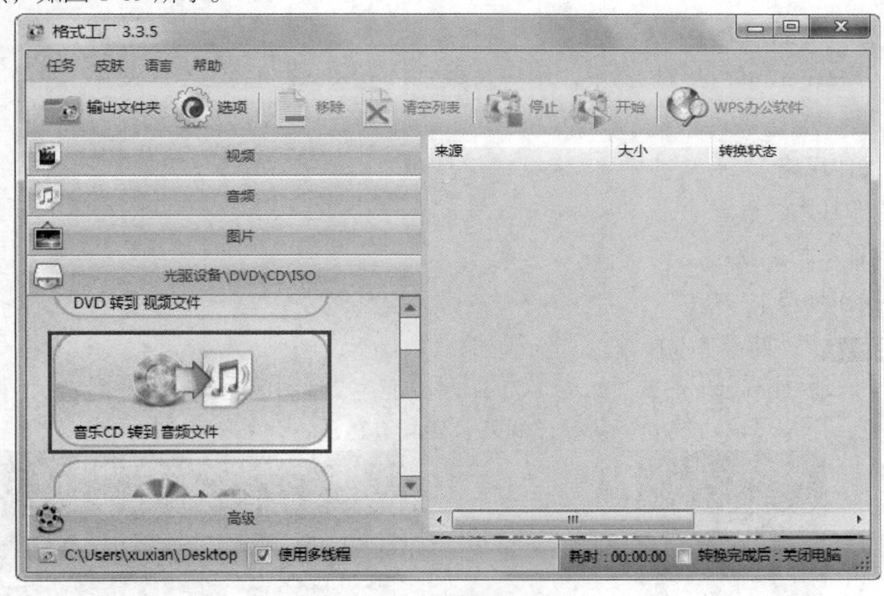

图1-69　选择转换类型

（2）　按照图 1-70 所示设置转换参数。

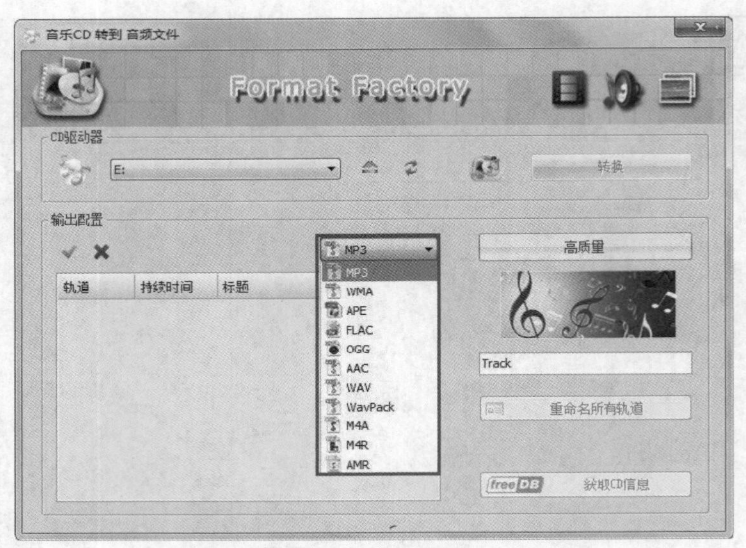

图1-70 设置转换参数

（3） 单击【开始】按钮开始转换。

任务四 掌握 HyperCam 的使用方法

HyperCam 是一款著名的影像截取工具软件，能将截获的影像自动转换为 AVI 动画文件格式，是一种能直接使用在多媒体作品制作中的动画文件格式。软件操作界面简洁，使用方便，运行平台为 Windows 7/8 等操作系统。下面介绍 HyperCam 3.5 的使用方法和技巧。

（一） 设置 HyperCam

在使用 HyperCam 截获影像前，用户先要对 HyperCam 进行必要的设置，下面介绍其设置方法。

【操作思路】

- 设置基本参数。
- 设置录制参数。

【操作步骤】

STEP 1 设置基本参数。

（1） 启动 HyperCam3.5，如图 1-71 所示。在主界面中单击 按钮，打开【选项】对话框，用户可以对视频、音频、额外、界面进行设置，如图 1-72 所示。

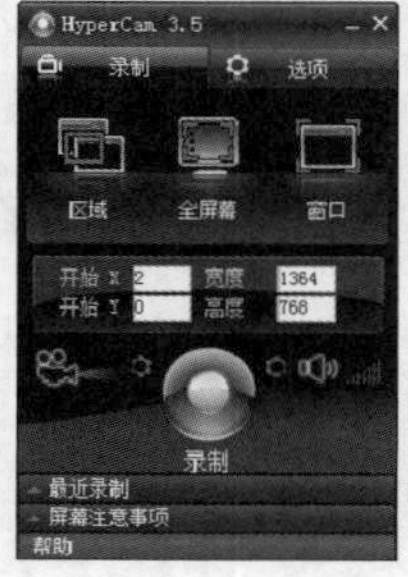

图1-71 主界面

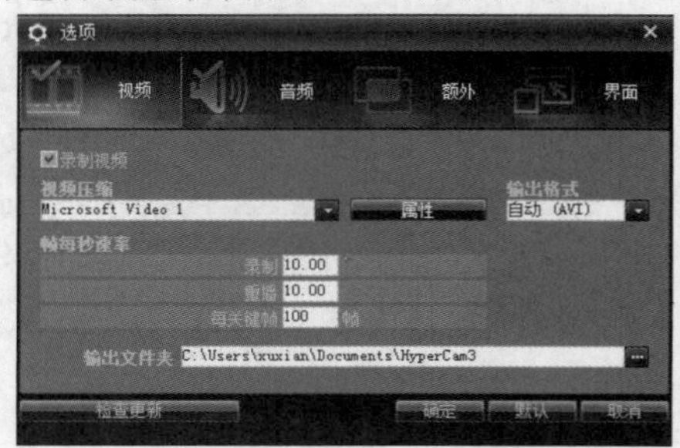

图1-72 【选项】对话框

（2） 单击 视频 按钮打开【视频参数设置界面】，选中录制视频选项。单击【输出格式】右下方的按钮选择输出格式。单击【输出文件夹】右边的按钮选择视频录制完成后的保存地址，单击确定按钮完成视频参数设置，如图 1-73 所示。

（3） 单击 音频 按钮打开【音频参数设置界面】，选中录制声音选项。单击【输出文件夹】右边的按钮，选择音频录制完成后的保存地址，一般和视频保存地址同步，其他参数保持默认设置，单击确定按钮完成音频参数设置，如图 1-74 所示。

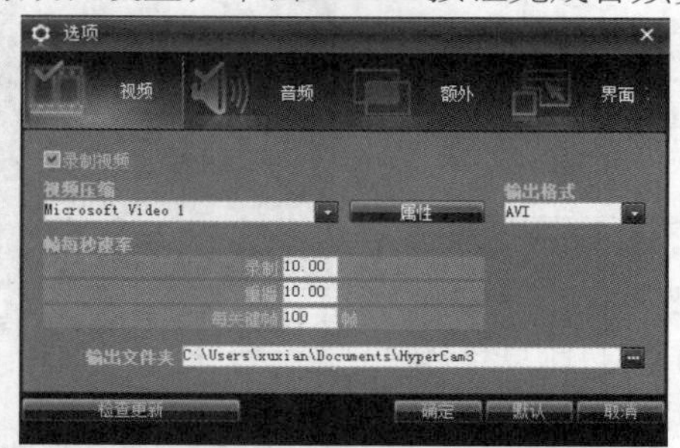

图1-73 视频参数设置

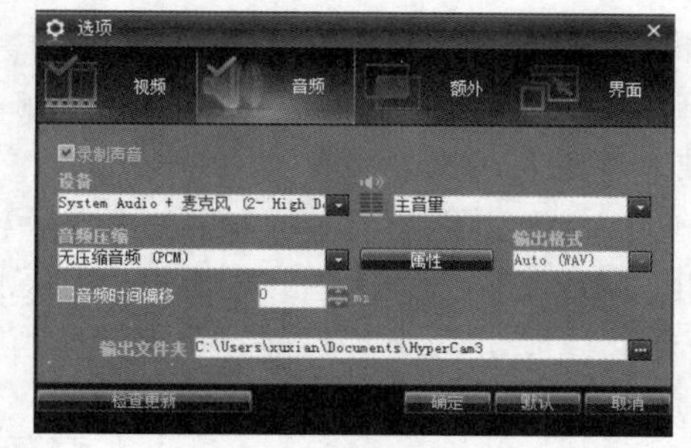

图1-74 音频参数设置

（4） 单击 额外 按钮打开【额外参数设置界面】，可以根据需要决定是否选中捕获分层窗口和捕获鼠标指针复选框。选中单击添加星形复选框，在录制视频中，单击鼠标左键将出现星形符号，可以设置星形符号的颜色以及它的大小，单击确定按钮完成额外参数设置，如图 1-75 所示。

（5） 单击 界面 按钮，打开【界面参数设置界面】，设置录制时 HyperCam 窗口最小化到任务栏，方便操作，并设置 HyperCam 语言为简体中文，可根据习惯设置快捷键如表 1-4 及图 1-76 所示。

表 1-4 设置快捷键

命令	含义	默认快捷键
开始/停止录制	用于设置录制的开始和结束的快捷键	F2
暂停/恢复	用于设置暂停录制和继续录制的快捷键	F3
单帧捕捉	在暂停模式时截取单帧图片的快捷键	F4

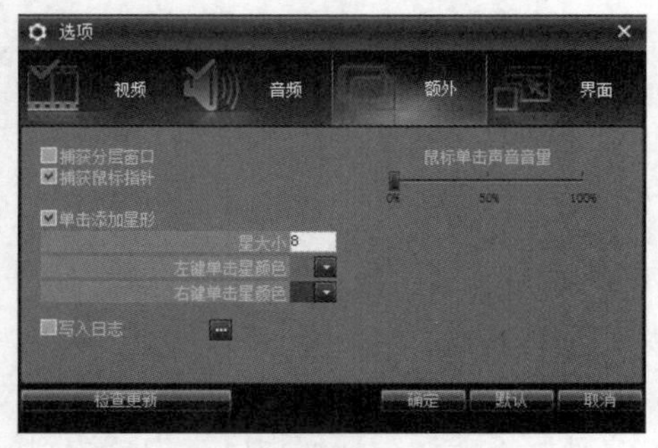

图1-75 额外参数设置

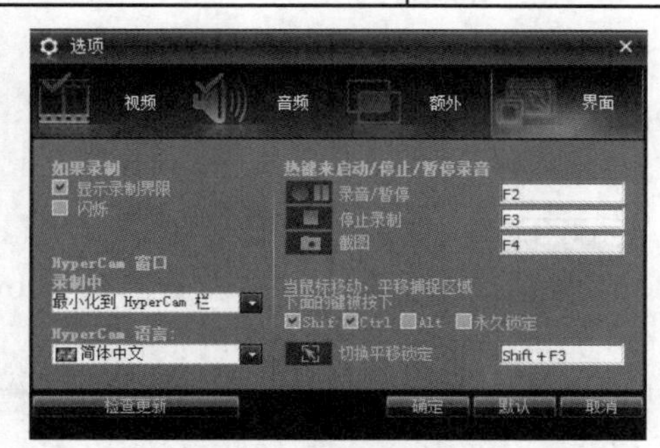

图1-76 界面参数设置

知识提示

当快捷键与用户已使用的快捷键有冲突时，用户可以改变快捷键，如需修改【开始/停止录制】快捷键，则单击F2按钮，删除F2，重新输入快捷键命令即可。

STEP 2 设置录制参数。

（1） 单击 HyperCam 主界面上的[录制]按钮，设置视频录制过程中的参数，如图 1-77 所示。

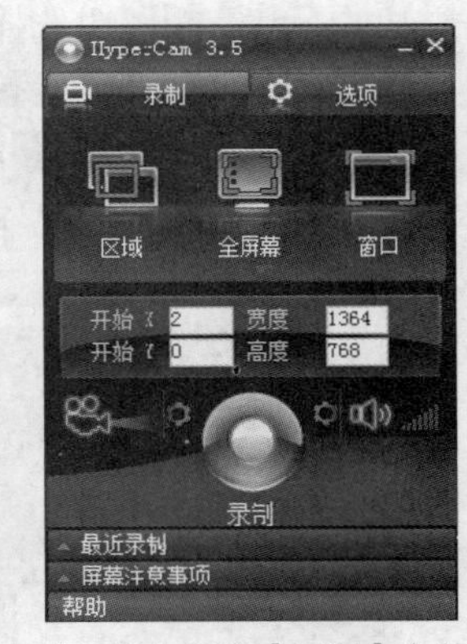

图1-77 设置【录制】参数

（2） 单击[区域]按钮，鼠标将变成十字光标，移动十字光标拖出一个红色的矩形框，矩形框的大小决定了录制视频的界面大小，如图 1-78 所示。

（3） 单击[全屏幕]按钮，将以计算机显示屏为视频录制区域，可根据需要选择是否全屏幕，也可以通过输入坐标值获取视频录制区域，如图 1-79 所示。

（4） 单击[窗口]按钮，将弹出一个对话框，单击[选择窗口]按钮，鼠标变成一个蓝色的矩形框，它将自动捕捉现有的窗口。单击[▼]按钮，可以选择目前计算机运行的所有程序中的任意程序作为视频录制区域，如图 1-80 所示。

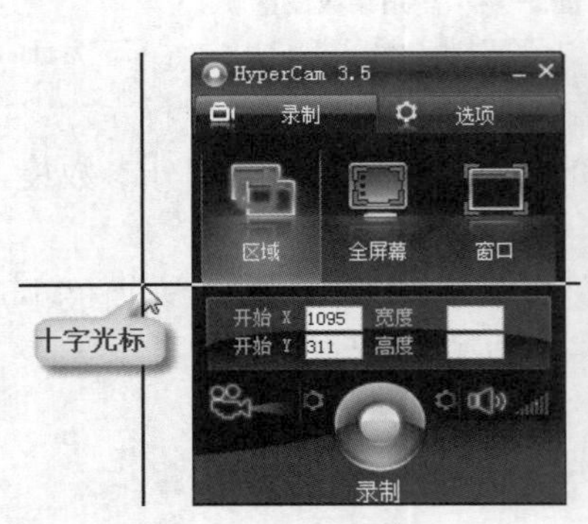

图1-78 区域选择

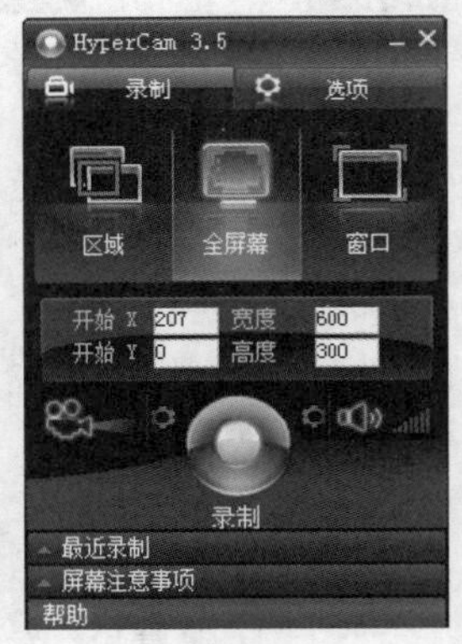

图1-79 坐标输入

图1-80 窗口选择

（二） 截取视频片断

下面将介绍使用 HyperCam 截取视频片断的方法。

【操作思路】

- 设置 Windows 系统。
- 播放要截取的视频材料。
- 进行录制操作。

【操作步骤】

STEP 1 设置 Windows 系统。

为了达到最佳录像效果，最好对 Windows 做如下设置。

（1） 将显卡设置的【颜色质量】参数调整为“中（16 位）”而不是“高（32 位）”，因为两者的表现没有太大区别，而“高（32 位）”需要占据更多的系统资源。

（2） 系统中除了要录制的文件和 HyperCam 之外，不要运行任何程序。为了达到最佳效果，可以将 Windows 系统服务中不影响系统正常运行的所有服务关闭。

STEP 2 播放要截取的视频材料。

（1） 启动 HyperCam，如图 1-81 所示。

（2） 选择要截取的视频文件，并进行播放操作，如图 1-82 所示。

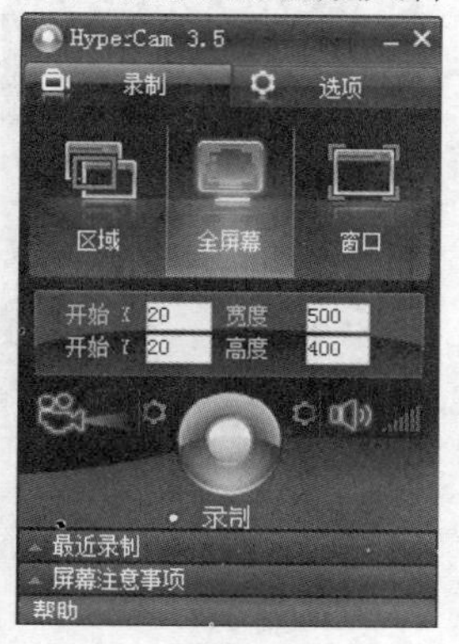

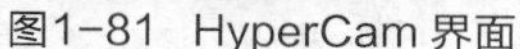

图1-81 HyperCam 界面

图1-82 播放视频

（3） 按正常方式播放视频文件，同时关闭音频输出，使其不发声，目的是保证后面的录像效果不受干扰。

STEP 3 进行截取视频的操作。

（1） 当视频文件播放到所需截取的位置时，按下暂停键，并调整画面大小，如图 1-83 所示。

（2） 调出 HyperCam 窗口，调整其大小，尽量不要覆盖视频播放屏上的图像显示。

（3） 在 HyperCam 界面上单击按钮，单击“选择窗口”按钮，再在播放视频文件的图像窗口上单击，此时视频文件画面上会出现一个矩形框，其大小就是所截取的视频文件图形画面的大小，如图 1-84 所示。

图1-83 调整画面大小

图1-84 选择窗口

如果只想截取视频文件某一范围的画面，可单击 HyperCam 中的按钮，此时可以看到十字光标，先选择一个截取点单击，再按住鼠标不放，拖曳到另一个点，框住的区域即为要截取画面的范围。

（4） 单击暴风影音的播放按钮，使视频文件正常播放，同时单击 HyperCam 的按钮（或直接按设置的快捷键，默认为F2键），即可录制视频文件中的媒体文件，如图 1-85 所示。

（5） 当要停止某片断的录制时，只需单击 HyperCam 中间的按钮（或直接按设置的快捷键，默认为F2键），如图 1-86 所示。

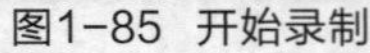
图1-85 开始录制

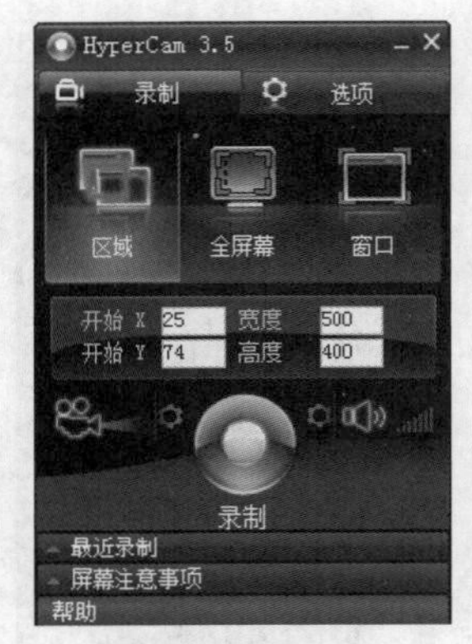

图1-86 停止录制

（6） 停止播放视频，这样使用 HyperCam 录制的 AVI 文件就完成了。

（7） 展开 HyperCam 界面下方的 最近录制 卷展栏，选中刚刚录制的视频，单击 ▶播放 按钮，就可以预览播放效果了，此时要记下 HyperCam 自动形成的动画文件名，一般为 Clip0001.AVI，随着动画文件的增多，系统会自动为其文件名递增，分别为 Clip0002.AVI、Clip0003.AVI，依此类推。

（8） 选中所录制的视频，单击 编辑 按钮，可以再对视频进行适当的修剪编辑。

项目小结

本项目介绍了与媒体播放相关的常用工具，其中包括音频播放软件酷我音乐盒、视频播放软件暴风影音、格式转换工具格式工厂以及视频编辑软件 HyperCam。

通过本项目的学习，读者可以掌握使用酷我音乐盒播放音频文件和使用暴风影音播放视频文件的方法，从而可以欣赏中外各种优秀的音乐和电影，丰富自己的娱乐生活，还可以在欣赏之余使用 HyperCam 制作属于自己的视频文件。对于不同的文件格式，还可通过格式工厂进行转换，以满足不同的播放环境要求。

思考与练习

一、操作题

1. 将邻近计算机上的能用酷我音乐盒播放的歌曲和相关联的歌词复制到自己的计算机上，并用酷我音乐盒进行测试。
2. 改变暴风影音播放器当前使用的外观。
3. 使用暴风影音截取一系列喜欢的图片。
4. 熟练使用格式工厂进行视频、音频以及图片格式的转换。
5. 使用 HyperCam 录制暴风影音截图的操作。

二、简答题

1. 酷我音乐盒是否可以播放 MTV？
2. 暴风影音可以播放哪些格式的媒体文件？

PART 2

项目二 网络应用工具

计算机网络逐渐成为大众传媒的主要角色和信息传递最快捷的渠道，网络的普及既得益于一些功能强大、操作简便的网络工具，同时又有力地促进了众多新网络工具的开发。本项目将介绍几款常用网络通信工具软件，帮助读者在完成本项目的学习后对网络功能有初步的了解，并具备基本的网络操作技能。

学习目标

- 掌握迅雷的使用方法。
- 掌握 FlashFXP 的使用方法。
- 掌握 CuteFTP 的使用方法。
- 掌握 Foxmail 的使用方法。
- 掌握 PPLive 的使用方法。

任务一　掌握迅雷的使用方法

迅雷是一款新型的基于 P2SP 技术的下载工具，下载链接如果是死链，迅雷会搜索其他链接来下载所需的文件。该软件还支持多节点断点续传，支持不同的下载速率。迅雷还可以智能分析出哪个节点上上传的速度最快，以提高用户的下载速度，支持多点同时传送并支持 HTTP、FTP 等标准协议。新版的迅雷还能下载 BT（BitComet）资源和电驴资源等。

迅雷使用的多资源超线程技术基于网络原理，能够将网络上存在的服务器和计算机资源进行有效的整合，构成独特的迅雷网格。通过迅雷网格，各种数据文件能够以最快的速度进行传递，其还具有病毒防护功能，可以和杀毒软件配合，确保下载文件的安全。

迅雷版本更新较快，下面以“迅雷 7”为例进行详细介绍。

（一）快速下载文件

迅雷最直接、最重要的功能就是快速下载文件，它可以将网络上各种资源下载到本地磁盘中。下面以使用迅雷下载腾讯 QQ 软件为例，介绍迅雷的基本操作方法，让读者对迅雷有一个初步的认识。

网页中可以使用迅雷下载的链接如图 2-1 左图所示，下载结果如图 2-1 右图所示。

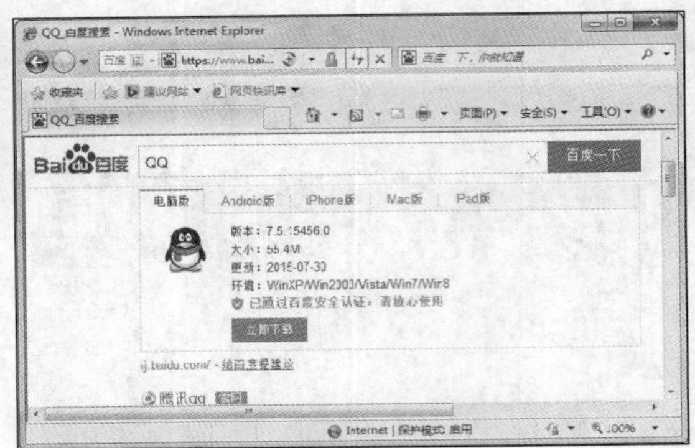

下载链接

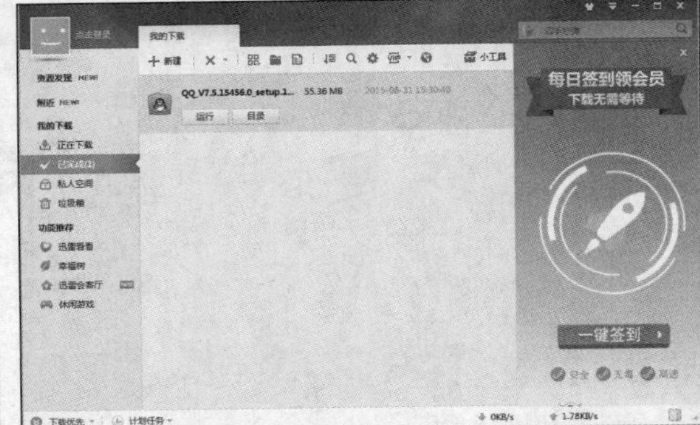

下载完成后

图2-1　使用迅雷快速下载文件

【操作思路】

- 打开需要下载资源的网页。
- 下载用户所需要的资源。

【操作步骤】

STEP 1　启动迅雷 7，进入其操作界面，如图 2-2 所示。

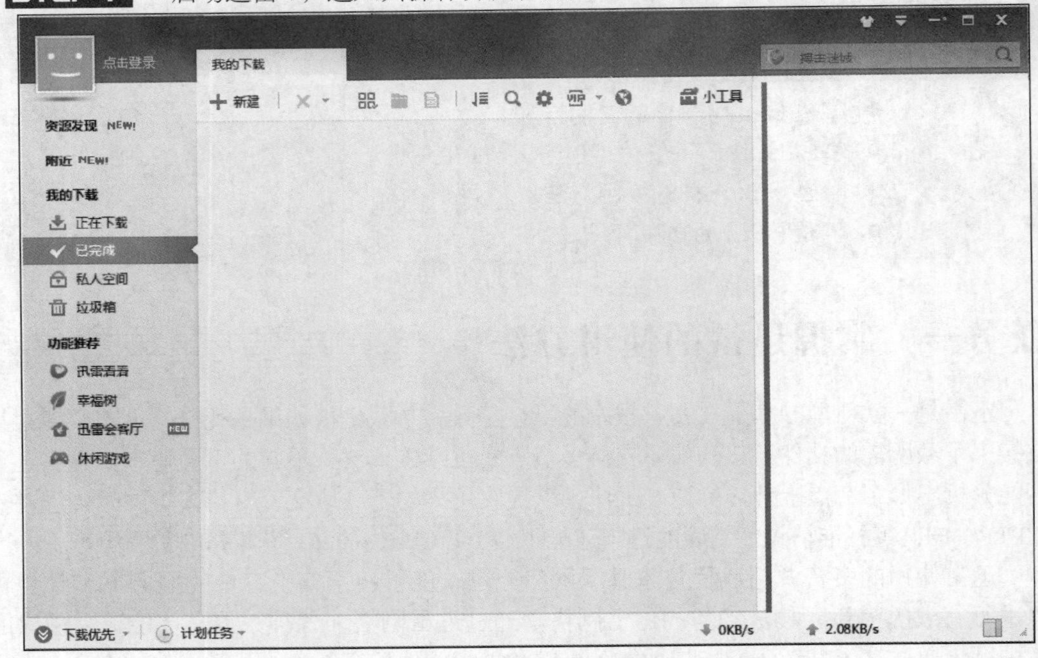

图2-2　迅雷 7 的操作界面

STEP 2　下载文件。

（1）　找到下载资源后，进入其下载页，然后在下载地址链接上单击鼠标左键。

（2）　在【新建任务】对话框的【存储路径】下拉列表中设置文件的保存路径。

（3）　单击 立即下载 按钮下载文件，如图 2-3 所示。

（4）　开始下载文件后，在迅雷的操作界面中将显示文件的下载速度、完成进度等信息，如图 2-4 所示。

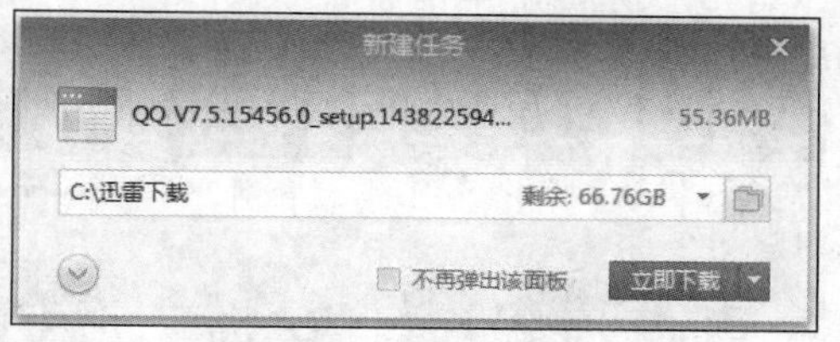

图2-3　下载文件

（5）　下载完成后，选择左侧面板中的【已完成】选项，可以看到下载完成后的文件信息，如图 2-5 所示。

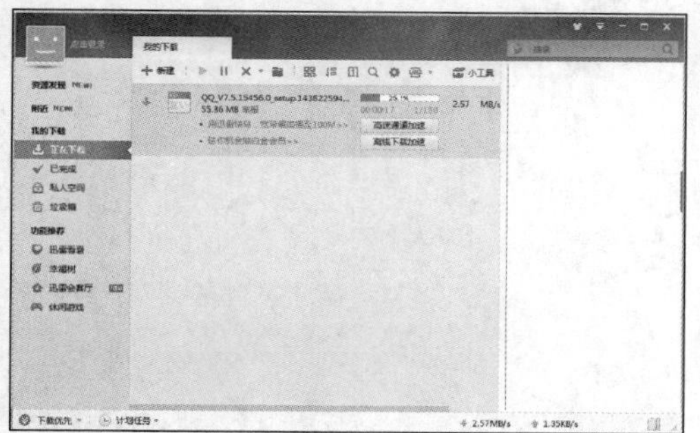

图2-4　下载信息显示

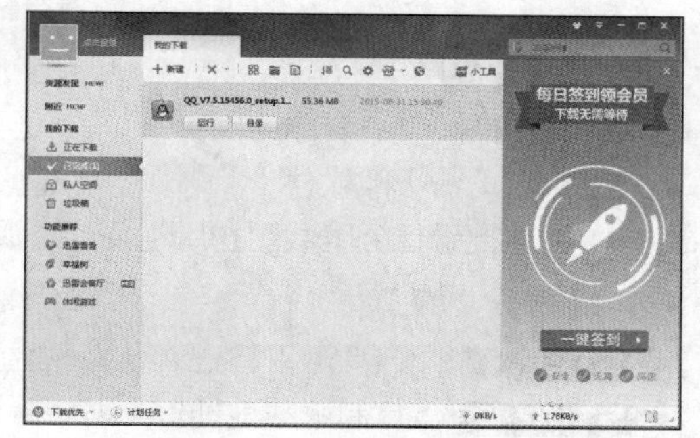

图2-5　下载完成后的信息

知识提示

下载完成后，选中下载的文件，在任务信息栏中还可以对文件进行重命名操作，以便管理计算机中的文件。

【知识链接】

下载单个文件时，往迅雷中添加下载任务有以下 4 种方法。

- 在浏览器中单击要下载的文件，系统自动启动迅雷并新建下载任务。
- 在要下载的文件上单击鼠标右键，在弹出的快捷菜单中选择【使用迅雷下载】命令新建下载任务。
- 在【文件】菜单中选择【新建】命令新建下载任务。
- 在图 2-2 顶部单击新建按钮添加新任务。

（二）　批量下载文件

迅雷提供了批量下载文件功能，如果被下载对象的下载地址包含共同的特征，就可以进行批量下载。例如，在下载网页中的多个资源时，它们的文件网络地址为：

http://www.a.com/01.zip

…

http://www.a.com/10.zip

如果对每一个地址链接都单独建立下载任务，操作将会非常繁琐。使用迅雷的批量下载功能可以减少许多重复的操作。下面将以如图 2-6 左图所示的多张连续的图片为例，让用户掌握批量下载文件的操作方法，下载后的效果如图 2-6 右图所示。

需要下载的图片　　　　下载后的效果

图2-6　批量下载文件

【操作思路】

- 打开需要下载资源的网页。
- 启动迅雷下载软件。
- 新建批量任务下载用户所需要的资源。

【操作步骤】

STEP 1　启动迅雷，进入其操作界面。

STEP 2　复制下载地址。

（1）　在要下载的图片上单击鼠标右键，弹出快捷菜单。

（2）　在快捷菜单中选择【属性】命令，弹出【属性】对话框。

（3）　在【属性】对话框中复制图片的网络地址，如图 2-7 所示。

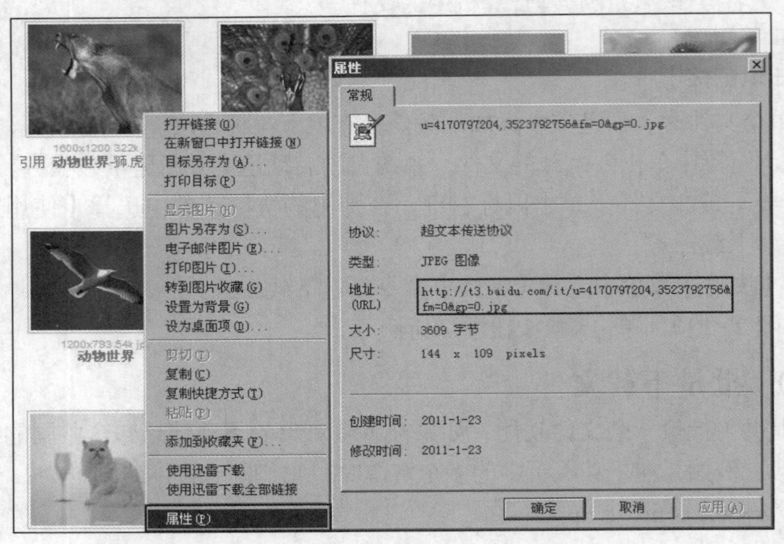

图2-7　复制下载地址

知识提示

批量下载时一定要多查看几张图片的下载地址，确保其具有序号上的连续性，防止因为图片的下载地址不连续而无法下载文件。

STEP 3 启动迅雷，选择【文件】/【新建任务】/【批量任务】命令，如图 2-8 所示，弹出【批量任务】对话框，如图 2-9 所示。

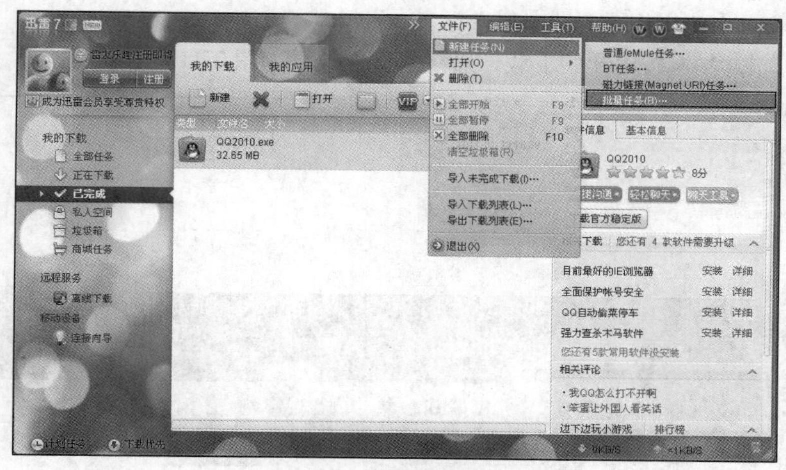

图2-8 复制下载地址

STEP 4 设置参数。

（1） 在【批量任务】对话框中将下载地址粘贴到【URL】文本框中。

（2） 将地址后面连续的数字部分修改为“(*)”。

（3） 设置【通配符长度】为“1”。

（4） 设置数字的开始和结束值分别为“1”和“12”。

（5） 单击 确定 按钮，弹出【选择要下载的 URL】对话框，如图 2-10 所示。

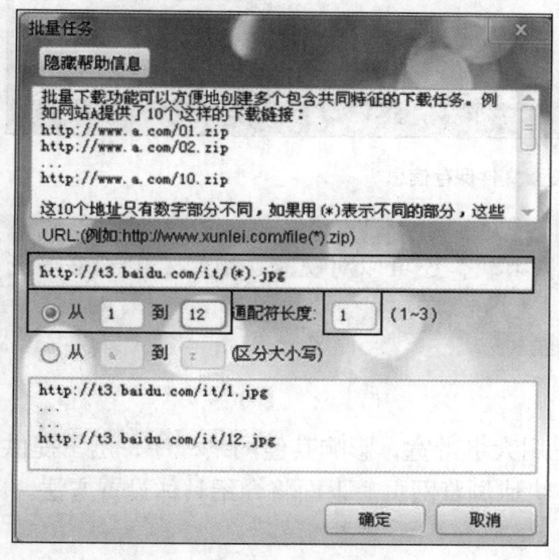

图2-9 设置参数

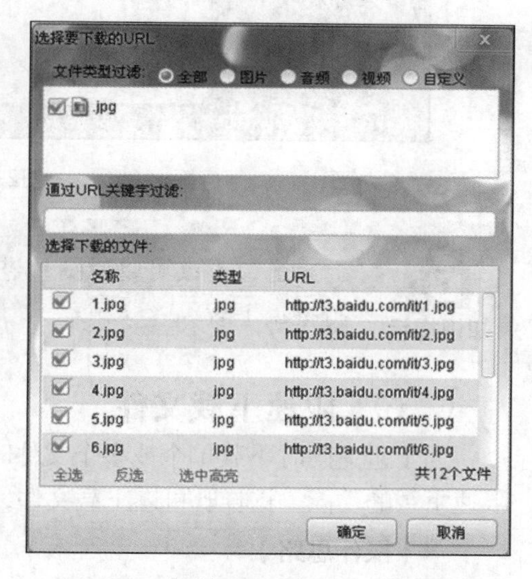

图2-10 【选择要下载的 URL】对话框

STEP 5 在【选择要下载的 URL】对话框中选择需要下载的资源，这里保持默认选择，单击 确定 按钮，弹出【建立新的下载任务】对话框。

知识提示

在这一步中一定要分清楚每张图片下载地址中的不同部分并将其修改为“（*）”，在设置【通配符长度】值后注意设置数字的起始值和结束值。

STEP 6 设置文件保存信息。

（1） 在【新建任务】对话框的【存储路径】下拉列表中设置文件的保存路径。

（2） 选中【使用相同配置】复选框。

（3） 单击立即下载按钮开始下载，最终的操作效果如图 2-11 所示。

图2-11 设置文件保存信息

迅雷不仅可以对图片进行批量下载，还可以对视频、电影、电子书等进行批量下载。

（三） 限速下载文件

为了避免同时下载单个或多个文件时会占用大量带宽，影响其他网络程序，迅雷提供了限速下载的功能，这样既可以下载文件，又能快速浏览网页。下面将介绍具体设置方法。

【操作思路】

- 启动迅雷，打开【速度限制】选项卡。
- 对下载的文件进行整体的速度限制设置。

【操作步骤】

STEP 1 启动迅雷，选择【工具】/【配置】命令，如图 2-12 所示，弹出【配置面板】对话框。

图2-12 选择【配置】命令

STEP 2 设置下载与上传速度。

（1） 在【配置面板】对话框的左侧面板中选择【网络设置】选项。

（2） 在【下载模式】面板中选中【自定义模式】单选按钮。

（3） 分别设置【最大下载速度】和【最大上传速度】参数。

（4） 单击 确定 按钮，如图 2-13 所示。

（5） 设置完成，下载所需的文件，这样迅雷在下载文件时就不会超过用户设定的速度，如图 2-14 所示。

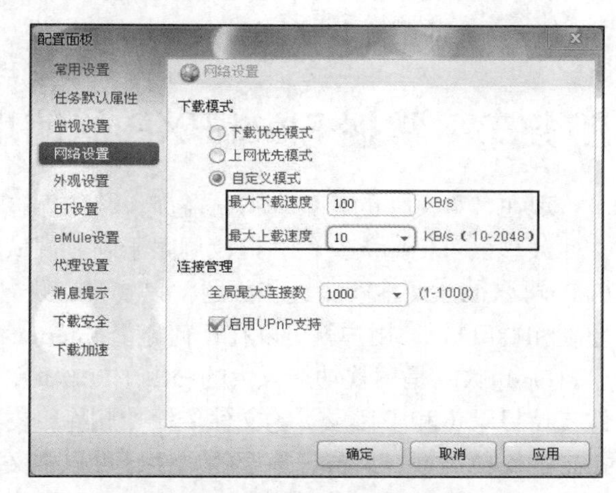

图2-13 设置下载与上传速度

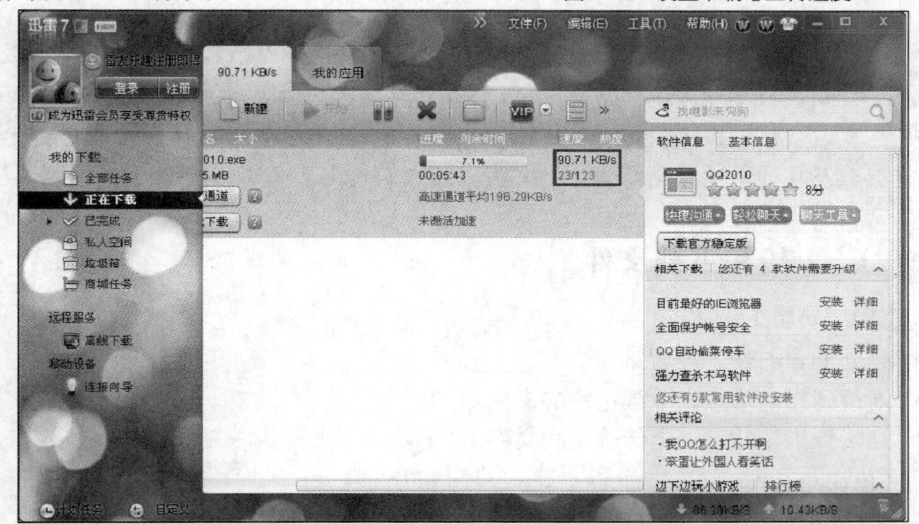

图2-14 显示下载速度

迅雷 7.9 版本还提供了【高速下载模式】和【智能限速模式】，其含义如下。

- 【高速下载模式】：用户下载文件时将占用最高的宽带资源。
- 【智能限速模式】：用户下载文件过程中，当其他网络也需要使用宽带资源时，迅雷会自动限制速度而让其他网络也正常运行。

【知识链接】

（1） 迅雷其他几个常用设置。

- 开机启动迅雷：这是一个开机自动启动程序，当计算机重新启动或者开机时，系统会自动启动迅雷软件。
- 完成后关机：这也是与计算机本身相联系的操作，选中此复选框后，当迅雷执行完下载任务时会自动将计算机关闭。
- 检查更新操作：开发该软件的公司会添加新的组件或将功能进行完善，所以需要进行软件更新，实时与现代信息同步。

（2） 在【配置】对话框中还有其他的设置，一般都采用默认设置。

任务二 掌握 FlashFXP 的使用方法

现在各种文件的容量变得日益庞大，依靠电子邮件传送已经不能满足需求，且速度慢。文件共享虽可传输大文件，但仅局限于同一局域网中，且不便限制用户的权限和流量。使用 FTP 可以很方便地解决这些问题，只要设定账号和密码，告诉用户相关的 FTP 设定值（IP 地址和端口号），用户就可以在任何连上 Internet 的计算机上用 FTP 软件上传和下载文件。

FlashFXP 是一款功能强大的FXP/FTP软件，集成了其他优秀的 FTP 软件的优点。该软件支持目录（和子目录）的文件传输、删除，支持上传、下载以及第三方文件续传，可跳过指定的文件类型，只传送需要的本件，可自定义不同文件类型的显示颜色。其主要功能是将本地文件上传到远端的服务器或者从 FTP 服务器上下载文件。

FTP 为文件传输协议，是 Internet 传统的服务之一，用来在远程计算机之间进行文件传输，是 Internet 传输文件最主要的方法。通过 FTP，用户可以获取 Internet 丰富的资源。除此之外，FTP 还提供登录、目录查询、文件操作以及其他会话控制功能。

（一） 上传和下载文件

【操作思路】

- 启动 FlashFXP，设置站点。
- 连接到指定站点，下载选定的文件。
- 连接到指定站点，上传选定的文件。

【操作步骤】

STEP 1 启动 FlashFXP，界面如图 2-15 所示。图 2-16 所示为正在工作中的软件界面。

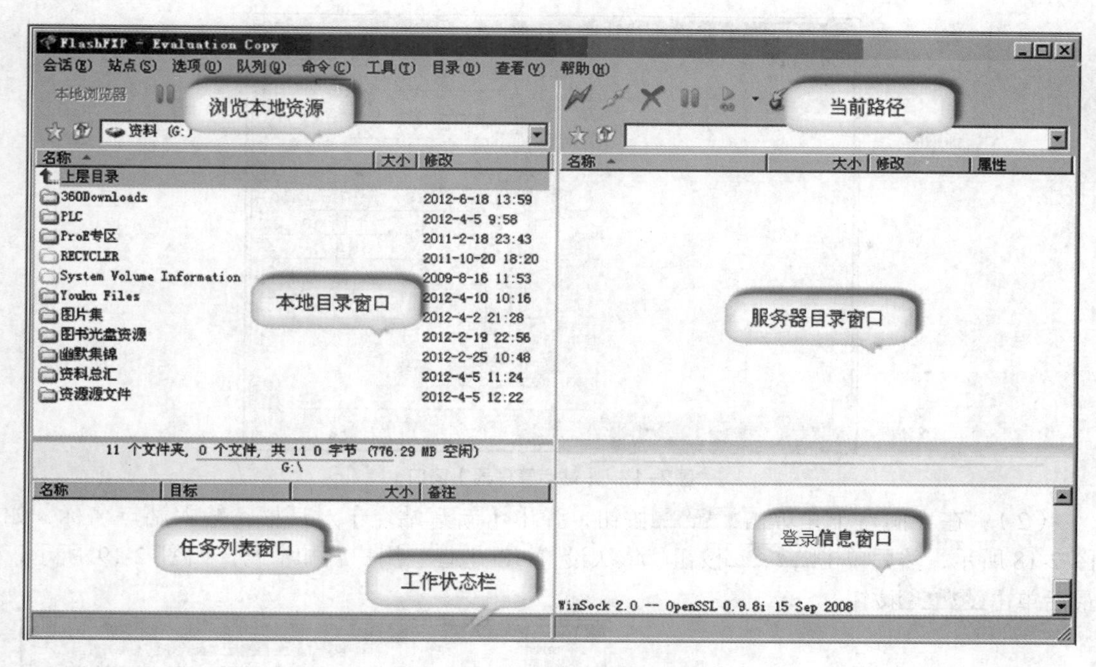

图2-15 FlashFXP 的工作界面

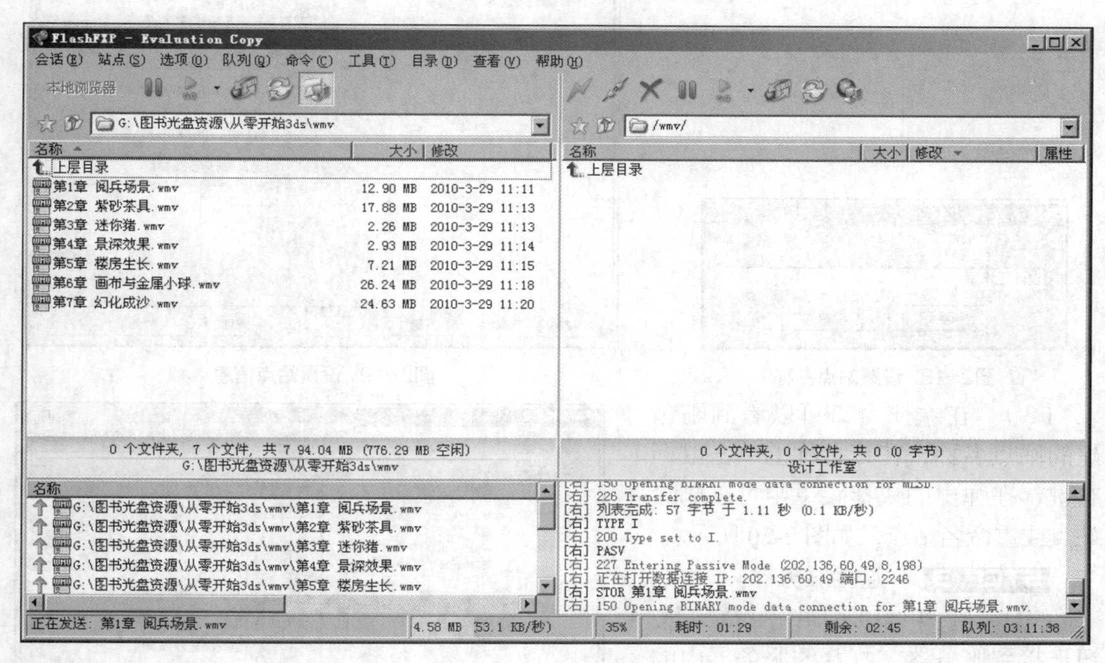

图2-16 工作中的界面

STEP 2 创建站点。

（1） 选择【站点】/【站点管理器】命令，打开【站点管理器】窗口，如图 2-17 所示。

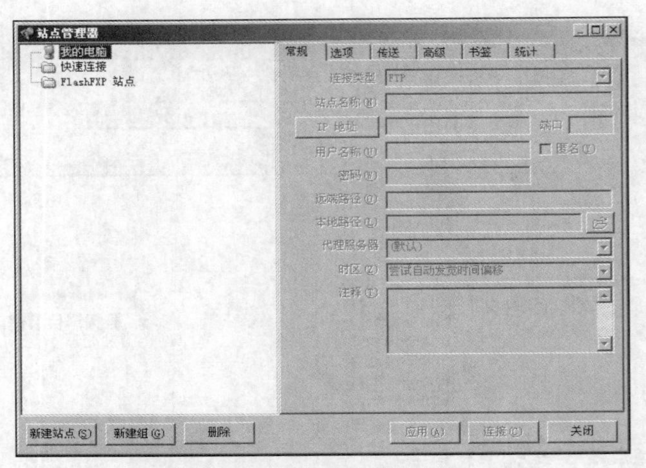

图2-17 【站点管理器】窗口

（2） 在界面左下角单击新建站点(S)按钮，弹出【新建站点】对话框，输入站点名称，如图2-18所示，然后单击确定按钮。依次设置IP地址、用户名和密码，如图2-19所示，最后单击应用(A)按钮。

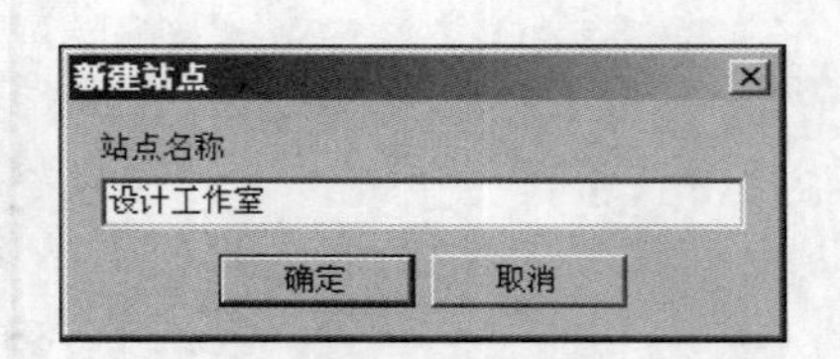

图2-18 设置站点名称

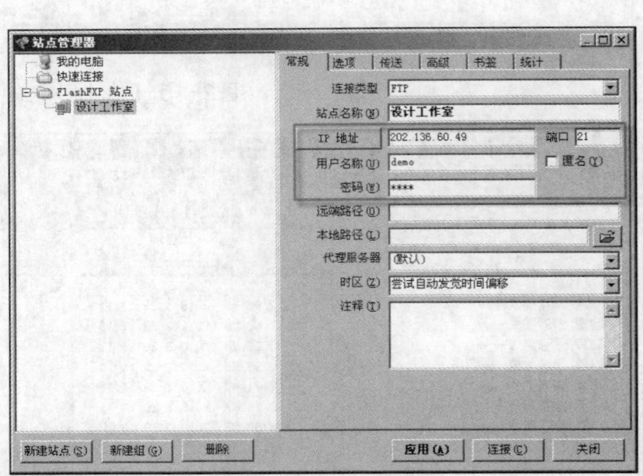

图2-19 设置站点信息

（3） 在左侧窗口可以看到刚创建的站点名称，在该名称上单击鼠标右键，在弹出的快捷菜单中可以删除站点或重命名站点，如图2-20所示。

STEP 3 连接服务器。

（1） 在图2-19中单击连接(C)按钮连接到服务器，打开的服务器中的内容将显示在服务器目录窗口中，如图2-21所示。

（2） 在服务器目录窗口顶部单击【名称】、【大小】以及【属性】等按钮，可以按照这些要素对目录下的文件进行排序。

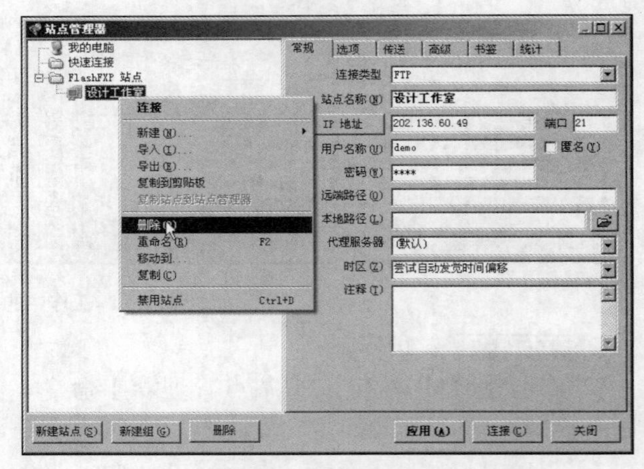

图2-20 设置站点名称

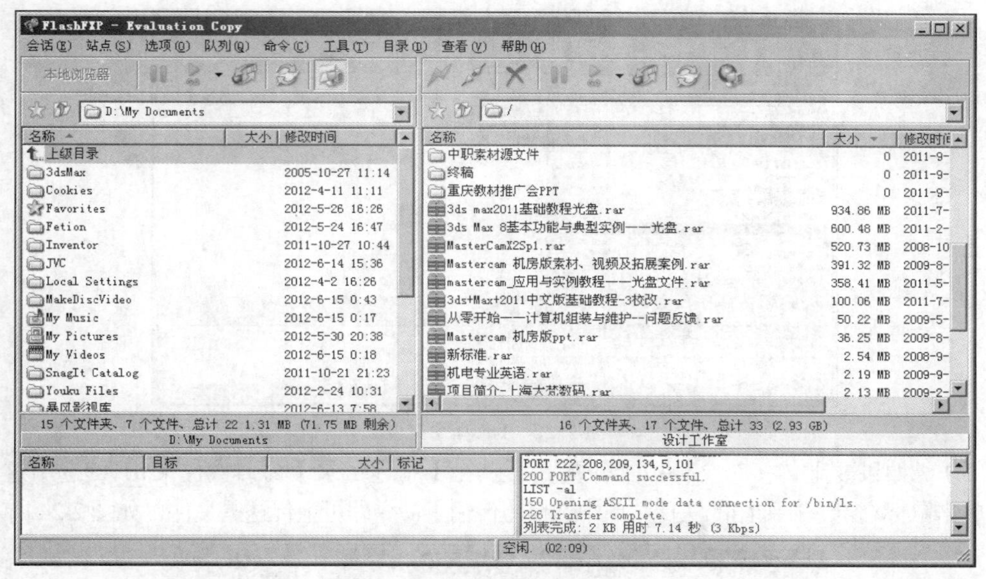

图2-21　登录服务器

凡是用户登录过的账号都会自动保存在【站点管理器】窗口左侧列表中，下次登录时不必再输入具体的站点信息。此外，在界面顶部单击按钮，在下层菜单中可以选取连接已经使用过的站点，也可以选择【快速连接】选项打开如图 2-22 所示【快速连接】对话框设置站点信息，最后单击连接按钮实现快速连接。单击按钮则可以断开与服务器的链接。

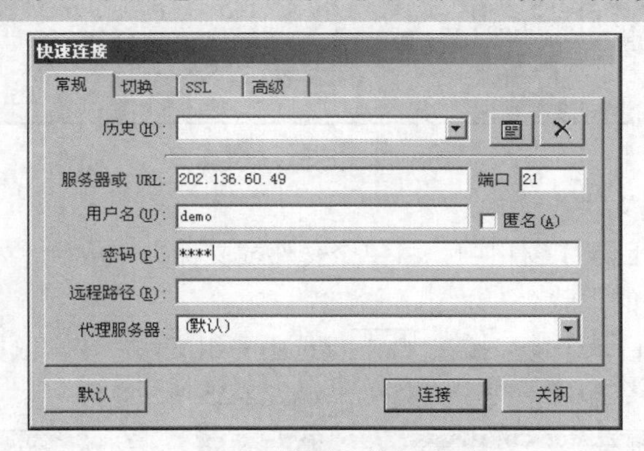

图2-22　【快速连接】对话框

STEP 4　上传文件。

（1）　上传文件前，在左侧【本地目录】窗口中浏览到所传文件的位置，然后在右侧【服务器目录】窗口中浏览到拟上传到的目录位置。

在【本地目录】窗口或【服务器目录】窗口中单击鼠标右键，在弹出的快捷菜单中选择【新建文件夹】命令，可以在选定的目录窗口中新建文件夹。

（2）　在【本地目录】窗口将需要上传的文件拖到【服务器目录】窗口中的设定文件夹中，即可上传该文件。此时，在【任务列表】窗口中将显示该任务，在状态栏将显示该文件的传输信息，如图 2-23 所示。

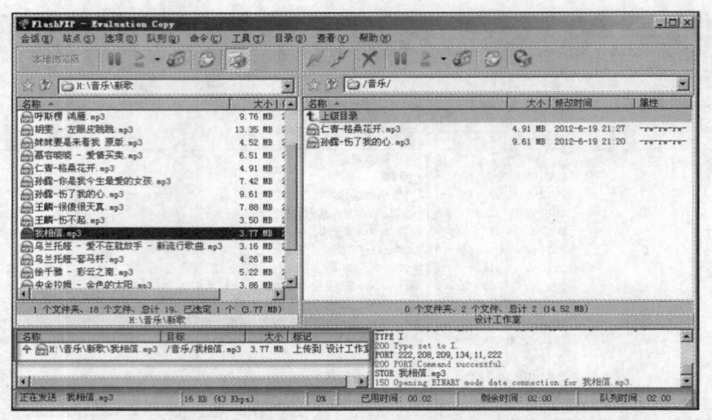

图2-23 上传单个文件

（3） 如果要上传多个文件或文件夹，可以在【本地目录】窗口按住 Ctrl 键选中这些文件后单击鼠标右键，在弹出的快捷菜单中选择【传输】命令即可上传这些文件，如图 2-24 所示。

图2-24 上传多个文件

STEP 5 下载文件。

（1） 在【服务器目录】窗口中，将单个文件或文件夹拖放到【本地目录】窗口中，即可实现该文件或文件夹的下载。

（2） 在【服务器目录】窗口按住 Ctrl 键选中一组文件后单击鼠标右键，在弹出的快捷菜单中选择【传输】命令即可下载这些文件，如图 2-25 所示。

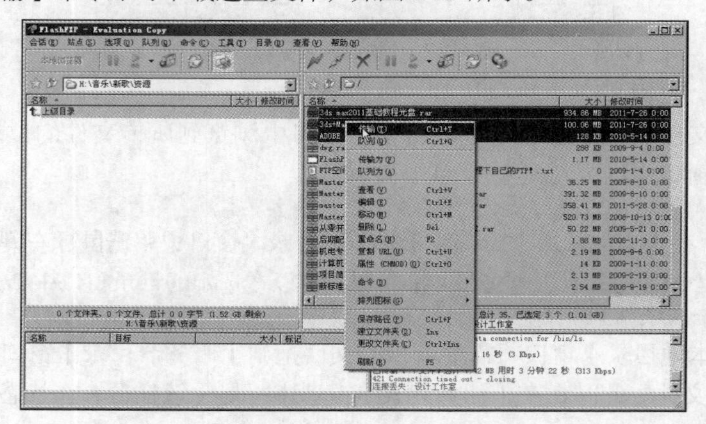

图2-25 下载文件

（二） 优化设置

【操作思路】

- 设置断点续传功能。
- 设置个性化下载环境。
- 设置定时下载。

【操作步骤】

STEP 1 断点续传设置。

设置断点续传功能后，一旦下载过程中与服务器中断，下次下载时可以在原断点处继续下载，而不必重新下载。

（1） 选择【站点】/【站点管理器】命令，打开【站点管理器】对话框，在左侧列表中选中站点，然后切换到【传输】选项卡，如图 2-26 所示。

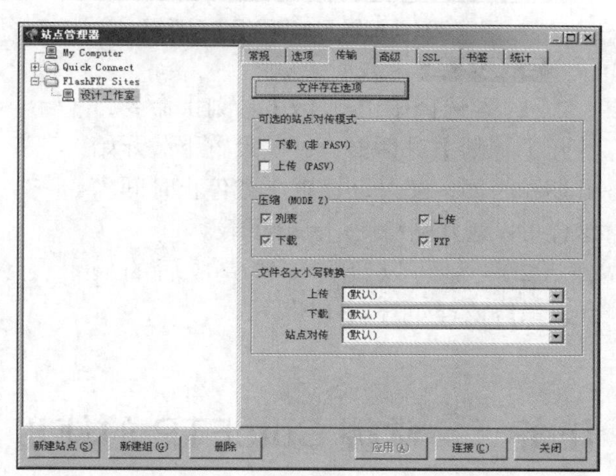

图2-26 【站点管理器】对话框

（2） 单击 文件存在选项 按钮，弹出【文件存在选项】对话框，该对话框可能包括多个选项卡，如果在【全局】选项卡设置参数，该参数将对所有站点有效，否则可以在某一站点对应的选项卡中设置参数。

（3） 在【全局】选项卡设置与服务器中断后重新连接时的处理方法。【询问】表示此时系统弹出对话框询问用户如何处理；【自动覆盖】表示将覆盖已有文件，重新传送；【自动跳过】表示跳过该任务；【自动续传】表示在原断点处续传文件，如图 2-27 所示。

（4） 按照图 2-28 所示设置传送规则。

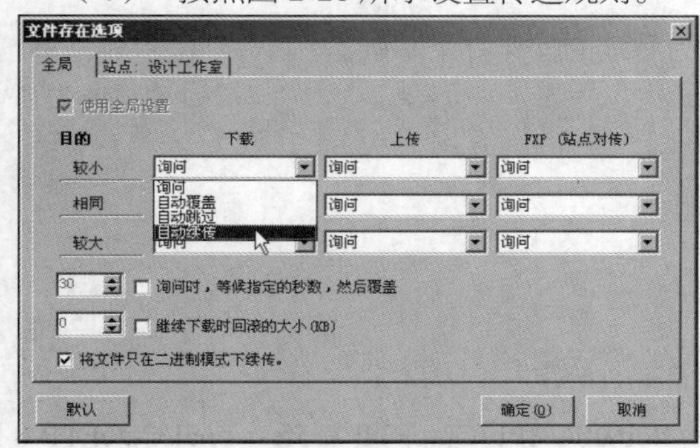

图2-27 【文件存在选项】对话框 1

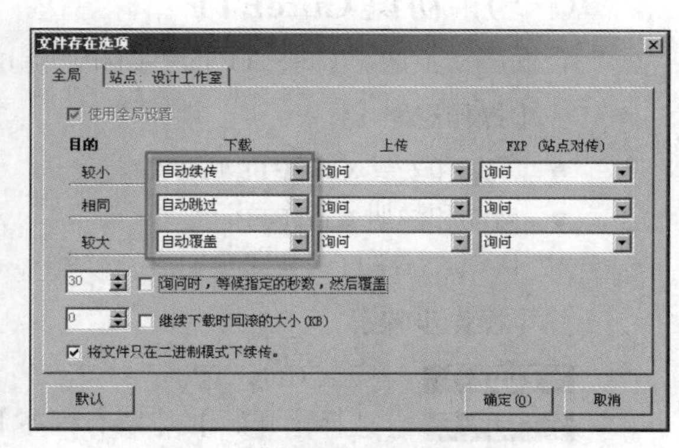

图2-28 【文件存在选项】对话框 2

STEP 2 个性设置。

（1） 选择【选项】/【参数选择】命令，打开【配置 FlashFXP】对话框，在【常规】/【动作】栏中设置鼠标操作对应的效果。图 2-29 所示为将文件的双击操作设置为下载。

（2） 在【传输】/【速度限制】栏中限制下载速度，如图 2-30 所示。

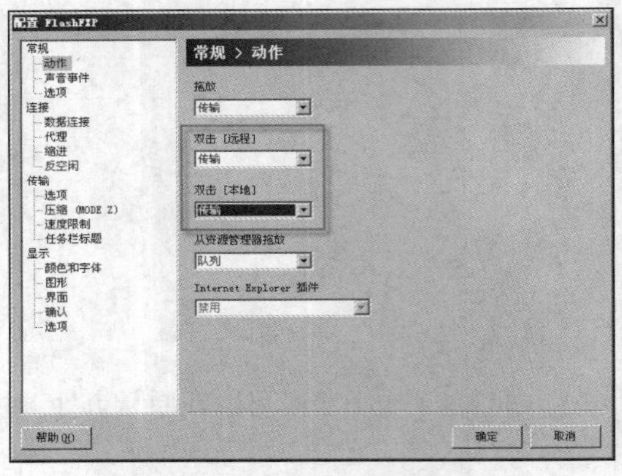

图2-29 【配置 FlashFXP】对话框

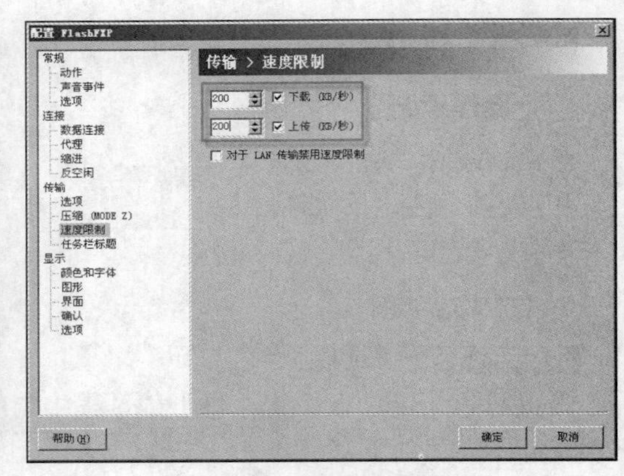

图2-30 限制下载速度

STEP 3 定时下载。

（1） 选择【工具】/【计划】命令，打开【计划】对话框，可以设置下载开始日期和时间，还可以设置下载停止时间。这样可以避开网络使用高峰下载。

（2） 还可以设置传输完成后的操作，最终设置如图 2-31 所示。

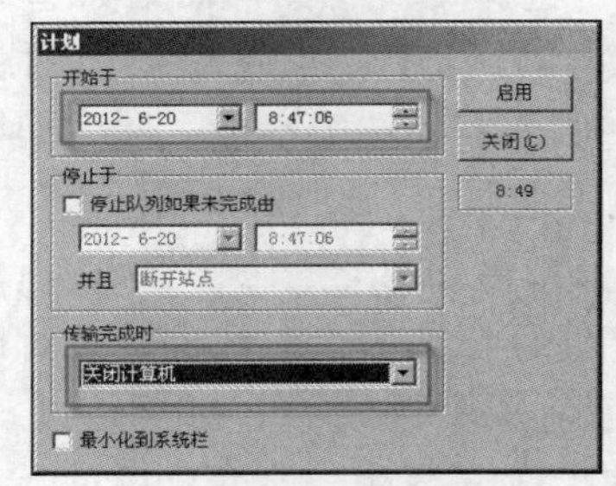

图2-31 定时下载

任务三 掌握 CuteFTP 的使用方法

CuteFTP 是 GlobalSCAPE 公司推出的一款共享 FTP 客户端程序，经过不断发展，现已成为一个集文件上传、下载、网页编辑等多种功能于一身的工具软件。本任务将使用 CuteFTP Pro 8.2 介绍 CuteFTP 的使用方法。

（一） 初识 CuteFTP

下面将初步认识 CuteFTP 的界面和功能，为后续的操作打下基础。

【操作思路】

- 下载和安装 CuteFTP Pro 8.2。
- 启动和注册 CuteFTP。
- 认识 CuteFTP 主界面。

【操作步骤】

STEP 1 安装 CuteFTP。

STEP 2 选择【开始】/【所有程序】/GlobalSCAPE/CuteFTP Professional/CuteFTP 8 Professional 命令，启动 CuteFTP，进入其操作界面。

【知识链接】

CuteFTP 的界面设计相当科学，大多数 FTP 软件均采用了类似的布局模式。主窗口左侧显示本地磁盘内容和站点管理器，右侧为远程服务器文件列表，下方是信息窗口，如图 2-32 所示。

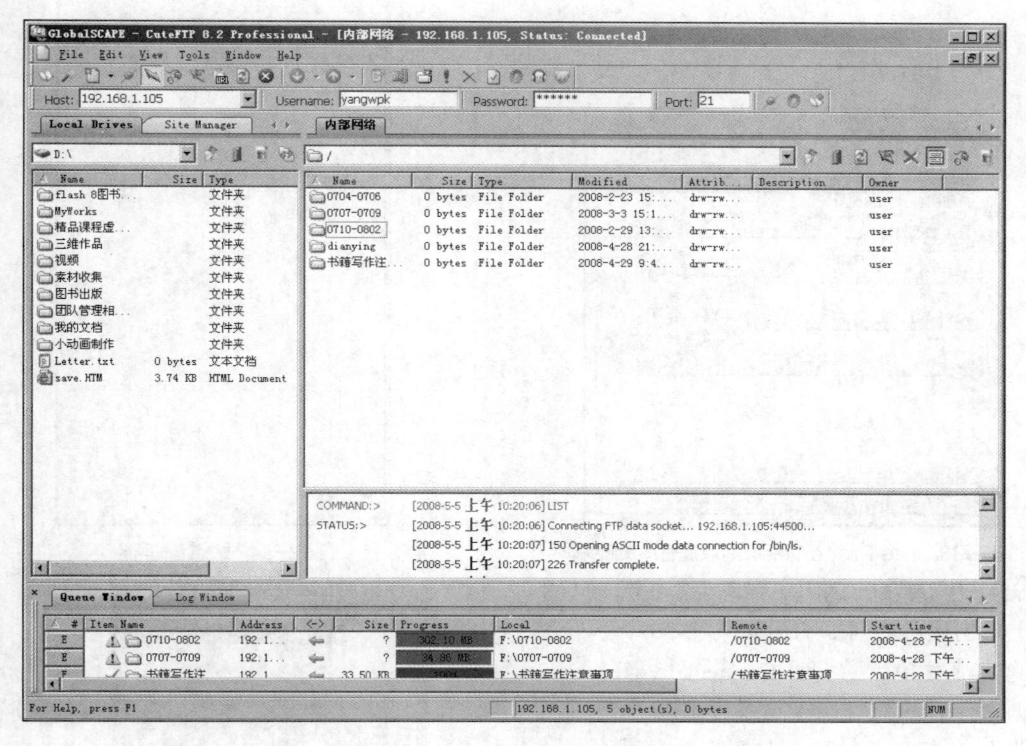

图2-32　CuteFTP Pro 8 主界面

主操作界面除了通常的视窗软件都有的菜单栏、工具栏和状态栏之外，还包括站点/目录管理器区、FTP 站点文件列表与连接状态区、下载/上传任务和日志列表区。

（二）下载资源

下面将介绍如何使用 CuteFTP 从远程 FTP 服务器上下载资源到本地磁盘。

【操作思路】

- 新建 FTP 站点。
- 连接到资源。
- 下载资源。

【操作步骤】

STEP 1　运行 CuteFTP，在菜单栏中选择【File】（文件）/【New】（新建）/【FTP Site】（FTP 站点）命令，打开 Site Properties（站点属性）对话框。

- 在【Label】（标签）项中输入“内部网络”。
- 在【Host address】（主机地址）项中输入“192.168.1.105”。
- 在【Username】（用户名）项中输入“yangwpk”。
- 在【Password】（密码）项中输入“684130”。
- 在【Login method】（登录方式）选项组中选中【Normal】（普通登录）单选按钮，如图 2-33 所示。

STEP 2　设置好站点属性后，单击 OK 按钮，这样就新建了一个名为“内部网络”的 FTP 站点，并在 Site Manager（站点管理器）中显示出来，如图 2-34 所示。

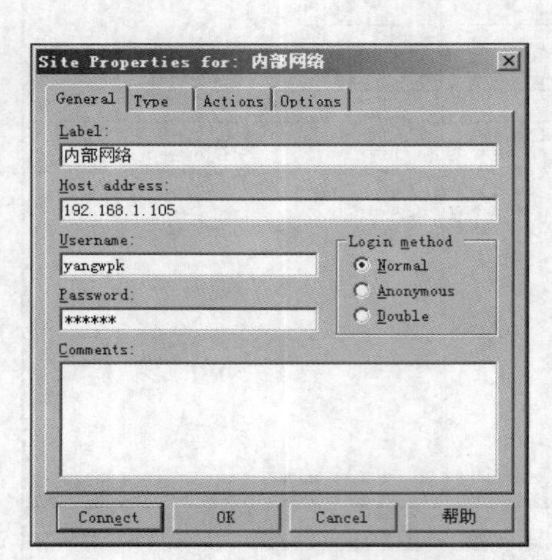

图2-33 Site Properties（站点属性）对话框

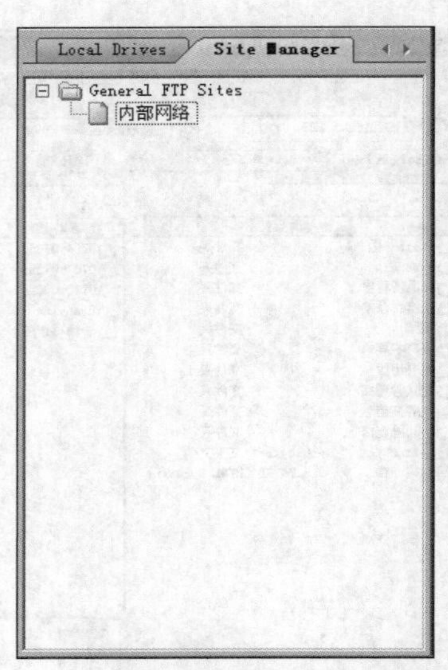

图2-34 站点管理器

STEP 3 在【内部网络】选项上单击鼠标右键，打开如图 2-35 所示的快捷菜单，选择【Connect】（连接）命令后，就可连接到远程 FTP 服务器上。连接成功后，左侧窗口自动切换到 Local Drivers（本地磁盘）目录，并定位到设置的本地文件夹，右侧窗口中则显示已连接的远程目录，如图 2-36 所示。

图2-35 快捷信息

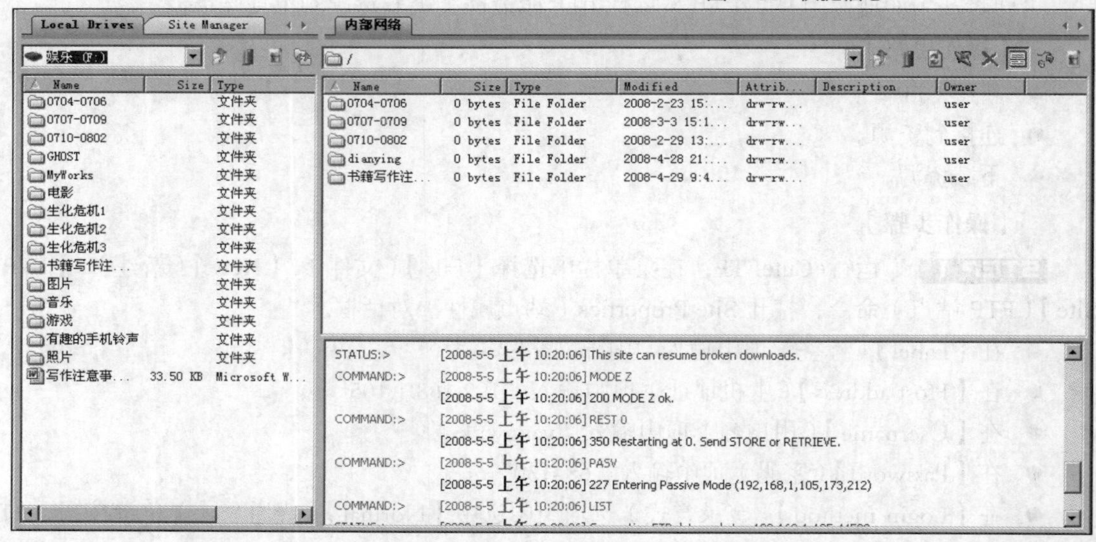

图2-36 连接成功

STEP 4 连接成功后，就可进行下载工作了。在本地窗口中选择下载文件的保存位置，在服务器资源中选择要下载的文件，单击鼠标右键，在弹出的快捷菜单中选择【Download】（下载）命令，如图 2-37 所示，就可下载资源到本地磁盘中了。

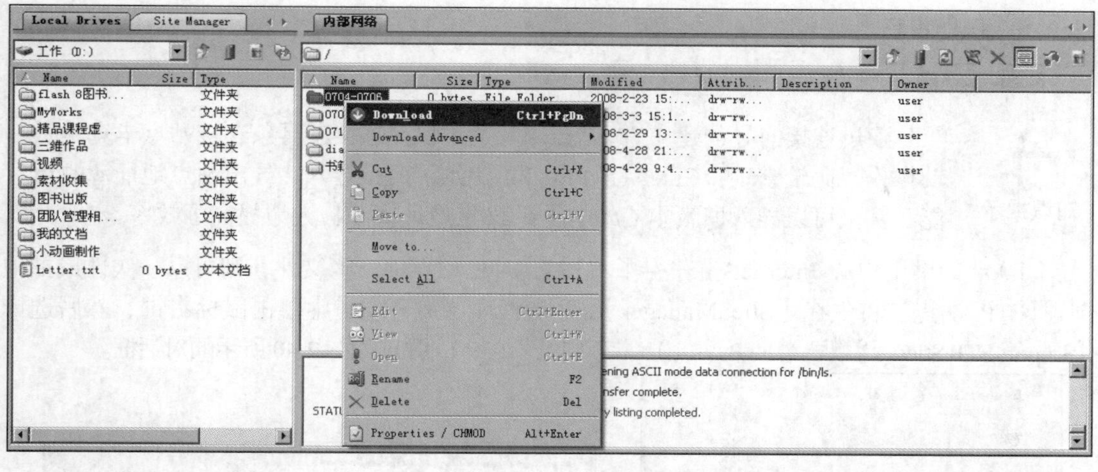

图2-37　下载操作

（三）上传资源

下面将介绍使用 CuteFTP 上传文件的方法。

【操作思路】

- 新建一个 FTP 站点。
- 连接到远程主机。
- 上传用户需要的资源。

【操作步骤】

STEP 1 在上传文件之前，必须要考虑 FTP 服务器的访问权限。很多 FTP 服务器管理员一般考虑到系统安全和防止他人利用自己服务器的空间，会禁止上传功能。所以读者在使用上传功能时，一定先确认连接的主机是否允许上传。

STEP 2 上传资源的操作和下载大致一样，只需在连接到主机之后，在 LocalDrivers（本地磁盘）目录中选择要上传的文件或文件夹，然后双击或单击鼠标右键，在弹出的菜单中选择【Upload】（上传）命令，如图 2-38 所示，就可以将选中的文件或文件夹上传至连接主机。

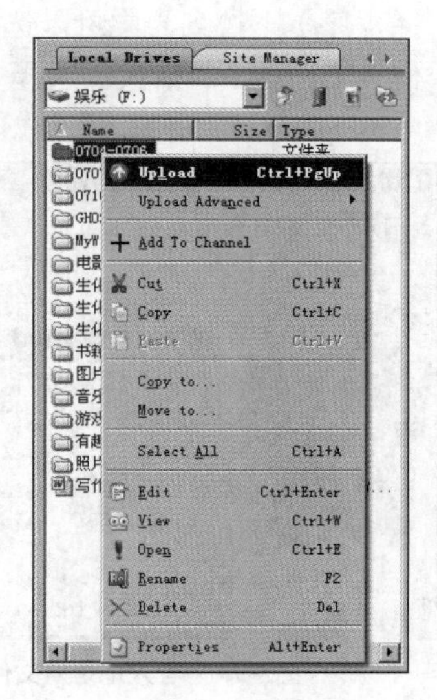

图2-38　上传操作

通过上述讲解，相信读者对 CuteFTP 的基本功能有了一个比较清晰的了解。只要读者掌握它的起步操作，就可以在以后的使用中，通过自身研究来慢慢精通这门软件。

（四）探索 CuteFTP 高级功能

下面将介绍 CuteFTP 的高级功能，以便让读者掌握更多的操作技巧。

【操作思路】

- 认识导入、导出站点地址簿的功能。
- 设置系统参数。
- 计划上传/下载。

【操作步骤】

STEP 1 导入、导出站点地址簿。

知识提示 通过连接向导创建 FTP 站点以及通过快速连接工具条连接站点毕竟是手动操作，比较繁琐。CuteFTP Pro 8.2 提供了成批导入、导出站点地址簿的功能，甚至可以导入旧版本 CuteFTP 的站点地址簿，极大地提高了效率。

（1） 如果用户从 Internet 上获得了常用的 FTP 站点地址簿文件，则可以一次性成批地创建 FTP 站点。首先在【Stie Manager】（站点管理器）选项卡中单击鼠标右键，然后选择【Import FTP Sties...】（导入 FTP 站点）命令（见图 2-39），弹出如图 2-40 所示的对话框。

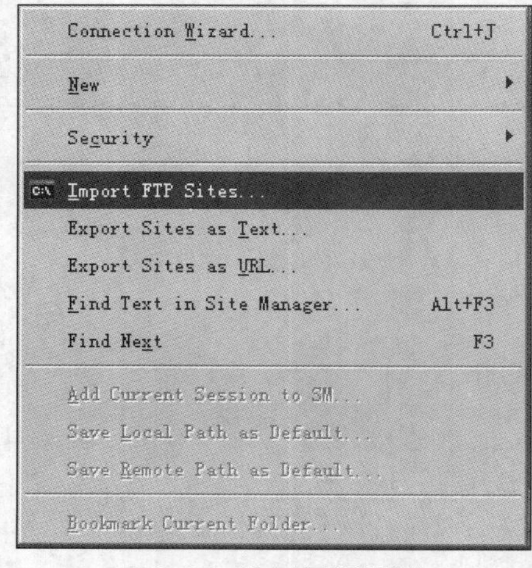

图2-39 站点管理器菜单

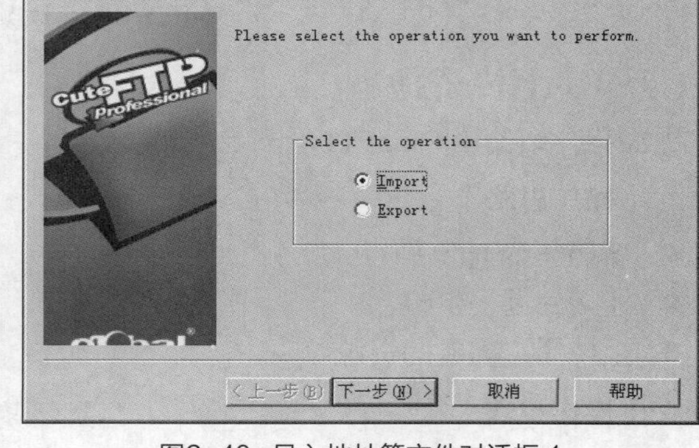

图2-40 导入地址簿文件对话框 1

（2） 在【Select the operation】（选择操作）选项组中，选中【Import】（导入）单选按钮，然后单击 下一步(N) > 按钮，弹出如图 2-41 所示的对话框。在【choose the application】（选择程序）下拉列表中可以选择导入文件的格式，这些格式主要是 CuteFTP 以前的旧版本和其他 FTP 软件的格式。选择一个适合的格式，然后单击 下一步(N) > 按钮，弹出如图 2-42 所示的【merge or create】（合并或创建）对话框。

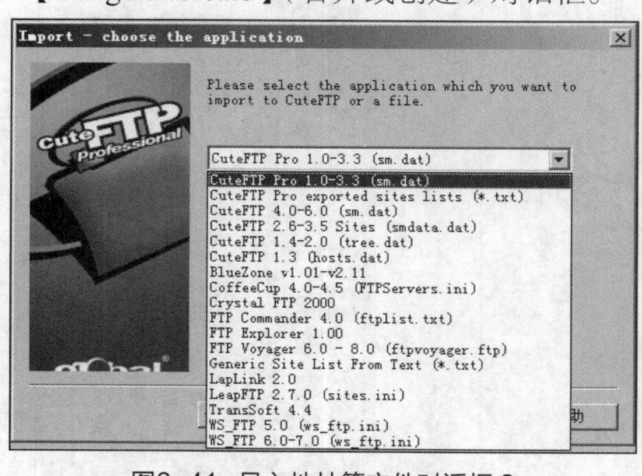

图2-41 导入地址簿文件对话框 2

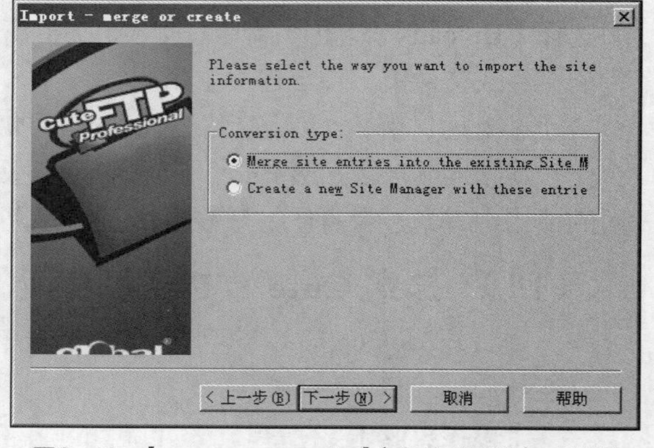

图2-42 【merge or create】（合并或创建）对话框

（3） 在【Conversion type】栏中可以选择是合并地址簿数据库，还是为导入的地址簿文件新建一个数据库。这里选中【Merge site entries into the existing Site M】单选按钮，然后单击 下一步(N) > 按钮，进入如图 2-43 所示的【set the file location】（设置文件路径）对话框。

（4） 在弹出的对话框中单击按钮选择站点地址簿文件。选择好导入文件后，单击下一步(N) >按钮，然后单击完成按钮，完成导入工作。

（5） 在【Stie Manager】选项卡中单击鼠标右键，然后选择【Exmport Sties as Text…】（以文本形式导出站点）命令，打开如图 2-44 所示的对话框，在【文件名】输入框中输入要保存文件的名字，再单击保存(S)按钮，完成导出工作。

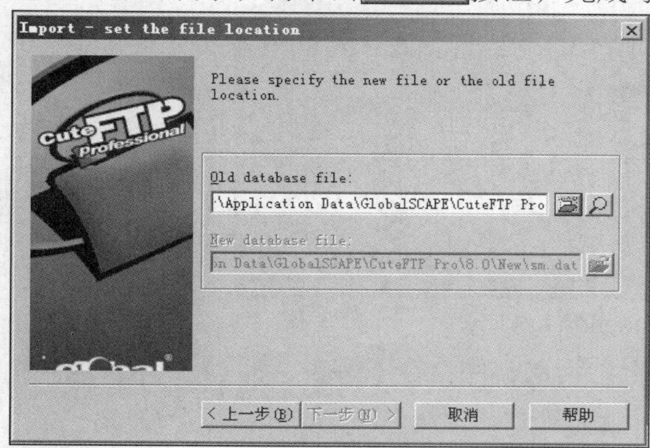

图2-43 【set the file location】（设置文件路径）对话框

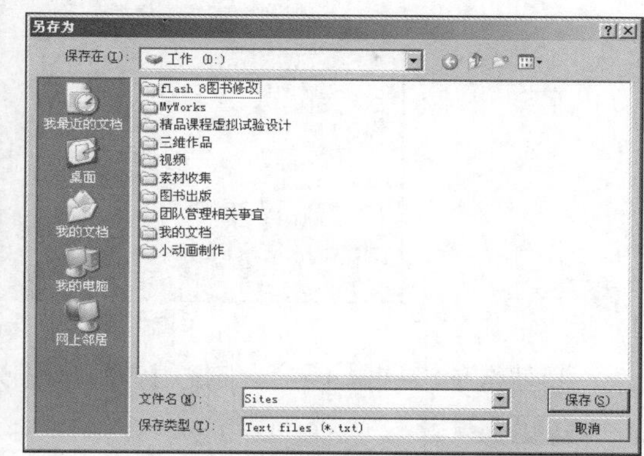

图2-44 【另存为】对话框

STEP 2 系统设置。

（1） 一般在 CuteFTP Pro 8.2 中保持默认设置就能够满足正常工作，但有的 FTP 服务器上会有些特殊的设置，用户有必要仔细调整一下相关的系统设置。单击按钮即可启动【Global Options】（系统设置）对话框，如图 2-45 所示。

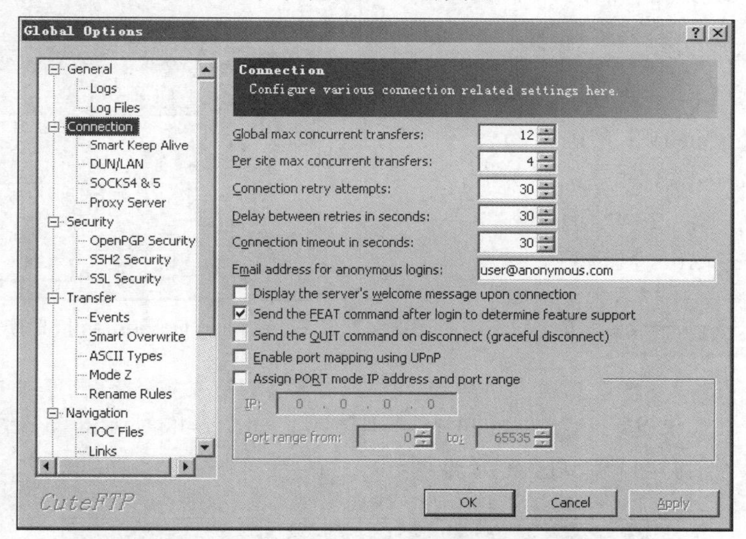

图2-45 【Global Options】（系统设置）对话框

（2） 【Global Options】对话框的左边是一些系统配置选项卡列表，用户可以选择不同的选项卡来打开相应的配置对话框。下面介绍其中最常用的两个选项卡。

- 【General Settings】（一般配置）选项卡：设置 CuteFTP 的启动特性和界面显示特性，如用户可以设定它开机即可启动等。另外，用户还可以在此设定本地下载目录。
- 【Connection】（网络连接）选项卡：设置网络连接特性，如最大连接数、重试时间间隔等，如图 2-46 所示。

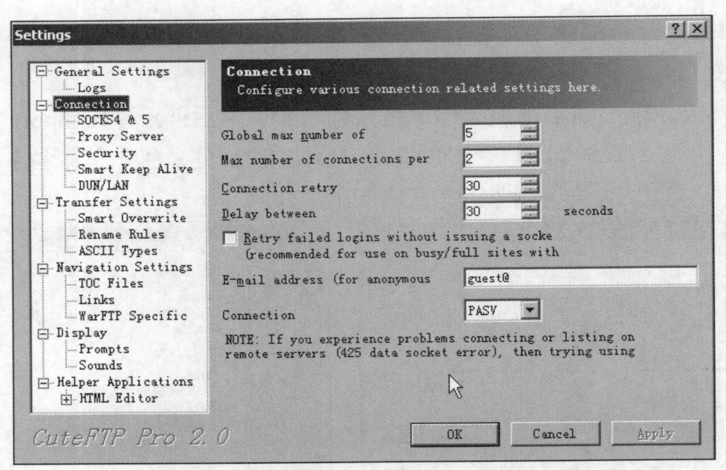

图2-46 【Connection】选项卡

其他选项卡这里不再详细说明，用户可以查看帮助文件自行了解。

STEP 3 计划上传/下载。

通常 FTP 站点都是 24h 开通的，但由于白天和前半夜访问的人很多，网络繁忙，因此上传/下载速度慢。而凌晨之后一般上网的人较少，网速较快，这时使用 CuteFTP 计划上传/下载功能就可以在凌晨进行传输工作。用户可以在网络较慢的时候连到服务器上，将要上传或下载的文件进行计划下载或上传设置，这样可以方便地设定在网速较快的时候上传或下载。

首先连接到服务器，然后选择目标文件，在菜单栏上选择【Tools】（工具）/【Queue】（排列）/【Schedule Selected】（时序选择）命令，打开如图 2-47 所示的【Scheduling Properties】（时序安排属性）对话框，设定计划下载的时间，设定好后单击 OK 按钮即可。

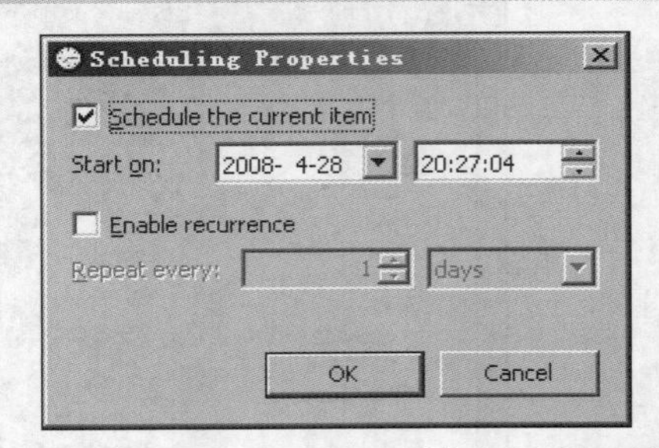

图2-47 【Scheduling Properties】（时序安排属性）对话框

如果设定一个过去的时间，则会弹出如图 2-48 所示的警告提示，并要求以当前时间为计划上传/下载时间。

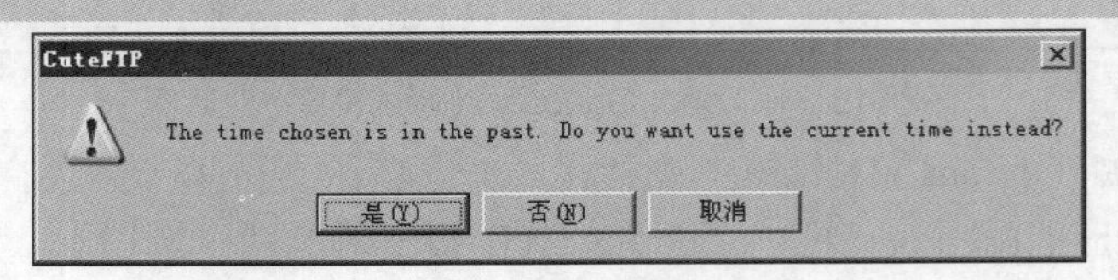

图2-48 时间过时警告框

STEP 4 任务列表操作。

（1） 正在上传/下载的文件会由于种种原因停下来，这时需要再次启动下载，或者中途不想下载某个文件了，需要终止这个任务，这些都需要在任务列表窗口进行操作，如图 2-49 所示。

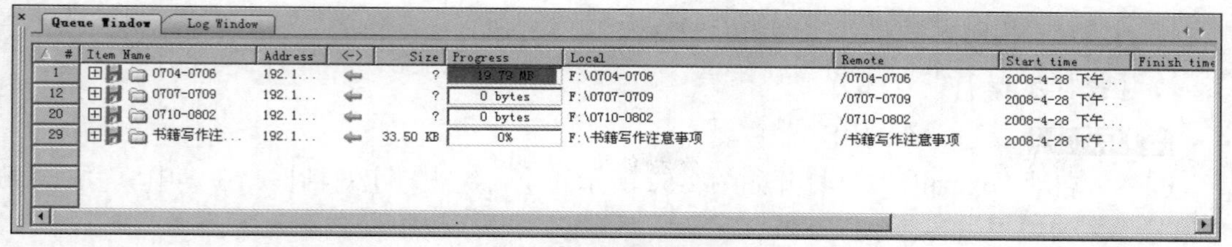

图2-49 任务列表窗口

（2） 这时只需在所选任务上单击鼠标右键，即可以弹出如图 2-50 所示的快捷菜单。通过该菜单可以进行相应的操作，如启动、停止或删除任务等，还可以查看和设定单个任务的属性。选择【Properties】（属性）命令，就会弹出如图 2-51 所示的【Item Properties】（项目属性）对话框。该对话框可以显示所选任务的一些属性，如主机名称、用户名、密码等。用户还可以在该对话框中设置协议、计划时间等。

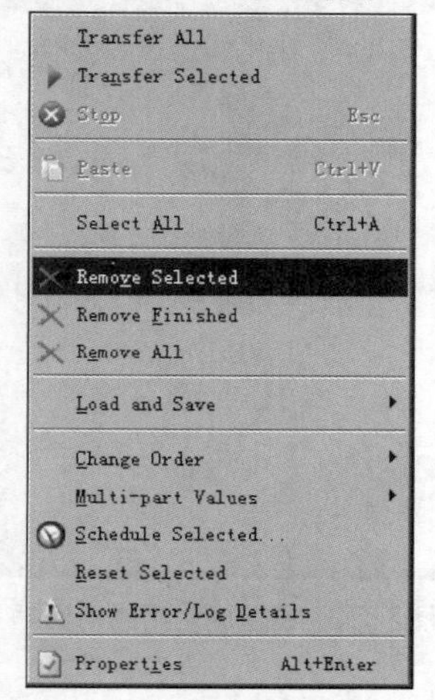

图2-50 任务操作快捷菜单

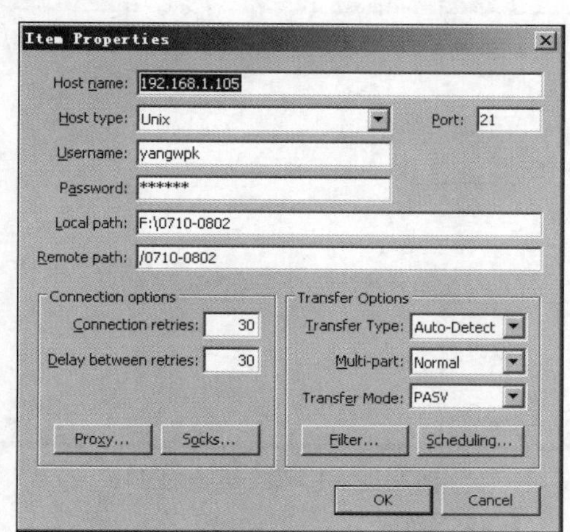

图2-51 【Item Properties】（项目属性）对话框

任务四 掌握 Foxmail 的使用方法

电子邮件以其简单、快捷的特点为人们的日常生活和工作带来极大的方便。通常人们大多数情况下都通过相关网站来收发电子邮件，这十分麻烦，特别是用户的邮箱较多时，收发更不方便。Foxmail 是一个很好的邮件管理工具，可以帮助用户在不登录网站的情况下实现邮件的收发，而且还能实现过滤垃圾邮件、添加联系人信息等操作，易学易用。下面介绍 Foxmail 的使用方法。

（一） 用户基本设置

在使用 Foxmail 收发电子邮件前，首先要创建用户账户，通过用户账户连接到相应的邮件服务器，这样才可以收发电子邮件。Foxmail 可以同时管理多个账户，使用户与他人联系时变得更加方便、快捷。下面介绍如何在 Foxmail 上创建用户账户。

【操作思路】

- 建立新的用户账户。
- 添加邮箱。

- 设置邮箱密码。

【操作步骤】

STEP 1 建立新的用户账户。

（1） 启动 Foxmail 7.2，打开如图 2-52 所示的【新建账号】对话框，在其中填写邮件账户信息，主要填写内容包括以下内容。

- 电子邮件地址：设置邮箱地址，这一项必填。
- 密码：设置登录邮箱的密码。如果在这里填写了密码，则在登录账户时不再需要输入密码；如果没有填写，则在登录账户时会弹出输入密码对话框，要求用户输入密码。

（2） 填写完后单击 创建 命令，设置成功后如图 2-53 所示，单击 完成 命令进入 Foxmail 主页。

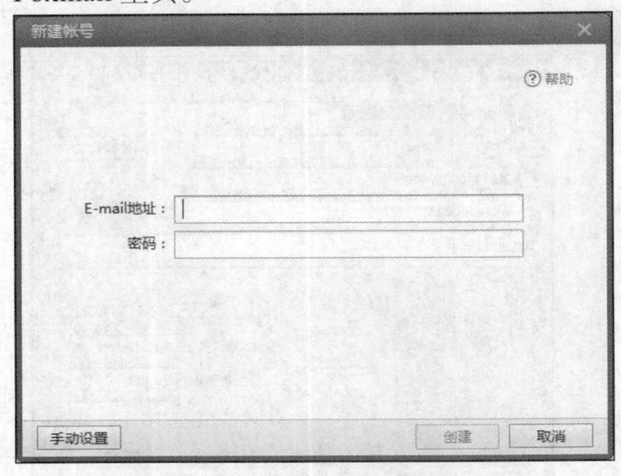

图2-52 【新建账号】对话框

图2-53 设置成功后的对话框

STEP 2 添加邮箱。

（1） 打开 Foxmail，单击窗口右边的菜单栏，下拉菜单中有很多命令，选择【账户管理】命令，打开【系统设置】对话框，如图 2-54 所示。

（2） 在【系统设置】对话框中，单击 新建 命令，开始添加新账号，如图 2-55 所示。

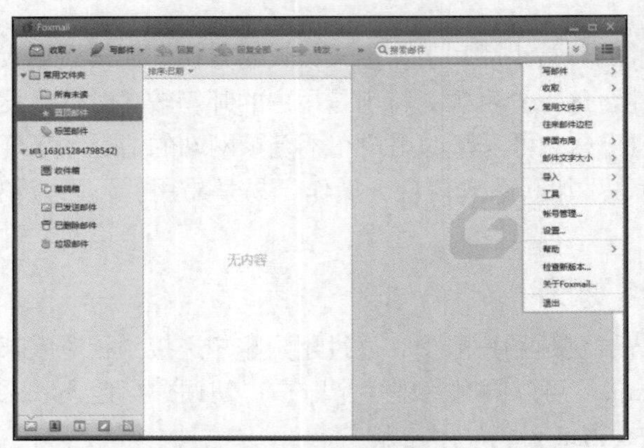

图2-54 选择【账户管理】命令

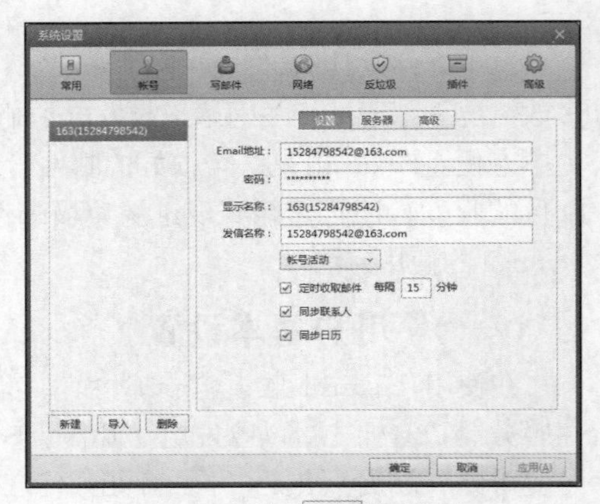

图2-55 单击 新建 创建账号

（3） 输入要添加的邮箱地址和密码，然后单击 创建 添加新账号，如图 2-56 所示。

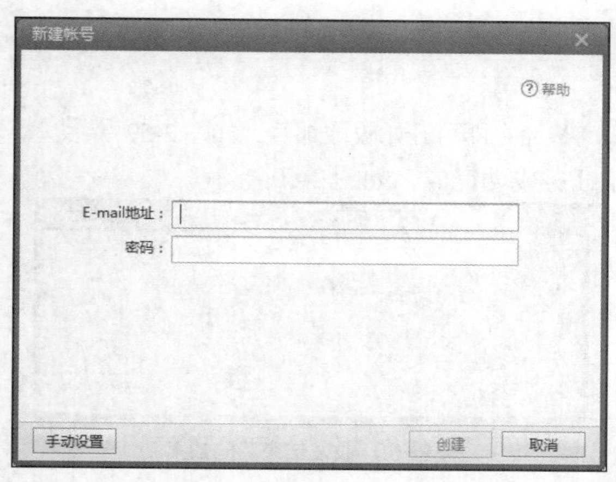

图2-56 添加新账号

STEP 3 设置邮箱密码。

（1） 打开 Foxmail，选中窗口左边的需要设置密码的邮箱，单击鼠标右键，如图 2-57 所示。

（2） 在右键菜单中选择设置口令。然后输入要设置的口令，邮箱就设置好了。上锁之后的邮箱上面会有一把小锁，如图 2-58 所示。

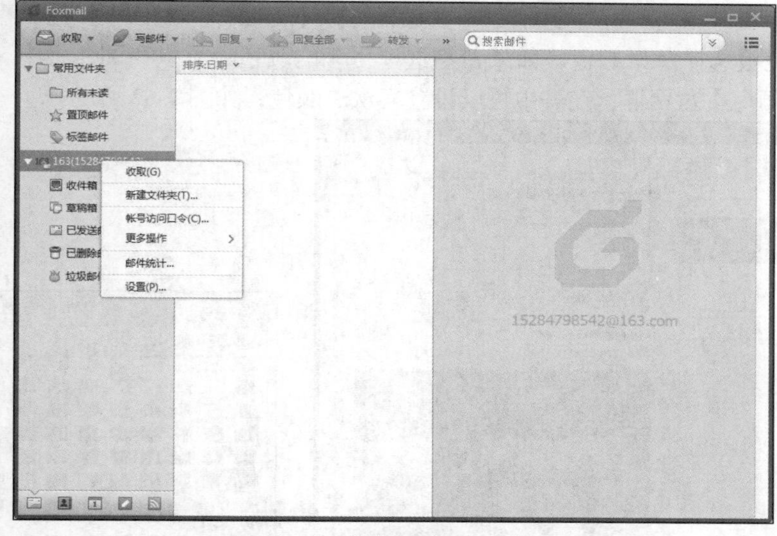

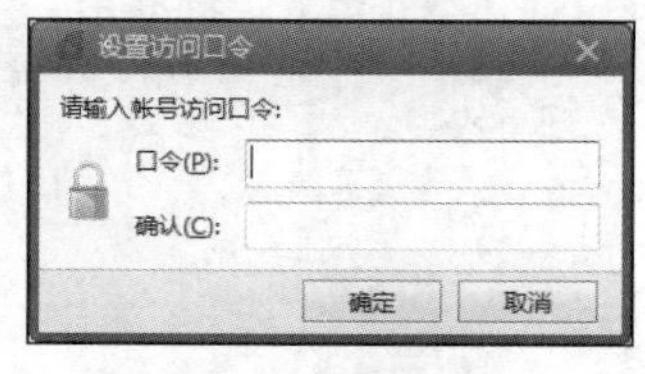

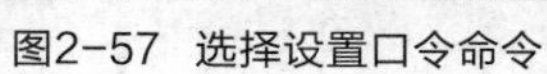

图2-57 选择设置口令命令

图2-58 设置口令命令

（二） 处理邮件

创建好账户后，Foxmail 就可以处理日常生活和工作中的邮件了。下面介绍 Foxmail 在处理邮件时的详细功能。

【操作思路】

- 接收邮件。
- 查看邮件。
- 回复邮件。
- 写新邮件。

【操作步骤】

STEP 1 接收邮件。

（1） 启动 Foxmail 后，在界面左上角单击 收取 命令即可开始收取邮件，如图 2-59 所示。

（2） 系统开始收发邮件，收发结束后显示任务成功完成，如图 2-60 所示。

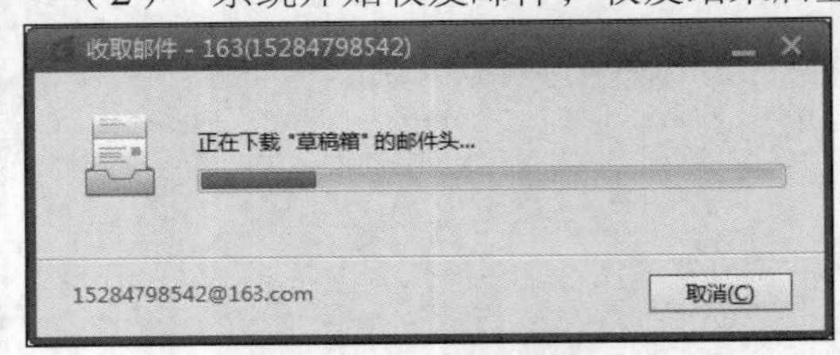

图2-59 收取新邮件

图2-60 收发结束后的效果

STEP 2 查看邮件。

展开账户后，选中【收件箱】项目，可以在界面右侧的窗口列表中查看到相关的邮件信息，如图 2-61 所示，新邮件和已读邮件将使用不同的图标来表示。

STEP 3 回复邮件。

收到邮件后，一般都需要回复对方的邮件。在邮件中，用户可以根据自己的喜好设置字体颜色，插入背景图片、音乐等。

（1） 在查看邮件模式下，单击工具栏中的 回复 按钮，打开【写邮件】对话框，在工具栏中单击 A 按钮打开调色板选择背景颜色，如果希望选择更多的颜色，可以在调色板中单击【更多】按钮，打开【颜色】对话框，在其中可以设置喜欢的颜色，如图 2-62 所示。

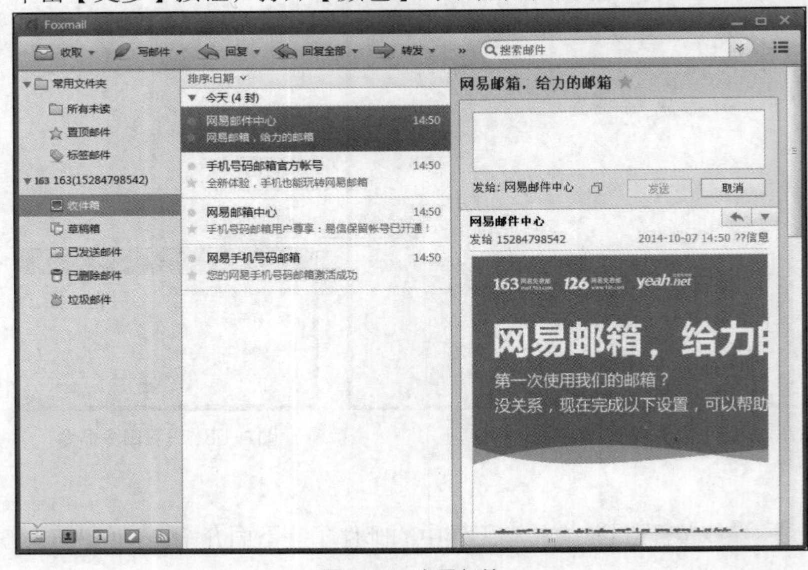

图2-61 查看邮件

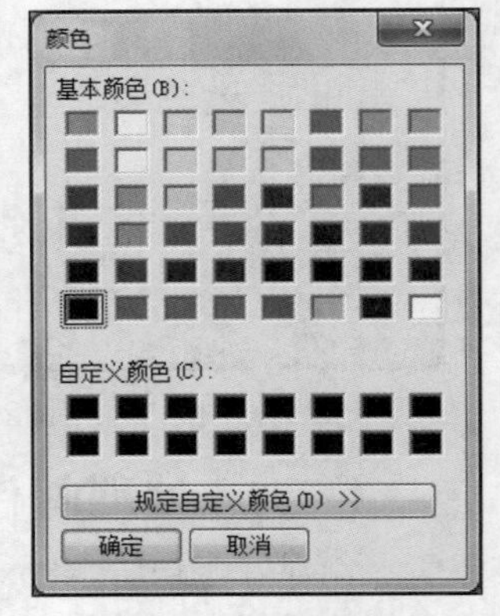

图2-62 设置背景颜色

（2） 输入回复邮件的内容，需要插入图片时，可以在工具栏中单击 图片 按钮插入本地图片或网络图片，如图 2-63 所示。

（3） 如果需要插入附件，可以在工具栏中单击 附件 按钮插入附件，当附件较大时，单击 超大附件 按钮插入超大附件，如图 2-64 所示。

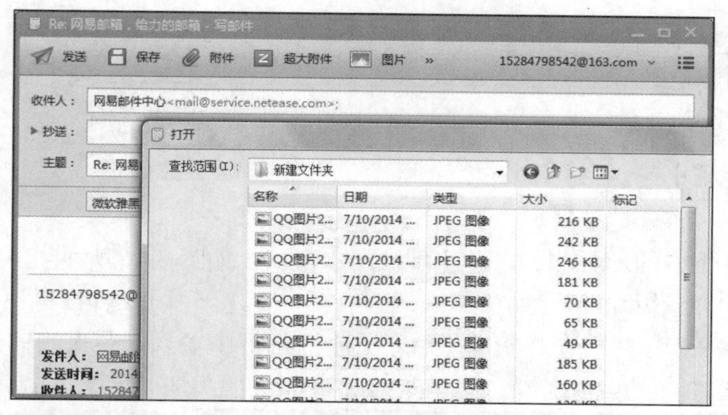

图2-63 插入图片

图2-64 添加附件

（4） 写好邮件以后，选择菜单栏上面的 发送 命令发送邮件。

STEP 4 写新邮件。

单击主界面上的 写邮件 按钮，在打开的【写邮件】窗口中编辑好收件人的地址及主题，然后在正文区域输入信件内容，具体方法与回复邮件类似，单击 发送 按钮即可发送写好的邮件，如图 2-65 所示。

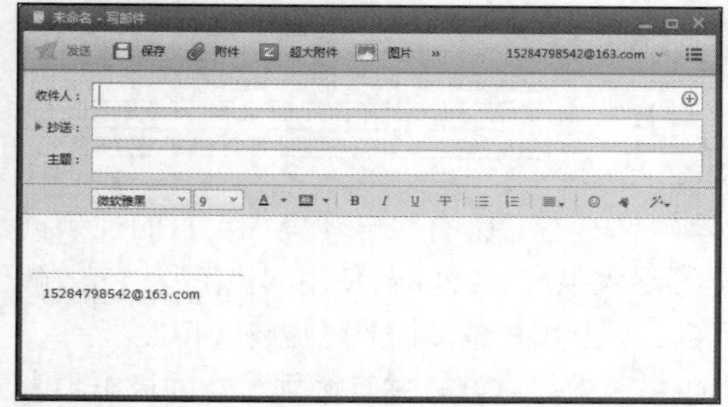

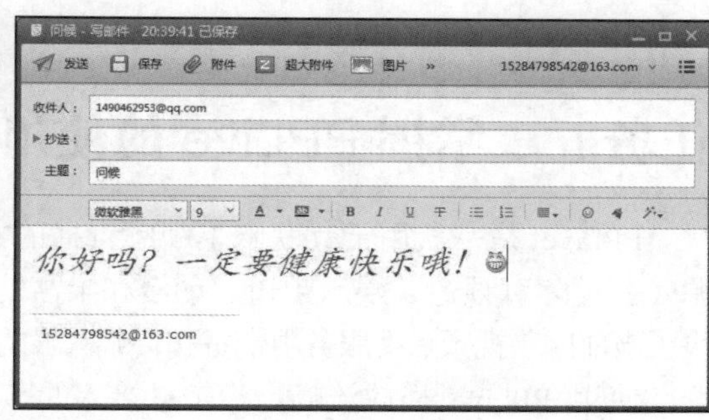

图2-65 写邮件

（三） 使用地址簿

使用地址簿能够很方便地对用户的 E-mail 地址和个人信息进行管理。它以卡片的方式存放信息，一张卡片对应一个联系人的信息，同时又可以从卡片中挑选一些相关用户编成一个组，这样可以方便用户一次性地将邮件发送给组中的所有成员。下面介绍 Foxmail 在使用地址簿时的相关功能。

【操作思路】

- 编辑地址簿。
- 使用地址簿。

【操作步骤】

STEP 1 打开地址簿。

单击窗口左下方的按钮，打开【地址簿】窗口，如图 2-66 所示。

STEP 2 编辑地址簿。

单击 新建联系人 按钮，在弹出的【联系人】对话框中输入联系人的信息，如个人姓名、邮箱、电话等信息后，单击 保存 按钮，完成联系人的添加，如图 2-67 所示。

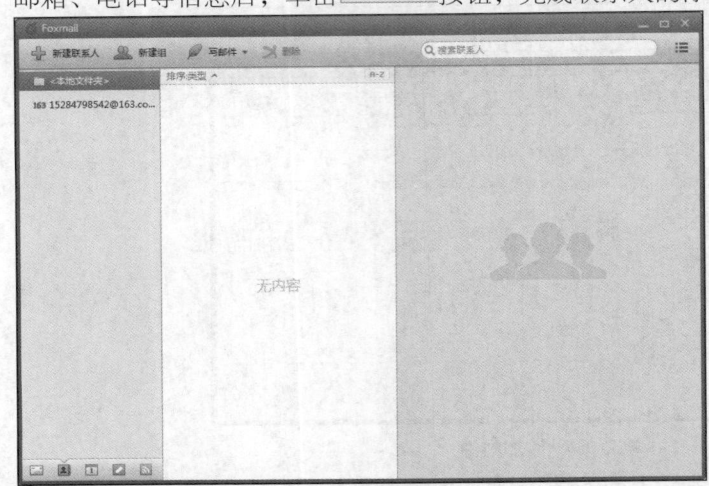

图2-66 【地址簿】对话框

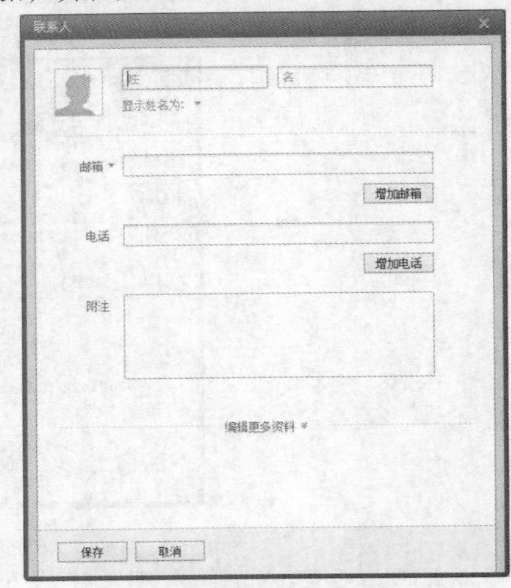

图2-67 新建联系人

STEP 3 使用地址簿。

编辑好地址簿后，用户可以直接进行写信操作，双击发信人的信息，就可以弹出【写邮件】窗口，并且发信人的地址已经填写好了，用户只需要写好信的内容和主题就可以发送邮件了。

任务五 掌握 PPLive 的使用方法

PPLive 是一款用于互联网上视频直播的共享软件，有着比有线电视更加丰富的视频资源，各类体育频道、娱乐频道、动漫和丰富的电影尽收眼底。PPLive 使用网状模型，有效解决了当前网络视频点播服务中带宽和负载有限的问题，具有用户越多播放越流畅的特性。

使用 PPLive 播放流畅，稳定；接入的节点越多，效果越好，并且个别节点的退出不影响整体性能。该软件对系统配置要求低，占系统资源非常少，使用时数据缓存在内存里，不在硬盘上存储数据，对硬盘无任何伤害。播放时，系统能够动态找到较近的连接，同时支持多种格式的流媒体文件（RM、ASF 等）。

在安装使用 PPLive 时，要求用户系统中必须安装 Windows Media Player 10.0 或更高版本的 Windows Media Player 播放器。下面介绍 PPLive 的使用方法。

（一） 观看节目

PPLive 的安装非常简单，根据提示完成安装后就可以享受网络电视带来的乐趣，让用户可以收看到比电视里更丰富的内容。下面介绍如何使用 PPLive 搜索和播放喜欢的节目。

【操作思路】

- 启动 PPLive。
- 选择节目播放。
- 搜索喜欢的节目并进行播放。

【操作步骤】

STEP 1 启动 PPLive。

双击 PPLive 应用程序，启动 PPLive 进入其操作界面，窗口右侧列出节目列表。

STEP 2 选择节目播放。

（1） 在界面右侧的节目列表区选择 全部 选项，将展开下拉列表，用户可以根据自己的喜好选择合适的电视剧、电影、动漫或者其他节目，PPLive 还能根据用户所播放过的影片来猜测用户喜欢的影片，如图 2-68 所示。

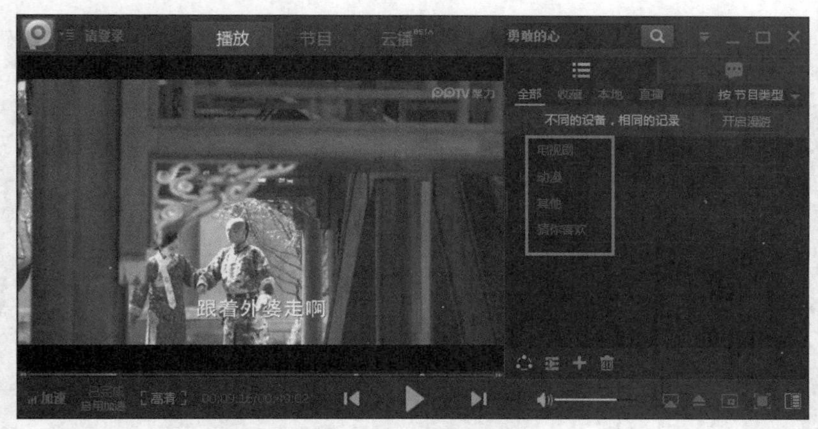

图2-68 【全部】节目列表

（2） 在界面右侧的节目列表区选择 收藏 选项，可以播放用户自己收藏的影片，如图 2-69 所示。

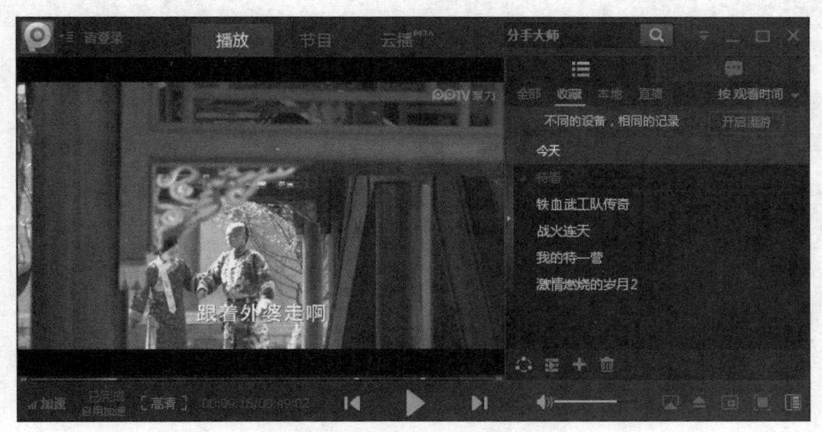

图2-69 【收藏】节目列表

（3） 在界面右侧的节目列表区选择本地选项，单击添加文件夹按钮，可以添加计算机上的视频文件，双击可以播放视频，如图 2-70 所示。

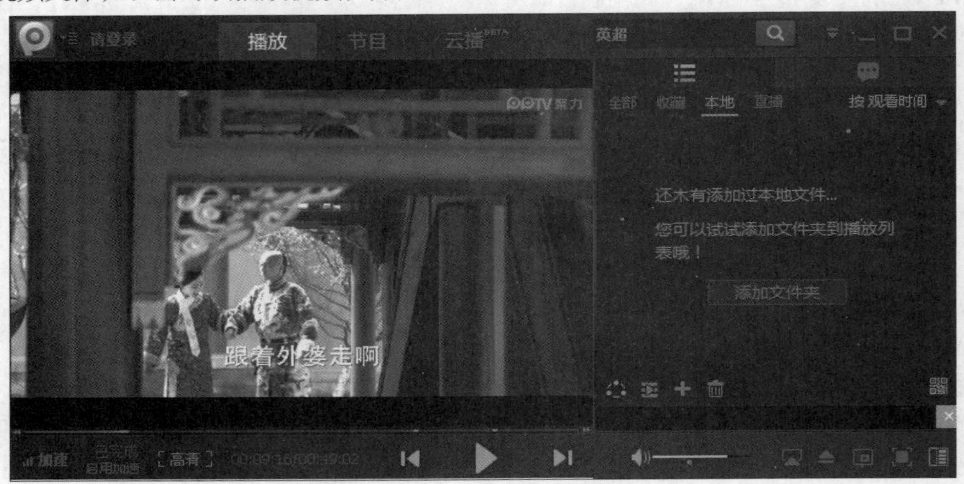

图2-70 添加【本地】文件夹

（4） 在界面右侧的节目列表区选择直播选项，可以看各电视频道正在播放的节目，双击可以播放视频，如图 2-71 所示。

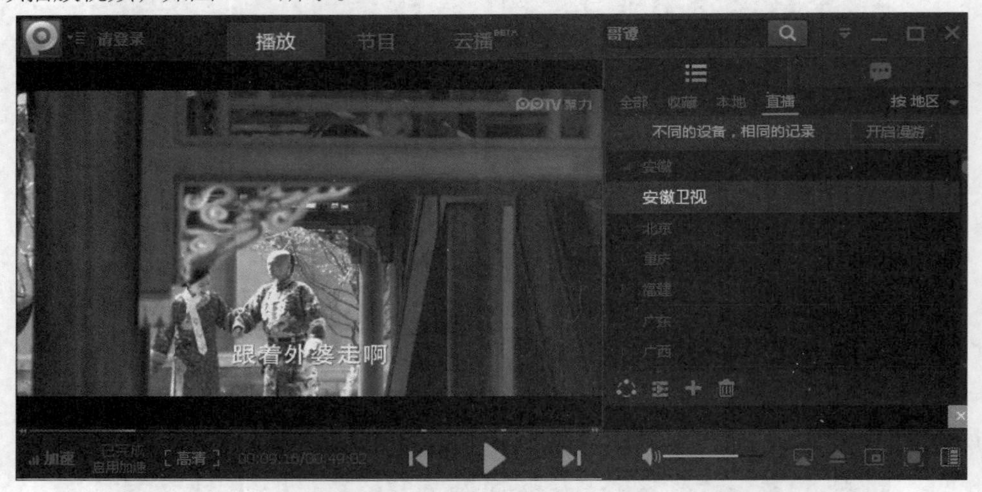

图2-71 【直播】节目列表

STEP 3 节目设置。

（1） 单击影片名称左边的三角形，打开下拉列表，选择【正片】选项，可以看见节目的播放集。选择【预告】选项，可以播放节目的花絮。选择【看点】选项，可以看见节目每一集的主要内容。

（2） 移动鼠标指针在影片名称上，右边会出现 3 个按钮，单击按钮，可以把影片收藏在收藏选项里面。单击按钮，反序播放本组内的节目。单击按钮，可以删除此影片，如图 2-72 所示。

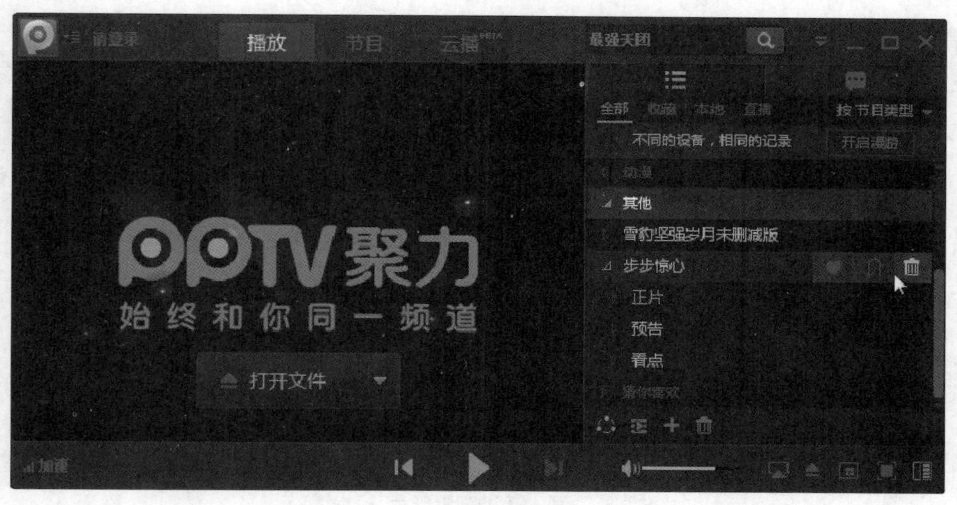

图2-72 节目设置

（二） 点播影片

PPLive 除了可以观看正在播放的节目内容外，还可以点播自己喜欢的影片。与观看节目内容不同的是，点播影片是从影片开头开始播放的，而不是正在播放什么内容就只能看什么内容，所以用户可以根据自己的意愿观看喜欢的影片。下面详细介绍其操作方法。

【操作思路】

- 选择喜欢的影片观看。
- 搜索影片。

【操作步骤】

STEP 1 查找影片。

（1） 在软件界面上方选择 节目 选项卡，打开节目列表，如图 2-73 所示。

图2-73 点播列表

（2） 选择喜欢的电视或者电影等节目，然后双击影片名称就可以观看影片，如图 2-74 所示。

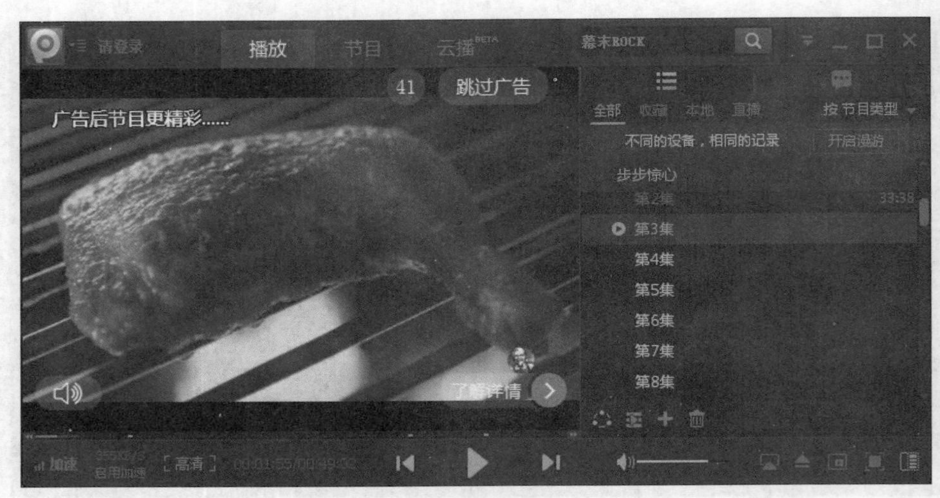

图2-74 观看影片

STEP 2 搜索影片。

如果明确自己想要看的电视、电影等节目名称，可以直接在搜索栏中输入影片名称的关键字，双击影片名称即可观看影片。

知识提示 使用搜索功能时，可以直接输入拼音进行搜索，这样可以加快搜索速度，如图 2-75 所示。

图2-75 搜索影片

（三） 收看多路节目

PPLive 为用户提供了一个可以收看多个节目的平台，它可以让用户体验到同时收看两个节目的乐趣，只要用户的机器性能在软件要求的配置以上都可以进行播放，但是效果受网络的影响，网络不好会造成画面断断续续。下面具体介绍其操作方法。

【操作思路】

- 修改设置。
- 运行软件副本。

- 选择节目播放。

【操作步骤】

STEP 1 在软件菜单栏右上方单击按钮，在弹出的下拉菜单中选择【设置】命令，在弹出的【PPTV 设置】对话框中，取消选中 只允许运行一个PPTV 复选框，如图 2-76 所示。

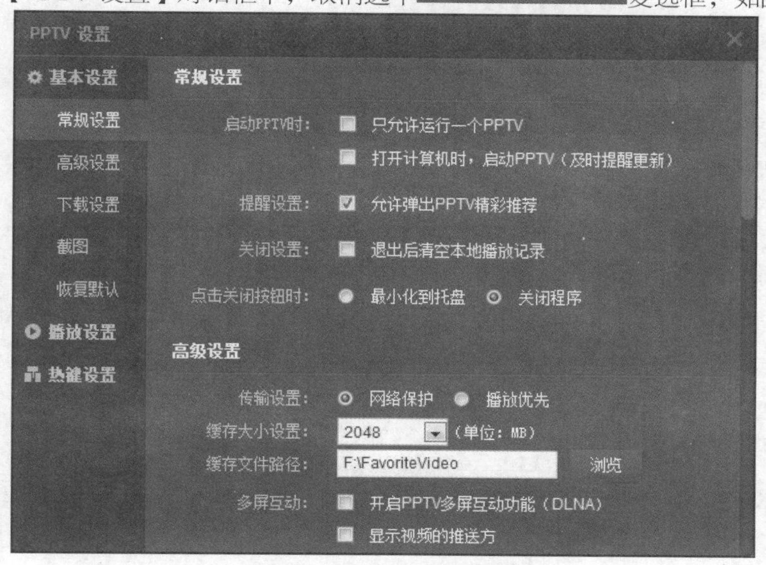

图2-76 【设置】对话框

STEP 2 再次运行 PPLive 软件，在窗口的右下方会出现图标，表示已经设置好多路节目，单击右下方的即可打开另外一个视频，如图 2-77 所示。

图2-77 多路节目

此项功能要求网络带宽必须足够，否则将连接不上网络。

项目小结

本项目介绍了与网络相关的一些常用工具，其中包括文件下载工具（迅雷）、FXP 下载工具（FlashFXP）、FTP 工具（CuteFTP）、电子邮件工具（Foxmail）和网络电视播放工具（PPLive）。

通过本项目的学习，读者可以掌握以下技能。

- 用 Foxmail 收发电子邮件（E-mail）的方法。
- 用迅雷进行网络文件下载的方法。
- 用 FlashFXP 上传和下载文件的方法。
- 使用 CuteFTP 登录 FTP 服务器，然后下载或上传文件的方法。
- 使用 PPLive 收看电视节目的方法和技巧。

熟练掌握这些网络工具软件的用法之后，读者对网络功能就会有一个较为全面的了解，并应该具备基本的网络操作技能。在完成相关的学习和工作之余，读者还可兼顾娱乐、休闲，能够在 Internet 上自由、欢畅地“冲浪”了。

思考与练习

一、操作题

1. 使用 Foxmail 建立一个账户，并使用它接收和阅读邮件。
2. 使用 Foxmail 建立两个联系人的地址簿，并使用自己建立好的邮箱给其中任意一个联系人发送新邮件。
3. 练习使用 FlashFXP 和 CuteFTP 上传和下载文件，对比二者的优缺点。
4. 练习使用 PPLive 收看实时节目。
5. 使用 PPLive 搜索喜欢的影片并进行观看。

二、思考题

1. 限制迅雷的下载速度有什么意义？
2. 什么是 FTP？架设 FTP 服务器需要设定哪些参数？

PART 3

项目三 系统安全工具

随着计算机使用频率和互联网被攻击次数的直线上升，计算机用户随时都可能遭到各种对系统的恶意攻击，这些恶意攻击可能导致用户的银行账号被盗用，机密文件丢失，隐私被曝光，甚至被黑客通过远程控制而删除硬盘数据等后果。本项目以几个比较常用的系统安全工具为例，介绍抵御黑客攻击的方法。

学习目标

- 掌握杀病毒软件 360 杀毒的使用方法。
- 熟悉 360 安全卫士的使用方法。

任务一　使用杀毒工具——360 杀毒

360 杀毒是 360 安全中心出品的一款免费的云安全杀毒软件，具有查杀率高、资源占用少、升级迅速等优点。

（一）使用 360 杀毒软件杀毒

使用 360 杀毒方式灵活，用户可以根据当前的工作环境自行选择。快速扫描查杀病毒迅速，但是不够彻底；全盘扫描查杀彻底，但是耗时长；指定位置扫描可以对特定分区和存储单位进行查杀工作，可以针对性查杀病毒。

【操作思路】

- 认识杀毒软件。
- 全盘扫描。
- 快速扫描。

【操作步骤】

STEP 1　认识 360 杀毒软件。

在桌面上单击快捷图标启动 360 杀毒软件，主要界面元素如下。

（1）单击主窗口左上方按钮，可以打开【360 多重防御系统】界面，对系统进行保护，如图 3-1 所示。

（2） 在主窗口中部有 3 种扫描方式，分别是“全盘扫描”、“快速扫描”和“功能大全”，如图 3-2 所示。3 种扫描方式的对比如表 3-1 所示。

图3-1 【360 多重防御系统】界面

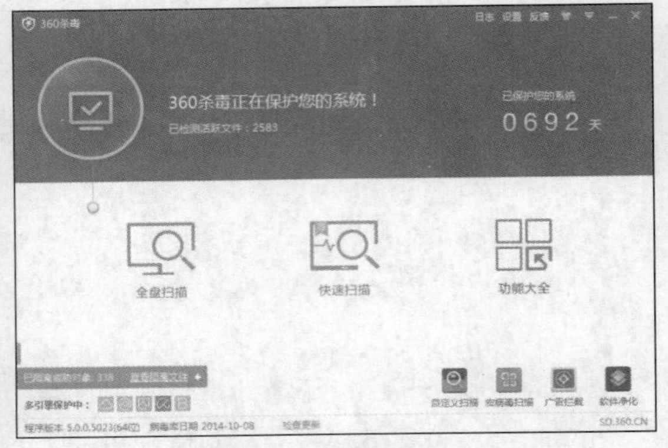

图3-2 360 杀毒界面

表 3-1 3 种扫描方式的对比

按钮	选项	含义
	全盘扫描	全盘扫描比快速扫描更彻底，但是耗费的时间较长，占用系统资源较多
	快速扫描	使用最快的速度对计算机进行扫描，迅速查杀病毒和威胁文件，节约扫描时间，一般用在时间不是很宽裕的情况下扫描硬盘
	功能大全	可以对系统的优化、安全、急救进行维护

（3） 在主窗口左下方选择查看隔离文件选项，可以查看被清除的文件，也可以恢复或者删除这些文件，如图 3-3 所示。

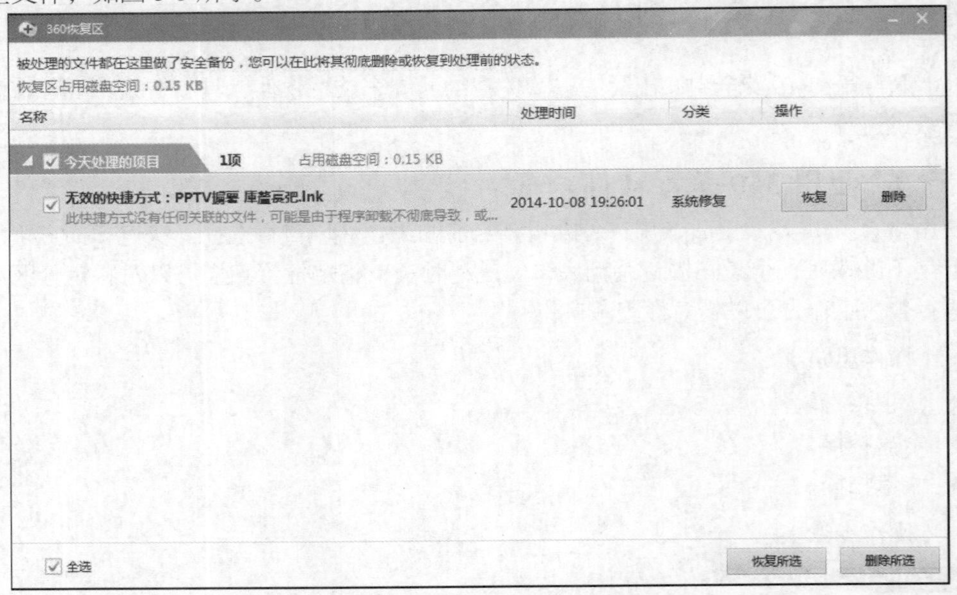

图3-3 【360 恢复区】对话框

（4） 在主窗口右下方有 4 个选项，分别是【自定义扫描】、【宏病毒扫描】、【广告拦截】和【软件净化】，其用途如表 3-2 所示。

表 3-2　4 个选项的用途

按钮	选项	作用
	自定义扫描	扫描指定的目录和文件
	宏病毒扫描	查杀 Office 文件中的宏病毒
	广告拦截	强力拦截一些广告的弹窗
	软件净化	杜绝捆绑软件，减轻电脑负荷

STEP 2　全盘扫描。

（1）　在主窗口中单击按钮开始全盘扫描硬盘，如图 3-4 所示。

图3-4　【全盘扫描】界面

（2）　扫描结束后显示扫描到的病毒和威胁程序，选中需要处理的选项，单击立即处理按钮进行处理，如图 3-5 所示。

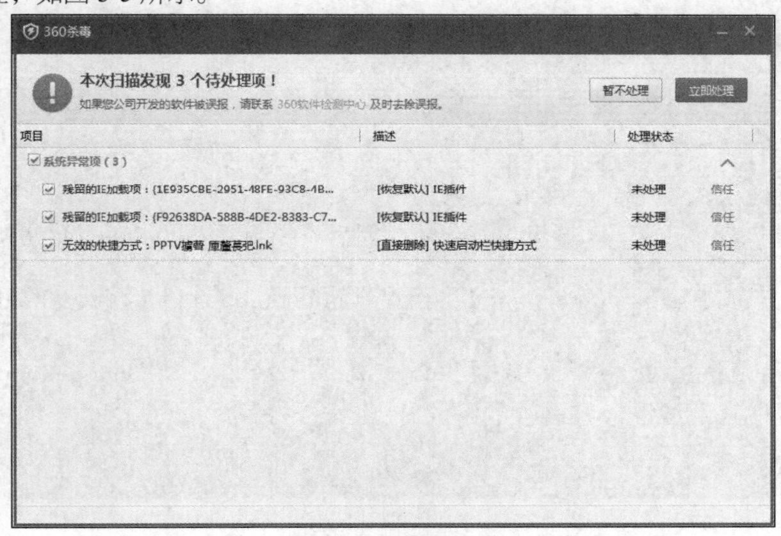

图3-5　显示扫描结果

【知识链接】——**病毒、威胁和木马。**

在扫描结果中，通常包含病毒、威胁、木马等恶意程序，其特点如表 3-3 所示。

表 3-3　病毒、威胁和木马的特点

恶意程序	解释
病毒	一种已经可以产生破坏性后果的恶意程序，必须严加防范
威胁	虽然不会立即产生破坏性影响，但是这些程序会篡改计算机设置，使系统产生漏洞，从而危害网络安全
木马	一种利用计算机系统漏洞侵入计算机后窃取文件的恶意程序。木马程序伪装成应用程序安装在计算机上（这个过程称为木马种植）后，可以窃取计算机用户上的文件、重要的账户密码等信息

如果选中【扫描完成后关闭计算机】复选框，则在处理完威胁对象后自动关机。

STEP 3　快速扫描。

快速扫描可以使用最快的速度对计算机进行扫描，迅速查杀病毒和威胁文件，节约扫描时间，一般用在时间不是很宽裕的情况下扫描硬盘。

（1）　在图 3-2 所示界面中单击按钮开始快速扫描硬盘，扫描结束后显示扫描到的病毒和威胁程序。

（2）　扫描完成后，按照与全盘扫描相同的方法处理威胁文件。

（二）　应用【功能大全】

在窗口上单击【功能大全】按钮打开功能大全页面，如图 3-6 所示，具体各功能的用途如表 3-4 所示。

图3-6　功能大全界面

表 3-4　360 杀毒的主要功能

分类	选项	作用
系统安全	自定义扫描	扫描指定的目录和文件
	宏病毒扫描	查杀 Office 文件中的宏病毒
	电脑救援	通过搜索电脑问题解决方案修复电脑
	安全沙箱	自动识别可疑程序并把它放入隔离环境安全运行
	防黑加固	加固系统，防止被黑客袭击
	手机助手	通过 USB 等连接手机，用电脑管理手机
	网购先赔	当用户进行网购时进行保护
系统优化	广告拦截	强力拦截一些广告的弹窗
	软件净化	杜绝捆绑软件，减轻电脑负荷
	上网加速	快速解决上网时卡、慢的问题
	文件堡垒	保护重要文件，以防被意外删除
	文件粉碎机	强力删除无法正常删除的文件
	垃圾清理	清理没有用的数据，优化电脑
	进程追踪器	追踪进程对 CPU、网络流量的占用情况
	杀毒搬家	帮您将 360 杀毒移动到任意硬盘分区，释放磁盘压力而不影响其功能
系统急救	杀毒急救盘	用于紧急情况下系统启动或者修复
	系统急救箱	紧急修复严重异常的系统问题
	断网急救箱	紧急修复网络异常情况
	系统重装	快速安全地进行系统重装
	修复杀毒	下载最新版本，对 360 杀毒软件进行修复

任务二　使用安全防范工具——360 安全卫士

360 安全卫士是一款完全免费的安全类上网辅助工具，可以查杀流行木马，清理系统插件，在线杀毒，系统实时保护，修复系统漏洞等，同时还具有系统全面诊断，清理使用痕迹等特定辅助功能，为每一位用户提供全方位系统安全保护。

（一） 使用常用功能

360 安全卫士拥有清理插件、修复漏洞、清理垃圾等诸多功能，可方便地对系统进行清理和维护。下面介绍其基本操作方法。

【操作思路】

- 启动 360 安全卫士。
- 电脑体检。
- 木马查杀。
- 系统修复。
- 电脑清理。
- 优化加速。
- 人工服务。
- 软件管家。

【操作步骤】

STEP 1 启动 360 安全卫士。

在【开始】菜单中选择【所有程序】/【360 安全卫士】/【360 安全卫士】命令，启动 360 安全卫士，其界面如图 3-7 所示。

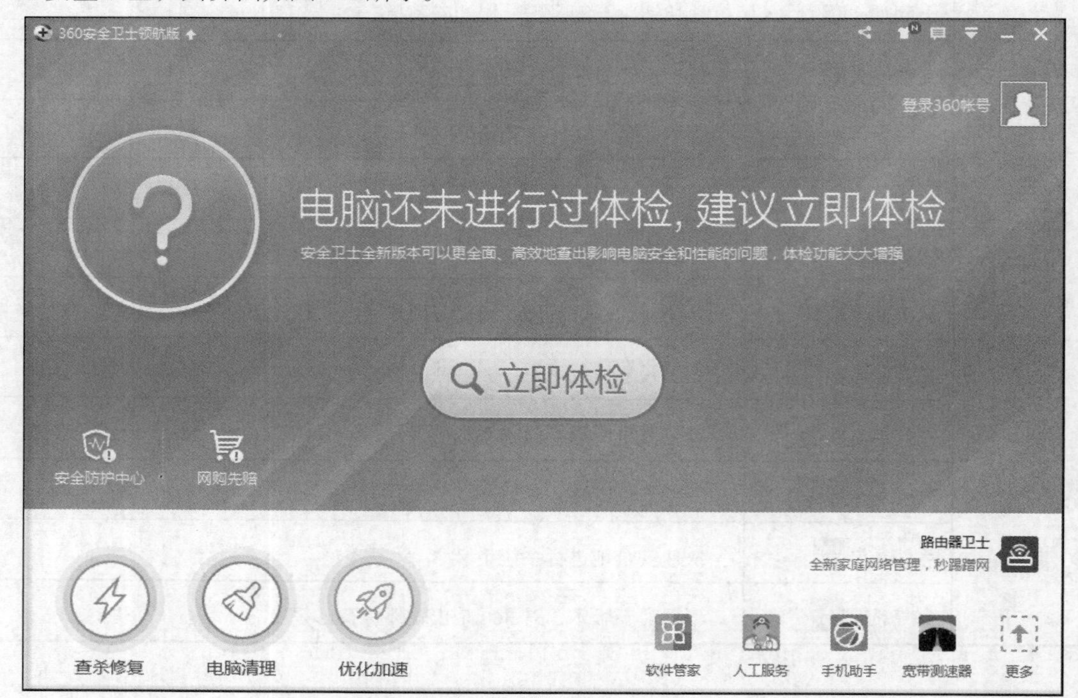

图3-7 360 安全卫士软件界面

STEP 2 电脑体检。

（1） 单击【立即体检】按钮，可以对计算机进行体检。通过体检可以快速给计算机进行“身体检查”，判断计算机是否健康，是否需要“求医问药”。

（2） 体检结束后，单击【一键修复】按钮修复电脑，如图 3-8 所示。

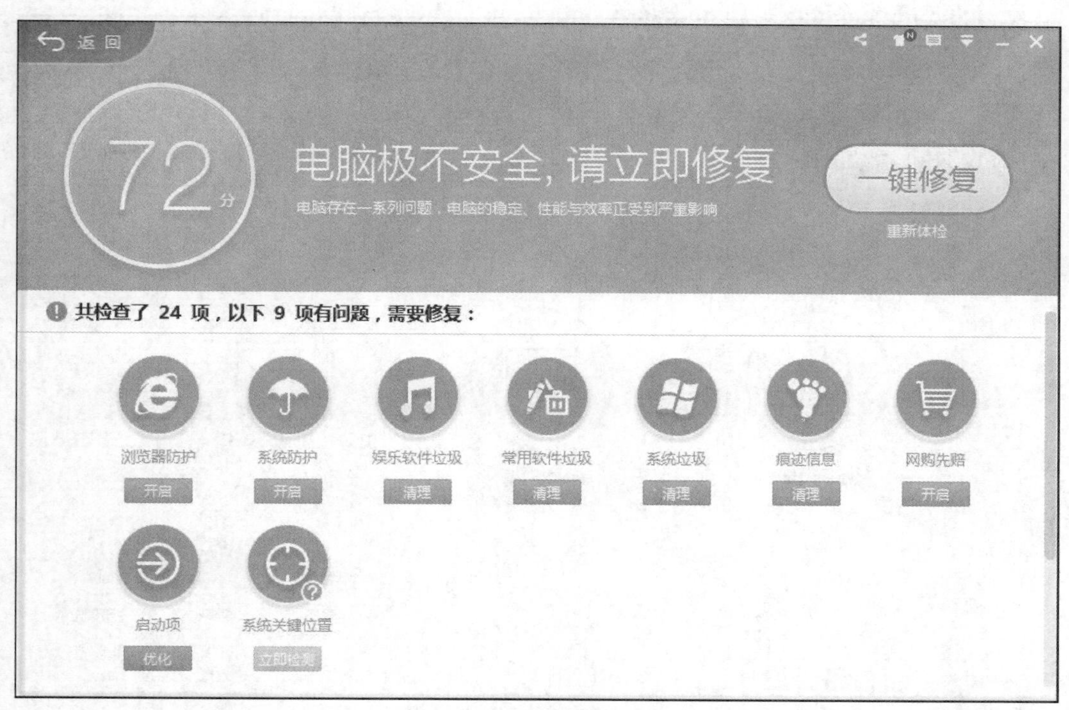

图3-8　体检结果

系统给出计算机的健康度评分，满分 100 分，如果在 60 分以下，说明你的计算机已经不健康了。单击【重新体检】链接可以重新启动体检操作。

STEP 3　木马查杀。

查杀木马的主要方式有 3 种，具体用法如表 3-5 所示。

表 3-5　查杀木马的方法

按钮	名称	含义
	快速扫描	快速扫描可以使用最快的速度对计算机进行扫描，迅速查杀病毒和威胁文件，节约扫描时间，一般用在时间不是很宽裕的情况下扫描硬盘
	全盘扫描	全盘扫描比快速扫描更彻底，但是耗费的时间较长，占用系统资源较多
	自定义扫描	扫描指定的硬盘分区或可移动存储设备

木马是具有隐藏性的、自发性的、可被用来进行恶意行为的程序。木马虽然不会直接对计算机产生破坏性危害，但是木马通常作为一种工具被操纵者用来控制你的计算机，不但会篡改用户的计算机系统文件，还会导致重要信息泄露，因此必须严加防范。

（1）　在图 3-7 所示界面左下角单击【查杀修复】选项，打开如图 3-9 所示的软件界面。

图3-9　查杀木马

（2）　单击【快速扫描】可以快速查杀木马，查杀过程如图 3-10 所示。

图3-10　查杀木马过程

（3）　操作完毕后，显示查杀结果，选中需要处理的选项前的复选框处理查杀到的木马，如图 3-11 所示。如果查杀结果没有发现木马及其他安全威胁，单击 返回 按钮返回查杀界面。

图3-11 查杀结果

（4） 处理完木马程序后，系统弹出如图 3-12 所示对话框提示重新启动计算机，为了防止木马反复感染，推荐单击 好的，立刻重启 按钮重启计算机。

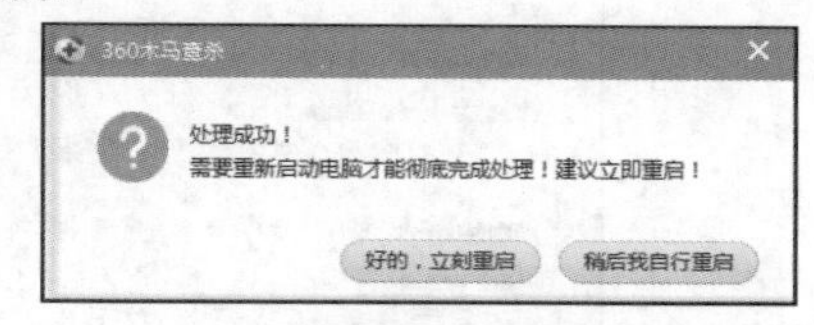

图3-12 重启系统

知识提示

与查杀病毒相似，还可以在图 3-9 所示界面中单击【全盘扫描】和【自定义扫描】选项，分别实现对整个磁盘上的文件进行彻底扫描及扫描指定位置的文件。

STEP 4 系统修复。

（1） 在图 3-7 所示界面左下角单击【查杀修复】选项，进入系统修复界面，在右下方有【常规修复】和【漏洞修复】两个选项，如图 3-13 所示。常用的修复方法如表 3-6 所示。

图3-13 系统修复

表 3-6　常用修复方法

按钮	名称	含义
	常规修复	操作系统使用一段时间后，一些其他程序在操作系统中增加如插件、控件、右键弹出菜单改变等内容，对此进行修复
	漏洞修复	修复操作系统本身的缺陷

（2）　单击【常规修复】选项，360 安全卫士自动扫描计算机上的文件，扫描结果如图 3-14 所示。选中需要修复的项目后，单击立即修复按钮即可修复存在的问题。完成后单击左上角的↓收起按钮，返回系统修复界面。

图3-14　【常规修复】扫描结果

（3）　单击【漏洞修复】选项，360 安全卫士自动扫描计算机上的漏洞，扫描结果如图 3-15 所示。选中需要修复的项目后，单击立即修复按钮即可修复存在的问题。完成后单击左上角的↓收起按钮，再单击返回按钮，返回主界面。

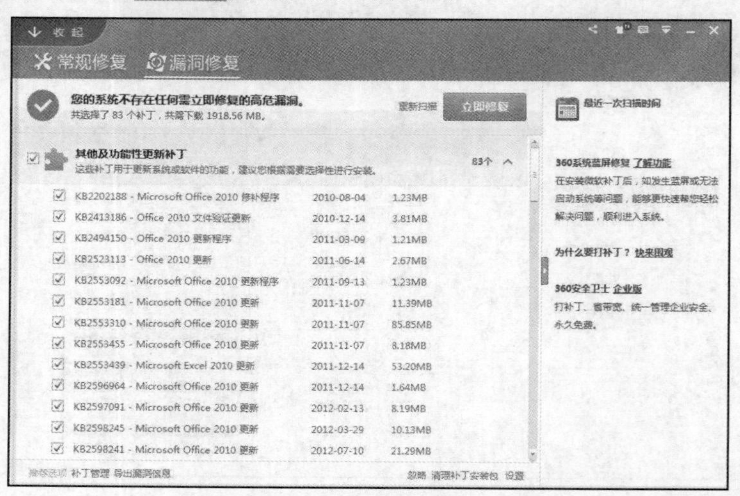

图3-15　【漏洞修复】扫描结果

漏洞是指系统软件存在的缺陷，攻击者能够在未授权的情况下利用这些漏洞访问或破坏系统。系统漏洞是病毒木马传播最重要的通道，如果系统中存在漏洞，就要及时修补，其中一个最常用的方法就是及时安装修补程序，这种程序我们称之为系统补丁。

STEP 5　电脑清理。

（1）　在主界面单击【电脑清理】选项进入电脑清理界面，如图 3-16 所示。其中包括 6 项清理操作，具体用法如表 3-7 所示。

图3-16　电脑清理

表 3-7　　常用的电脑清理操作

按钮	名称	含义
	清理垃圾	全面清除电脑垃圾，提升电脑磁盘可用空间
	清理痕迹	清理浏览器上网、观看视频等留下的痕迹，保护隐私安全
	清理注册表	清除无效注册表项，系统运行更加稳定流畅
	清理插件	清理电脑上各类插件，减少打扰，提高浏览器和系统的运行速度
	清理软件	瞬间清理各种推广、弹窗、广告、不常用软件，节省磁盘空间
	清理 Cookies	清理网页浏览、邮箱登录、搜索引擎等产生的 cookie，避免泄漏隐私

垃圾文件是指系统工作时产生的剩余数据文件，虽然每个垃圾文件所占系统资源并不多，少量垃圾文件对计算机的影响也较小，但如果长时间不清理，垃圾文件会越来越多，过多的垃圾文件会影响系统的运行速度。因此建议用户定期清理垃圾文件，避免累积。目前，除了手动人工清除垃圾文件外，也常用软件来辅助完成清理工作。

插件是一种小型程序，可以附加在其他软件上使用。在 IE 浏览器中安装相关的插件后，IE 浏览器能够直接调用这些插件程序来处理特定类型的文件，如附着 IE 浏览器上的【Google 工具栏】等。插件太多时可能会导致 IE 故障，因此可以根据需要对插件进行清理。

（2） 单击确认要清理的类型（默认为选中状态，再次单击为取消选中），然后单击如图 3-16 所示的界面右侧的［一键扫描］按钮。

（3） 扫描完成后，选择需要清理的选项，单击界面右边的［一键清理］按钮清理垃圾，如图 3-17 所示。

图3-17 一键清理扫描到的垃圾文件

（4） 清理完成后，将弹出相关界面，可以看到本次清理的内容，如图 3-18 所示。再次返回软件主界面。

图3-18 电脑清理完成

STEP 6 优化加速。

（1） 在主界面左下角单击【优化加速】选项进入【优化加速】界面，如图 3-19 所示。其中包括 4 个独立的选项，其用途如表 3-8 所示。

图3-19 优化加速界面

表 3-8 常用的优化加速方法

选项	含义
开机加速	对影响开机速度的程序进行统计，用户可以清楚地看到各程序软件所用的开机时间
系统加速	优化系统和内存设置，提高系统运行速度
网络加速	优化网络配置，提高网络运行速度
硬盘加速	通过优化硬盘传输效率、整理磁盘碎片等办法，提高电脑速度

（2） 选中需要加速的项目后，单击【开始扫描】按钮开始扫描，扫描结果如图 3-20 所示。

图3-20 系统优化

（3） 选中需要优化的选项，然后单击【立即优化】按钮进行系统优化。完成后返回主界面。

STEP 7 人工服务。

对于电脑上出现的一些特别的问题，一时无法解决的，可以通过【人工服务】选项进行解决。

（1） 在主界面右下方单击【人工服务】按钮，打开 360 人工服务窗口，如图 3-21 所示。

图3-21 360 人工服务

（2） 在【360 人工服务】窗口中，可以直接搜索问题，也可以选择问题，然后按照给出的方案解决问题。

STEP 8 软件管家。

在主界面右下方单击【软件管家】按钮，打开【360 软件管家】窗口，可以直接搜索软件，也可以通过窗口左边的分类选择软件，如图 3-22 所示。在这里可以对当软件进行安装、卸载和升级操作。

图3-22 360 软件管家

（二）使用系统辅助功能

360 安全卫士还提供了实时保护、软件安装与卸载等辅助功能，使用这些功能能够极大地缩短软件安装与维护的时间。

【操作思路】

- 360 防护中心。
- 软件升级。
- 软件卸载。

【操作步骤】

STEP 1　启动 360 安全卫士，进入其操作界面，开启实时保护。

（1）主界面中部左侧【安全防护中心】按钮，打开【360 安全防护中心】窗口。

（2）窗口中列出了防护中心监控的项目，移动鼠标指针到每个选项上，右边会出现【关闭】图标，单击即可关闭此选项的防护，如图 3-23 所示。

STEP 2　软件升级。

（1）在图 3-22 所示的【360 软件管家】窗口中，单击 软件升级 按钮，切换到【软件升级】页面，将显示目前可以升级的软件列表。

（2）单击要升级软件后的 升级 按钮或 一键升级 按钮，即可完成升级操作，如图 3-24 所示。根据软件的具体情况不同，将弹出各种提示信息，用户可以根据具体情况选择继续升级还是取消升级。

图3-23　360 安全防护中心

图3-24　软件升级

STEP 3 软件卸载。

（1） 在图 3-22 所示的【360 软件管家】窗口中，单击 软件卸载 按钮，进入【软件卸载】页面，将显示当前计算机中安装的所有软件列表。

（2） 在界面左侧的分组框中选中项目可以按照类别筛选软件，单击软件后的 卸载 按钮即可卸载软件，如图 3-25 所示。

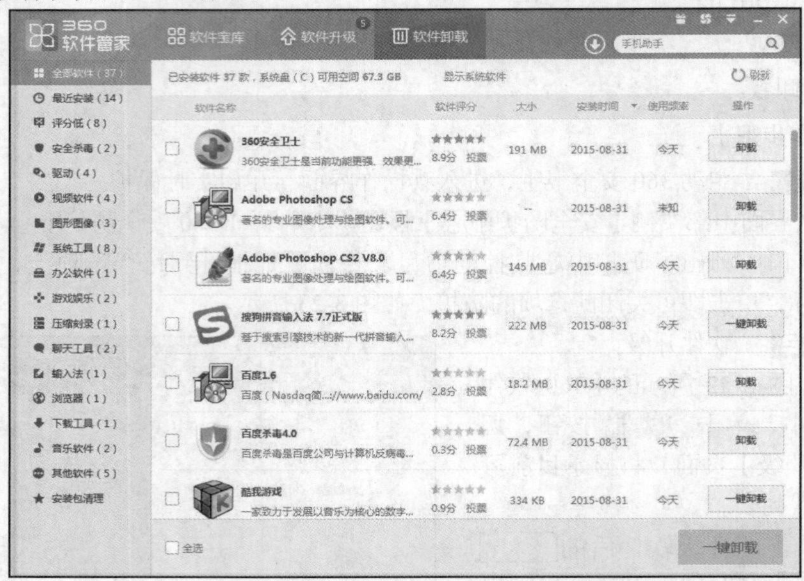

图3-25 卸载软件

项目小结

计算机安全问题随着互联网发展速度的加快变得越来越重要，随之而来也加快了计算机防病毒软件的不断更新。目前，各式各样的防病毒软件层出不穷，如瑞星、江民杀毒软件、360 杀毒软件、金山毒霸等。虽然它们各具特色，但使用方法非常类似。本章专门介绍了两种比较有特点的病毒防护软件，其中对 360 杀毒主要介绍了对病毒的查杀功能，而对另一款软件 360 安全卫士则主要介绍了它对系统安全的保护和优化系统的功能。用户在以后的使用过程中，可以根据自己的情况选择使用这些病毒防护软件。

另外，用户在使用这些计算机安全防护软件的过程中，要经常注意获取这些软件的最新信息，比如在运行金山毒霸时，应该注意及时更新病毒库。如遇到不能消除的病毒，可到网站上搜索解决方法。

思考与练习

1. 什么是计算机病毒？试简要阐述计算机病毒的危害性。
2. 简要说明使用 360 杀毒能完成哪些工作。
3. 简要说明 360 安全卫士保护系统时的设置。

PART 4

项目四 图形编辑工具

使用数码相机、扫描仪等获取图片后，经常要对这些图片做进一步的加工处理，使之更加美观、漂亮。本项目将为读者详细介绍两款图形图像工具的使用方法和技巧，让读者快速进入图形图像的奇妙世界。

学习目标

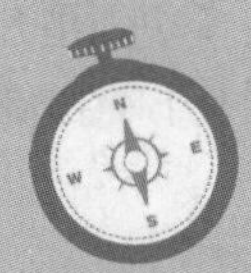

- 了解数字图像处理软件 ACDSee 的使用方法。
- 掌握抓图工具 SnagIt 的使用方法。
- 掌握红蜻蜓抓图工具的用法。

任务一　了解 ACDSee 的使用方法

ACDSee 是一款目前流行的数字图像处理软件，广泛应用于图片的获取、管理、浏览和优化。ACDSee 支持多种格式的图形文件，并能完成格式间的相互转换。它能快速、高质量地显示图片，配以内置的音频播放器，可以播放精彩的幻灯片。ACDSee 还是很好的图片编辑工具，能够轻松处理数码影像，拥有去除红眼、剪切图像、锐化、浮雕特效、曝光调整、旋转、镜像等功能，并能进行批量处理。本任务将以 ACDSee 10.0 版本为例进行讲解。

（一） 浏览图片

ACDSee 的主要功能是浏览图片，它不但可以改变图片的显示方式，而且还可以进入幻灯片浏览器或浏览多张图片。本节将以浏览“C:\Desktop\我的图片秀秀”下的图片为例，介绍 ACDSee 浏览图片的方法。

【操作思路】

- 启动 ACDSee。
- 打开要浏览的图片。
- 选择浏览图片的方式。

【操作步骤】

STEP 1　打开要浏览的图片。

（1） 启动 ACDSee，进入 ACDSee 的主界面，如图 4-1 所示。

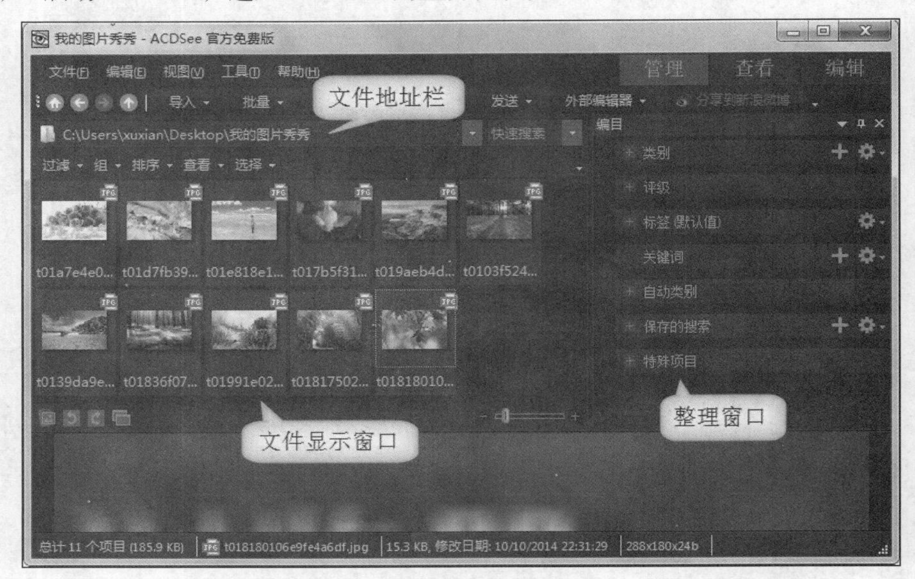

图4-1 ACDSee 主界面

（2） 选择菜单栏中的【文件】/【打开】命令，打开图片所在的文件夹，这里展开“C:\Desktop\我的图片秀秀”文件夹，按 Ctrl+A 组合键选中全部图片，单击【打开】按钮打开图片，如图 4-2 所示。

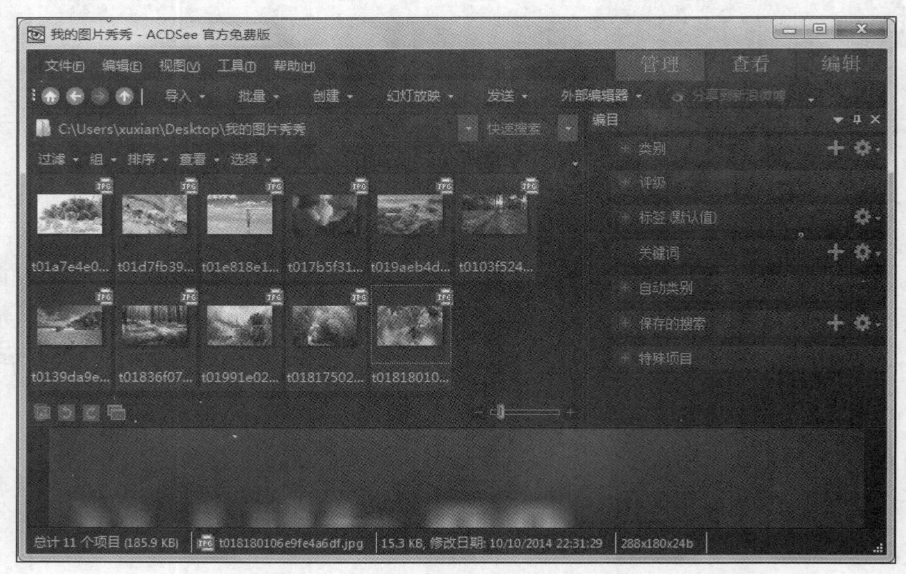

图4-2 浏览图片

（3） 在图片文件显示窗口中，移动鼠标指针到需要浏览的图片上，将会弹出一个独立于窗口的显示图片，以便清晰地浏览图片，如图 4-3 所示。

拖动图片文件显示窗口右上角的图标上的滑块，可以调整图片缩略图的显示比例。

图4-3 显示独立窗口图片

STEP 2 选择浏览方式。

（1） 单击图片文件显示窗口上方的过滤按钮，打开下拉菜单，如图 4-4 所示。选择其中的【高级过滤器】选项，打开如图 4-5 所示的【过滤器】对话框，通过选择【应用过滤准则】项目下面的规则对图片进行过滤。

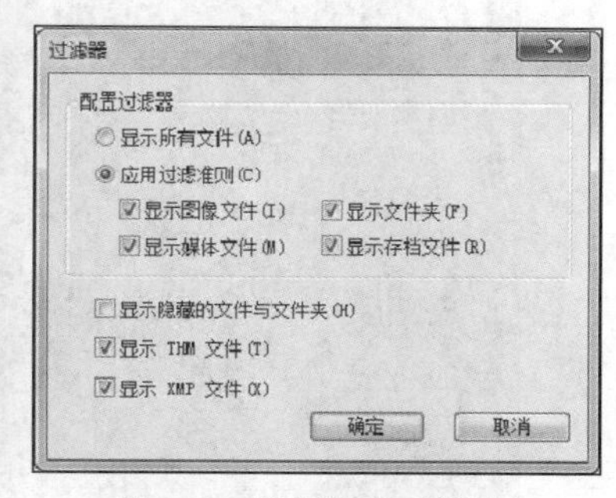

图4-4 对图片进行过滤

图4-5 【过滤器】对话框

（2） 单击图片文件显示窗口上方的组按钮，打开下拉菜单，如图 4-6 所示，可以根据【文件大小】、【拍摄日期】等方式组合图形文件。

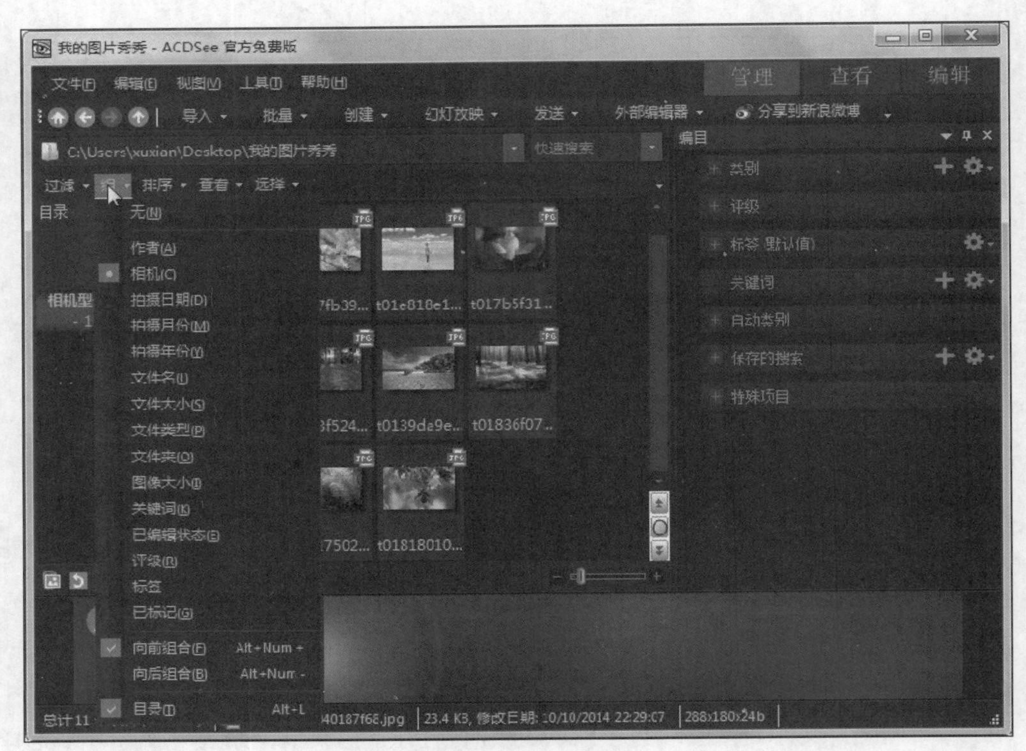

图4-6 按【组】分类图片

（3） 单击图片文件显示窗口上方的排序按钮，在打开的下拉菜单中可以选择按文件名、大小、图像类型等进行排序，如图 4-7 所示。

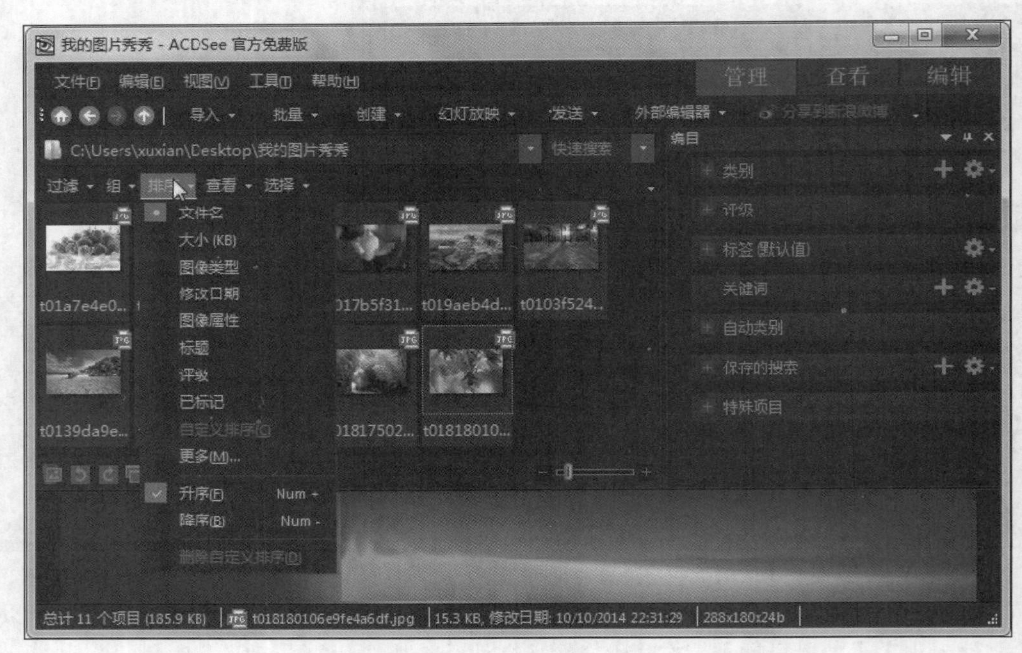

图4-7 对图片排序

（4） 单击图片文件显示窗口上方的查看按钮，打开下拉菜单，如图 4-8 所示，可以选择【平铺】、【图标】等显示方式。图 4-9 所示为选择【图标】方式进行浏览的效果。

知识提示

在图片文件显示窗口中的空白处单击鼠标右键，在弹出的快捷菜单中选择【查看】命令也可打开查看菜单。

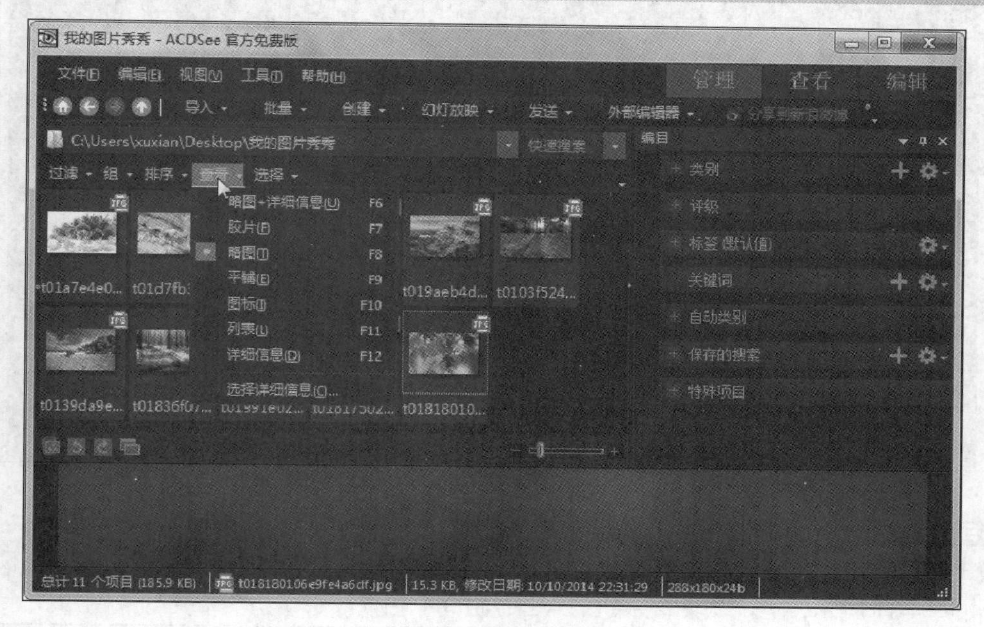

图4-8 查看模式

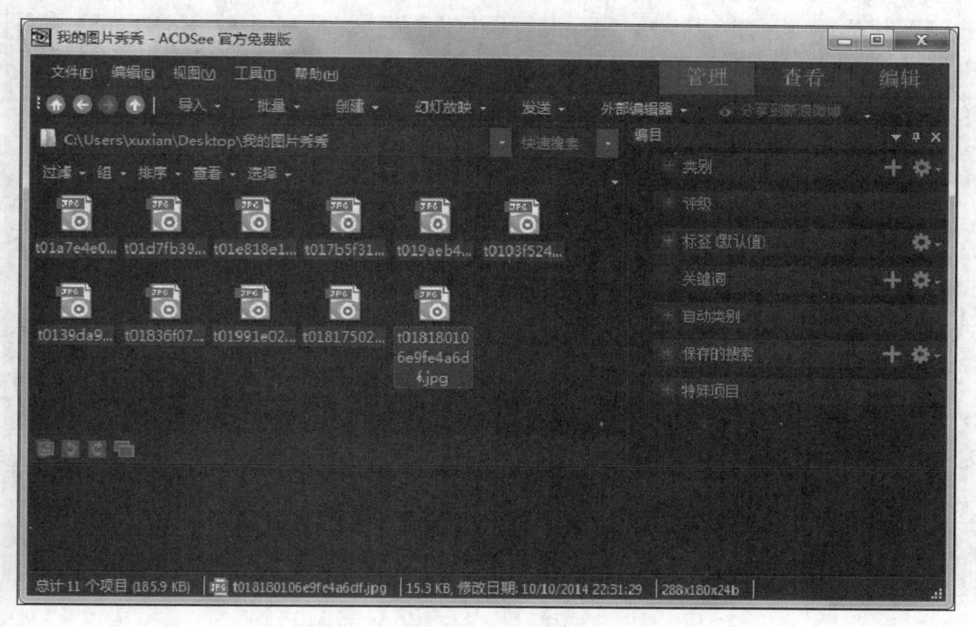

图4-9 用【图标】方式浏览图片

（5） 单击图片文件显示窗口上方的选择按钮，打开下拉菜单，如图 4-10 所示，可以通过【选择所有文件】、【按评级选择】等方式选择文件。

图4-10 选择文件方式

STEP 3 管理图片。

（1） 获取图片的另一种方式是导入图片，单击图片管理界面的导入按钮打开下拉菜单，如图 4-11 所示，可以从设备、CD/DVD、磁盘、扫描仪、手机文件夹导入图片。

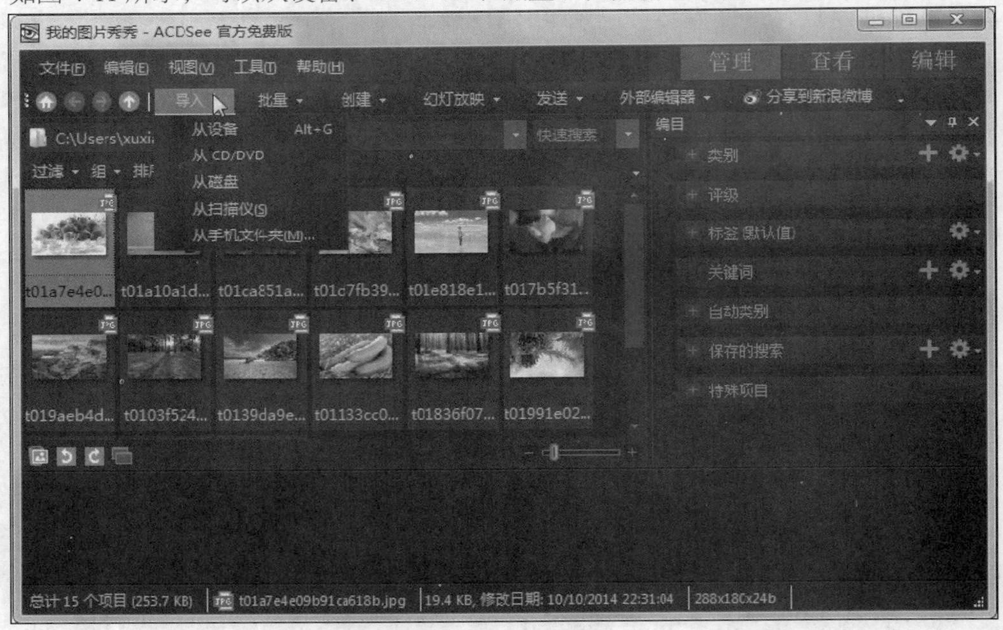

图4-11 导入图片

（2） ACDSee 还给用户提供了批量管理图片的功能，选择各种各样的图片，单击批量按钮，从打开的下拉菜单中可以对所选中的图片进行统一的修改，比如转换文件格式，旋转/翻转，调整大小、曝光度、时间标签等，可以提高效率，减轻工作量，如图 4-12 所示。

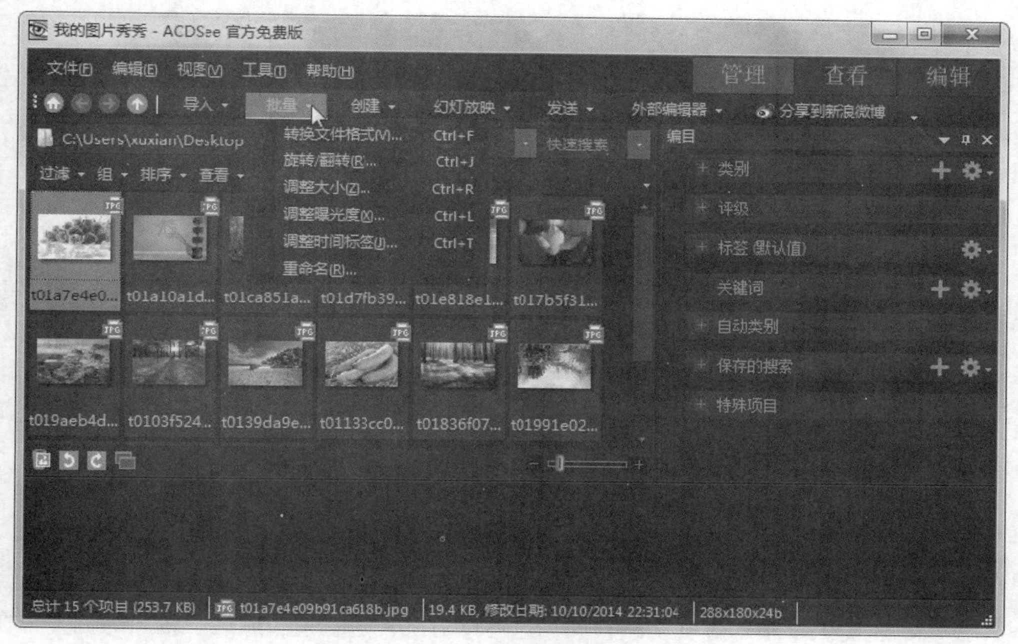

图4-12 批量管理图片

（3） ACDSee 还给用户提供了另外一个功能，转换图片的文件类型，选择需要转换文件类型的图片，单击创建按钮打开下拉菜单，选择文件类型，如图 4-13 所示，打开创建向导对话框，如图 4-14 所示，按照对话框要求进行参数设置直至完成操作。

图4-13 创建文件类型

（4） 单击幻灯放映按钮，打开下拉菜单，选择【幻灯片放映】命令可以使图片按照幻灯片形式播放。选择【配置幻灯放映】命令可以设置幻灯片放映的参数。

（5） 单击发送按钮，可以把图片发送到新浪微博、FTP 站点等。

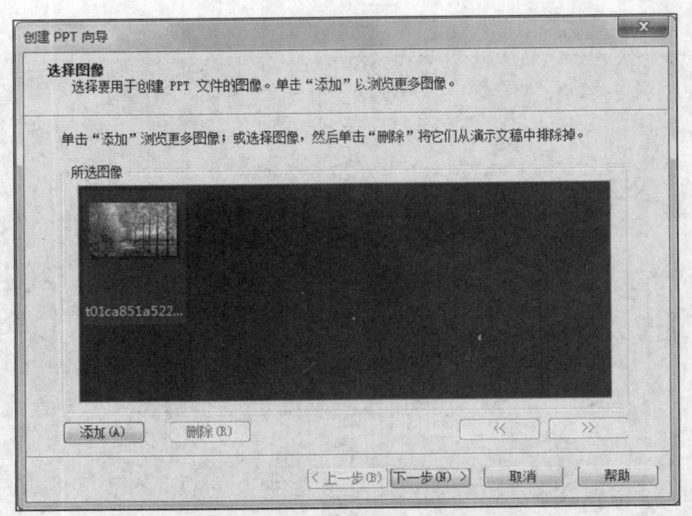

图4-14 创建 PPT 向导

（二） 查看图片

ACDSee 还提供了图片查看功能，使用它可以对图片进行适当旋转、缩放等调整，便于用户查看图片。

STEP 1 在图片文件显示窗口中选中某张需要详细查看的图片，按 Enter 键或双击该图片即可切换到查看窗口，单击按钮即可切换到全屏模式，如图 4-15 所示。

图4-15 全屏查看图片

STEP 2 在图像上单击鼠标右键，选择【全屏幕】命令，即可退出全屏模式并进入图片查看器中，快捷键为 F 键，如图 4-16 所示。

图4-16 右键选择图片

STEP 3 在图片查看器中通过单击主工具栏中的相应按钮便可进行查看上／下一张图片、缩放、旋转等操作。图 4-17 所示为单击（顺时针旋转 180º）按钮后的效果。

图4-17 图片旋转 180° 后的效果

【知识链接】

主工具栏中查看图片的常用按钮功能如表 4-1 所示。

表 4-1 主工具栏的常用工具按钮

按钮	名称	功能
	添加到图像框	单击此按钮，可把选中图片添加到图像框
	向左旋转	单击此按钮，可逆时针旋转图片 90 度
	向右旋转	单击此按钮，可顺时针旋转图片 90 度
	滚动工具	单击此按钮，可将放大后的图像拖动并进行浏览
	选择工具	单击此按钮，可任意框选图片上的任何部分
	缩放工具	单击此按钮，可放大或者缩小图像
	全屏幕	单击此按钮，可全屏模式看图片
	外部编辑器	单击此按钮，可对选中图片进行外部编辑
	适合图像	单击此按钮，可调整图片为适合图像屏幕

（三） 编辑图片

ACDSee 除了具有图片浏览功能外，还提供了强大的图片编辑功能，使用它可以对图片的亮度、对比度和色彩等进行调整，还可进行裁剪、旋转、缩放、添加文本等操作。下面将以一张图片添加文本为例，让读者掌握 ACDSee 编辑图片的使用方法与技巧，熟悉图片查看器中编辑工具栏上的工具。

【操作思路】

- 选择要编辑的图片。
- 进入编辑模式。
- 添加、设置文本。
- 保存图片。

【操作步骤】

STEP 1 进入编辑模式。

启动 ACDSee，进入 ACDSee 主界面后，选择要进行操作的图片，单击界面右上方的 编辑 按钮进入图片编辑器，如图 4-18 所示。

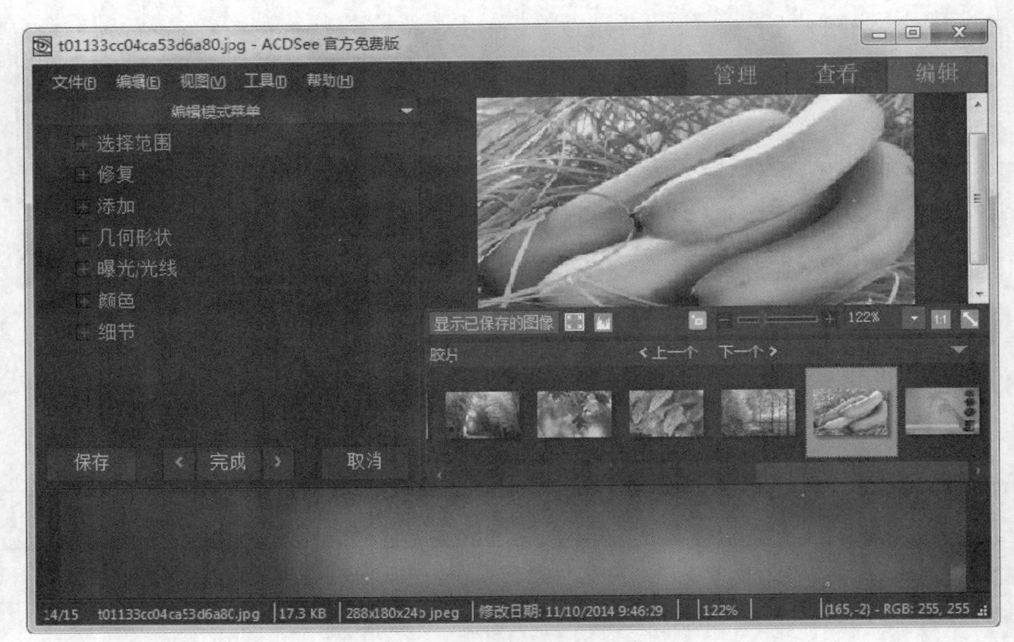

图4-18　打开待编辑的图片

STEP 2　调整图片。

（1）　单击编辑工具栏上的［添加］按钮打开下拉菜单，选择［文本］按钮，如图 4-19 所示，在此窗口中可对文本进行详细设置。

图4-19　打开文本窗口

（2）　在【文本】字段中输入要添加的文本“香蕉”，并设置字体为“楷体–GB2312”，颜色根据用户的喜好选择，大小根据图片的大小做适当调整，阻光度为 100，其他设置为默认参数，最终效果如图 4-20 所示。

（3）　单击［完成］按钮，返回图片查看器，查看进行文本设置后的图片，单击主工具栏上的［保存］按钮可保存设置后的图片。

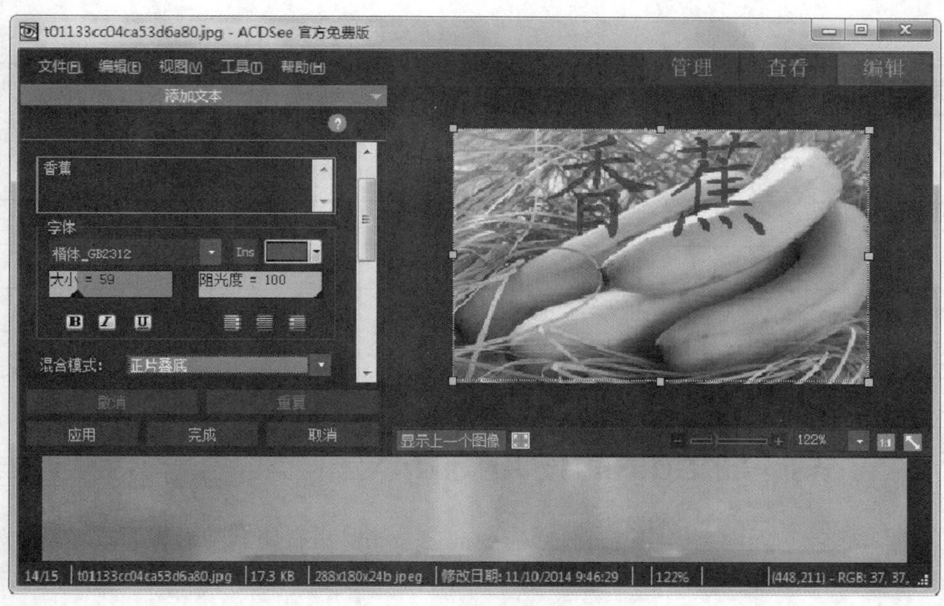

图4-20 设置文本参数

【知识链接】

编辑工具栏上常用的按钮名称和功能如表 4-2 所示。

表 4-2 编辑工具栏上常用的按钮名称和功能

选项	名称	功能
选择范围	选择范围	利用套索等工具框选图片
修复	红眼消除	去除图片中的红眼
	修复工具	对图片局部进行颜色上的修复
添加	文本	为图片添加文本
	边框	通过颜色、纹理的设置为图片添加边框
	晕影	设置水平、垂直等参数显示部分图片
	特殊效果	用户根据自已的喜好对艺术、扭曲、颜色等效果的设置使图片多样化
	绘图工具	可对图片进行涂鸦操作
几何形状	旋转	对图片进行任意角度的旋转
	翻转	对图片进行水平或者垂直的翻转
	裁剪	裁剪掉图片中不需要的部分
	调整大小	改变图片的实际大小
曝光/光线	曝光	调整图片对比度和颜色
	色阶	调整图片的色阶
	自动色阶	自动调整图片的色阶
	色调曲线	调整图片的色阶曲线图
	光线	调整阴影、感光等参数，以调整图片的光线强弱

续表

选项	名称	功能
颜色	白平衡	消除色偏现象
	色彩平衡	调整图片的饱和度、亮度、色调等，改变图片的颜色效果
细节	锐化	调整图像边缘细节的对比度
	模糊	使图片呈现模糊的效果
	杂点	去除图片中的杂点效果
	清晰度	调整图片的清晰效果

任务二　掌握 SnagIt 的使用方法

在对图形图像的处理过程中，有时候需要捕捉一些非常有用的图形界面或者其他一些画面。SnagIt 就是一款非常精致、功能强大的屏幕捕捉软件，不仅可以捕捉 Windows 屏幕图像，而且可以捕捉文本和视频图像，捕捉后可以保存为 BMP、PCX、TIF、GIF、JPEG 等多种图形格式，还可以捕捉屏幕操作视频，并将其保存为 AVI 格式文件。在抓取图像后，可以用其自带的编辑器进行编辑。本任务将以 SnagIt 11 版本为例进行介绍。

（一） 捕捉图像

SnagIt 的主要功能就是捕捉图像。使用 SnagIt 捕捉屏幕图像、文本对象或视频图像前，都需要先定义好输入和输出样式，以及是否使用过滤效果等。下面将介绍利用 SnagIt 11 捕捉图像的基本方法，让读者对 SnagIt 有一个基础性的认识。

【操作思路】

- 启动 SnagIt。
- 选择捕捉配置。
- 捕捉图像。
- 保存所捕捉的图像。

【操作步骤】

STEP 1　设置捕捉配置。

（1） 启动 SnagIt 11，进入其主界面。

（2） 单击主界面【捕捉配置】面板中的【图像】按钮，选择捕捉配置为【图像】，如图 4-21 所示。

（3） 单击主界面【配置设置】面板中的【捕捉类型】按钮，选择捕捉类型为【全部】，如图 4-22 所示。其余捕捉的特点和用法如表 4-3 所示。

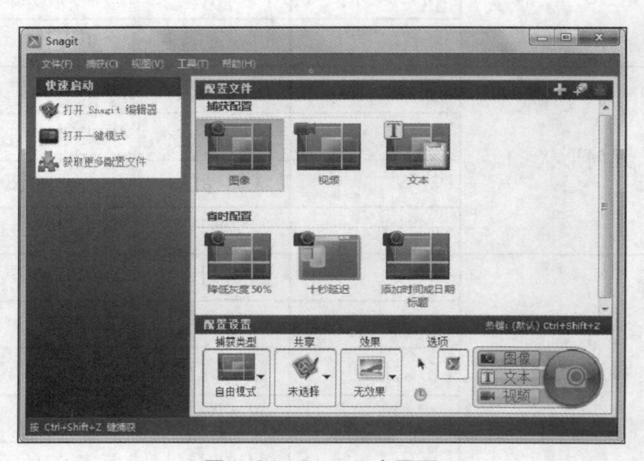

图4-21　SnagIt 主界面

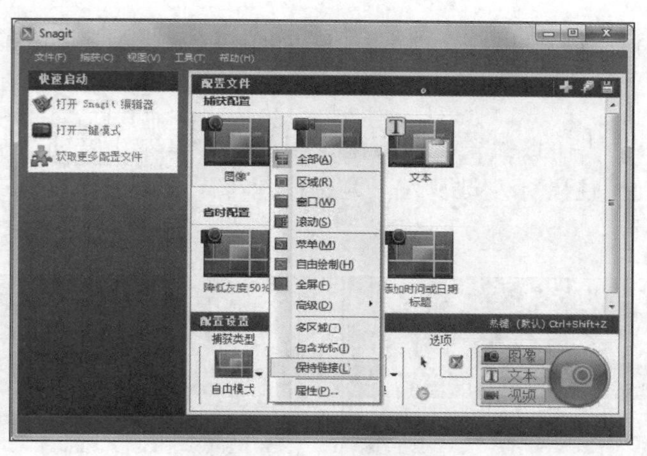

图4-22　捕捉类型

表 4-3　常用捕捉类型

捕捉类型	功能
全部	任意捕捉，自由模式
区域	使用最多的捕捉方式，由用户选定任意区域进行捕捉
窗口	选择此选项，系统自动识别各个窗口进行捕捉
滚动	用于捕捉带有滚动条的大型窗口，系统能在捕捉时滚动滚动条将窗口捕捉完整
菜单	捕捉程序中的多级菜单为图像
自由绘制	单击鼠标左键手动绘制不规则的选框作为捕捉区域
全屏	捕捉整个电脑屏幕

STEP 2　使用【全部】方式捕捉图像。

（1）　打开需要捕捉的图像，如图 4-23 所示，设置捕捉类型为【全部】，单击 SnagIt 主界面中的按钮或按默认快捷键 Ctrl+Shift+Z 开始捕捉。

（2）　移动十字光标到图片上，效果如图 4-24 所示。

图4-23　需要捕捉的图像

图4-24　捕捉范围

（3） 单击鼠标左键后随即打开预览窗口，如图 4-25 所示，黄色虚线矩形框即为捕捉范围。

知识提示

如果【捕捉配置】面板中选择的是【文本】按钮，捕捉配置为文本时，则按住鼠标左键从左上角拖曳鼠标至右下角，框选文本图像，如图 4-26 所示。

图4-25 图像捕捉预览

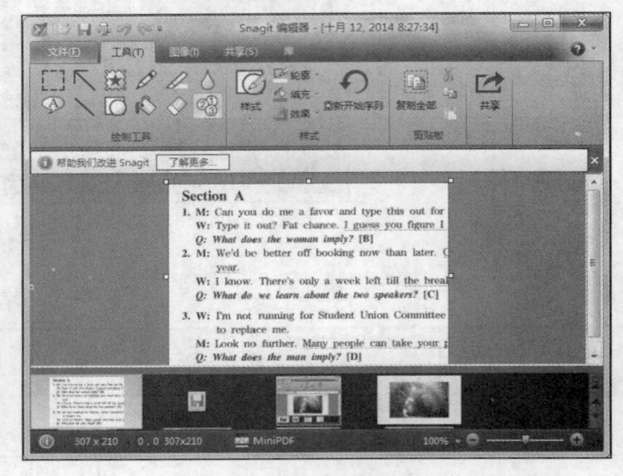

图4-26 文本捕捉预览

（4） 单击工具栏上的按钮，选择保存地址，修改保存名称，保存捕捉的图像，返回 SnagIt 的主界面。

STEP 3 使用【区域】方式捕捉图像。

（1） 打开需要捕捉的图像，设置捕捉类型为【区域】，单击 SnagIt 主界面中的按钮或按 Ctrl+Shift+Z 组合键开始捕捉。

（2） 单击鼠标左键并拖曳，绘制矩形框以此框选捕捉区域，如图 4-27 所示。

（3） 打开预览窗口，单击工具栏上的按钮，选择保存地址，修改保存名称，保存捕捉的图像，返回 SnagIt 的主界面。

STEP 4 使用【窗口】方式捕捉图像。

（1） 打开需要捕捉的图像，设置捕捉类型为【窗口】，单击 SnagIt 主界面中的按钮或按 Ctrl+Shift+Z 组合键开始捕捉。

（2） 移动鼠标将自动捕捉已有的窗口，如图 4-28 所示。

图4-27 【区域】捕捉

图4-28 【窗口】捕捉

（3）　选择需要捕捉的窗口单击鼠标左键，打开预览窗口，单击工具栏上的按钮，选择保存地址，修改保存名称，保存捕捉的图像，返回 SnagIt 的主界面。

STEP 5　使用【滚动】方式捕捉图像。

（1）　打开有滚动条的图像，设置捕捉类型为【滚动】，单击 SnagIt 主界面中的按钮或按 Ctrl+Shift+Z 组合键开始捕捉。

（2）　单击按钮将自动滚动滚动条把窗口捕捉完整，如图 4-29 所示。

（3）　选择需要捕捉的窗口单击鼠标左键，打开预览窗口，单击工具栏上的按钮，选择保存地址，修改保存名称，保存捕捉的图像，返回 SnagIt 的主界面。

STEP 6　使用【菜单】方式捕捉图像。

（1）　打开子菜单，设置捕捉类型为【菜单】，单击 SnagIt 主界面中的按钮或按 Ctrl+Shift+Z 组合键开始捕捉。

（2）　系统将自动捕捉子菜单，打开预览窗口，将显示子菜单图像，如图 4-30 所示。

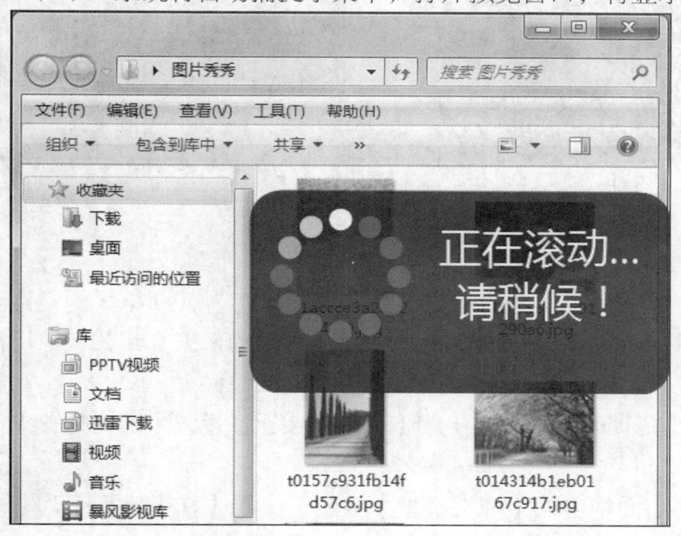

图4-29　【滚动】捕捉

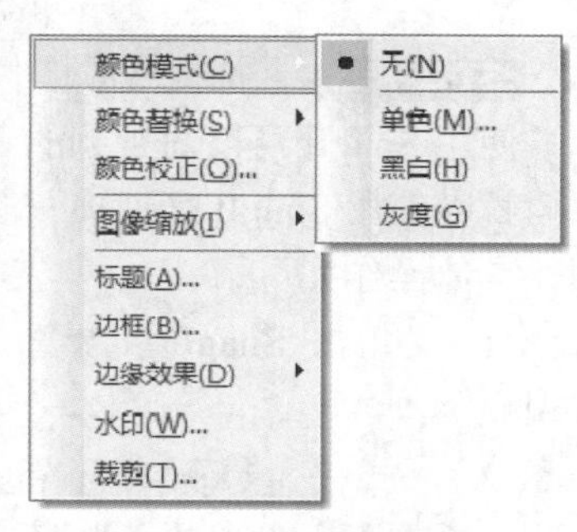

图4-30　【菜单】捕捉

STEP 7　使用【自由绘制】方式捕捉图像。

（1）　打开子菜单，设置捕捉类型为【自由绘制】，单击 SnagIt 主界面中的按钮或按 Ctrl+Shift+Z 组合键开始捕捉。

（2）　鼠标指针将变成剪刀形状，按住鼠标左键并拖曳，绘制出任意不规则区域作为捕捉区域，如图 4-31 所示。

（3）　选择需要捕捉的窗口单击鼠标左键，打开预览窗口，单击工具栏上的按钮，选择保存地址，修改保存名称，保存捕捉的图像，返回 SnagIt 的主界面。

图4-31　【自由绘制】捕捉

STEP 8　使用【全屏】方式捕捉图像。

（1）　打开子菜单，设置【捕捉类型】为“全屏”，单击 SnagIt 主界面中的按钮或按 Ctrl+Shift+Z 组合键开始捕捉。

（2） 单击鼠标左键，打开预览窗口，将显示整个电脑屏幕的捕捉图像，如图 4-32 所示。

图4-32 【全屏】捕捉

STEP 9 捕捉视频图像。

使用 SnagIt 可以对视频的各帧图像、文本进行捕捉，然后将其保存为 AVI 格式的文件。下面就以使用 SnagIt 来捕捉一段用 Windows Media Player 播放的视频为例来介绍如何捕捉视频，具体操作如下。

（1） 单击 SnagIt 主界面上【捕捉配置】面板中的【视频】按钮，设置【捕捉配置】为“视频”。

（2） 单击主界面【配置设置】面板中的【捕捉类型】按钮，设置【捕捉类型】为“全部”,【输出】样式为“文件”,【效果】为“无效果”，如图 4-33 所示。

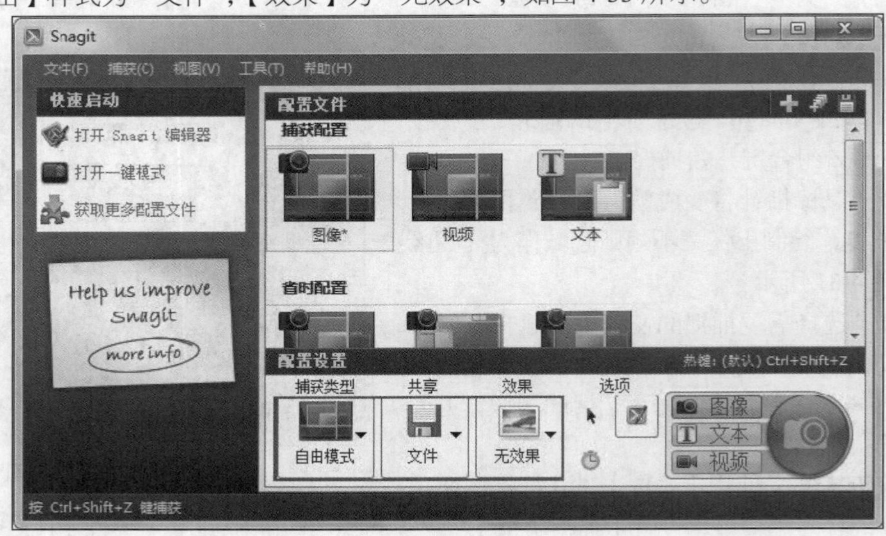

图4-33 视频捕捉设置

（3） 打开需要播放的媒体文件，开始播放后单击 SnagIt 主界面中的按钮或按Ctrl+Shift+Z组合键开始捕捉。在视频播放窗口中选择要捕捉的视频图像区域，该区域以黄色边框显示，并打开一个对话框，如图 4-34 所示。

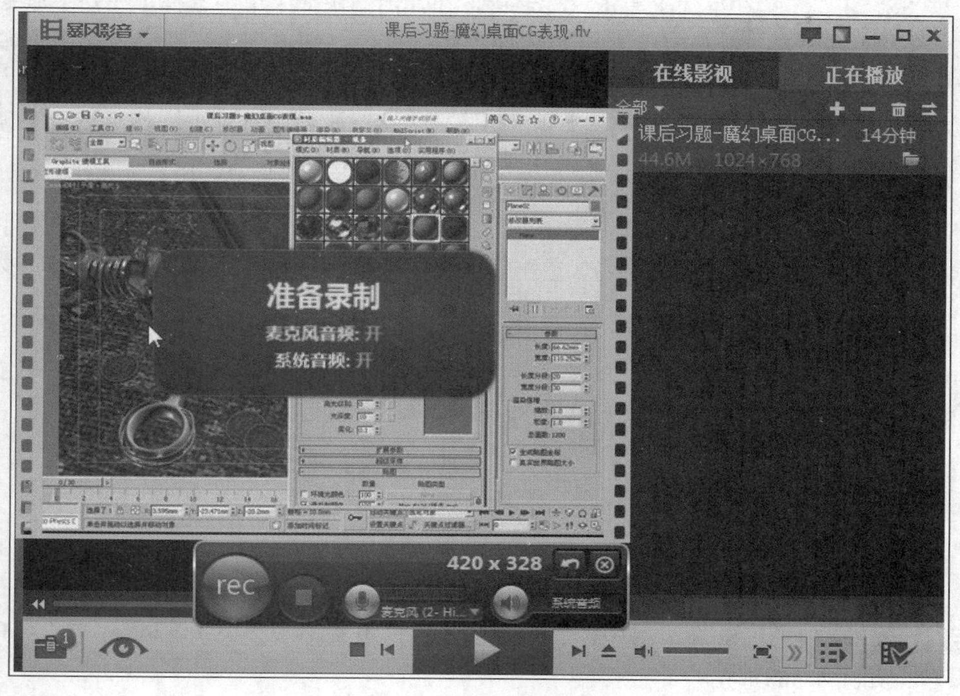

图4-34 选择视频捕捉区域

（4） 单击按钮，开始捕捉视频图像，视频图像左右两边的黄色线框开始向上滚动，单击按钮，即可停止捕捉视频图像，单击按钮即完成视频录制，效果如图 4-35 所示。

图4-35 视频捕捉效果

知识提示

在进行视频抓图的时候，必须把系统的硬件加速调为最低，否则抓出来的图是黑的，具体设置方法如下。

（1）在桌面上单击鼠标右键，在弹出的快捷菜单中选择【属性】命令。

（2）在弹出的【显示 属性】对话框中，切换到【设置】选项卡，单击 高级(V) 按钮。

（3）在弹出的对话框中，切换到【疑难解答】选项卡，然后设置【硬件加速】为【无】，这样截取出来的视频图像才是静态的图像。

（5） 进入【SnagIt 捕捉预览】窗口，单击预览窗口菜单栏上的按钮，在打开的【保存】对话框中指定保存位置和文件名，单击【保存】即可将其保存为 AVI 格式的视频文件。

（二） 编辑捕捉的图像

SnagIt 不仅提供了强大的捕捉图像功能，还提供了对所捕捉的图像进行编辑的功能。下面将介绍 SnagIt 的编辑功能，让读者掌握 SnagIt 编辑图像的方法与技巧。

【操作思路】

- 编辑图像。
- 保存图像。

【操作步骤】

STEP 1 打开 SnagIt 编辑器，切换到【图像】选项卡，单击 边缘 按钮，打开边缘选项菜单，如图 4-36 所示。

STEP 2 选择【撕裂边缘选项】命令，弹出【撕裂边缘】对话框，设置其参数，单击 确定 按钮，如图 4-37 所示。

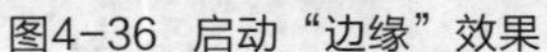
图4-36 启动“边缘”效果

图4-37 撕裂边缘对话框的效果

STEP 3 单击工具栏上的按钮保存捕捉的图像，选择保存地址，修改保存名称，保存捕捉的图像，返回 SnagIt 编辑器的主界面。

【知识链接】

SnagIt 中一些常用的编辑操作方法如表 4-4 所示。

表 4-4 SnagIt 中一些常用的编辑操作方法

选项	命令	作用
工具	选择	在画布上单击鼠标左键并拖曳以选择一个选区进行旋转、裁剪、复制等操作
	箭头	添加现成的箭头指出重要信息
	图案	插入一个小图形添加强调或者重要性
	钢笔	在画布上添加手绘线条，自定义颜色、宽度、形状等
	突出区域	突出显示画布上的矩形区域
	模糊	模糊画布或者任意扁平对象的一部分
	标注	添加现成的形状，包括文字
	线条	在捕捉上绘制一条线
	形状	绘制任何矩形
	填充	使用任何颜色填充封闭的矩形区域
	擦除	擦除任何合并的捕捉或对象，露出底部的画布颜色
	步骤	自动添加一系列数字或字母标注在捕捉步骤或项目上
图像	裁剪	删除不需要的区域
	旋转	向左、向右或者水平、垂直的翻转画布
	剪切	删除画布横向或纵向选择并一起加入余下部分
	调整大小	更改图像或者画布大小
	修剪	自动削减捕捉边缘所有不变的纯色部分
	画布颜色	捕捉背影的颜色
	边框	添加或更改所选边框的周围或整个画布的颜色和宽度
	效果	添加所选的图像外围或整个画布的阴影、视角、剪切效果
	边缘	选择外围或整个画布添加自定义边缘
	灰度	改变整个画布内容为黑色、白色、灰色调
	水印	插入一个幻影或彩色图样
	颜色效果	为选中区域或整个画布添加及更改颜色效果

（三） 添加配置文件

若需要经常捕捉某一类型的屏幕图像，如每次都进行设置会非常麻烦，而且需要切换到 SnagIt 主操作界面中单击按钮来抓图，操作起来也不方便。通过添加配置文件便可将常用的捕捉参数保存下来，并可自定义捕捉快捷键。下面将创建一个输入为【窗口】，输出为【剪贴板】、【无效果】，捕捉后显示预览窗口且捕捉快捷键为F2键的配置文件，向读者介绍添加配置文件的方法与技术。

【操作思路】

- 启动 SnagIt。
- 设置添加方案向导。

- 用所设置的方案捕捉图像。
- 保存所捕捉的图像。

【操作步骤】

STEP 1 设置添加方案向导。

（1） 单击 SnagIt 主界面右上方的按钮，打开【新建配置文件向导】，如图 4-38 所示。

在【新建配置文件向导】对话框中，将鼠标指针移到左侧相应的捕捉按钮上，就会在对话框的右侧【注释】区域中显示出相应模式的具体功能，此方法在后面的步骤中同样适用。

（2） 在此对话框中选择一种捕捉模式，本例选择【图像捕捉】选项。

（3） 单击下一步(N) >按钮，进入【选择捕捉类型】向导页，单击按钮，在弹出的下拉菜单中选择【窗口】命令，如图 4-39 所示。

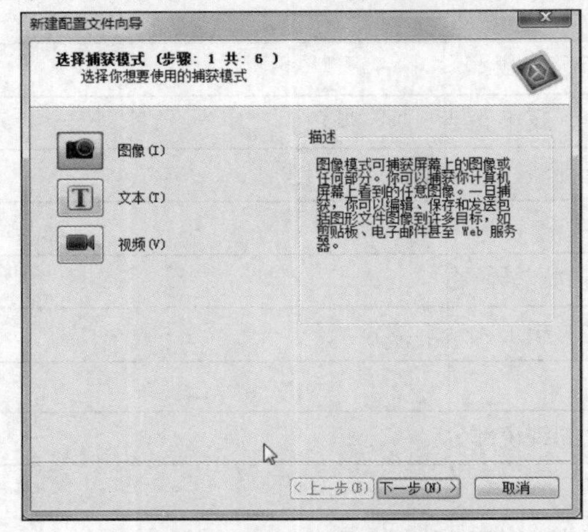

图4-38 【新建配置文件向导】对话框

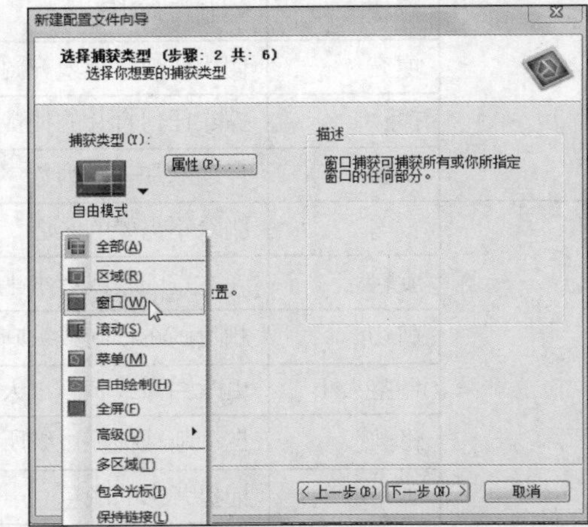

图4-39 【选择捕捉类型】向导页

（4） 完成后单击下一步(N) >按钮，进入【选择如何共享】向导页，单击按钮，在弹出的下拉菜单中选择【剪贴板】命令，如图 4-40 所示。

（5） 单击下一步(N) >按钮，进入【选择选项】向导页，如图 4-41 所示。在此对话框中选择一种在捕捉中要使用的选项，本例选择【编辑器预览】选项。

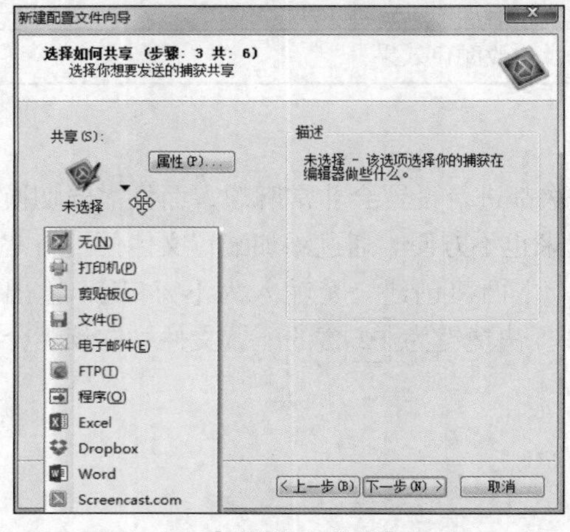

图4-40 【选择如何共享】向导页

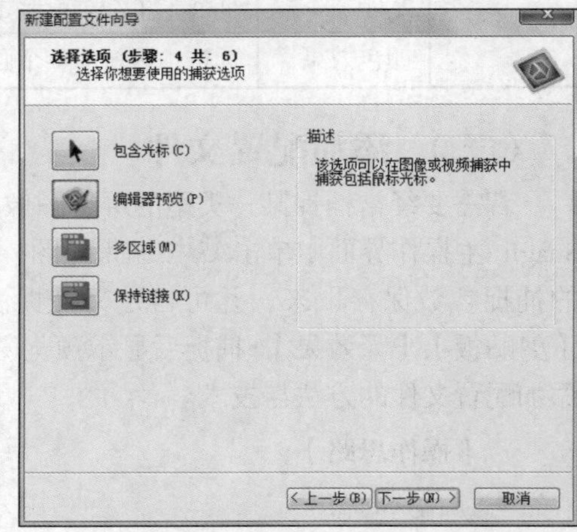

图4-41 【选择选项】向导页

（6） 单击 下一步(N) > 按钮，进入【选择效果】向导页，单击 无效果 按钮，在弹出的下拉菜单中选择相应的效果，如图 4-42 所示。本例保持默认设置，即【无效果】。

（7） 单击 下一步(N) > 按钮，进入【保存新建配置文件】向导页，在此对话框中设置新方案的保存位置、名称和热键，如图 4-43 所示。

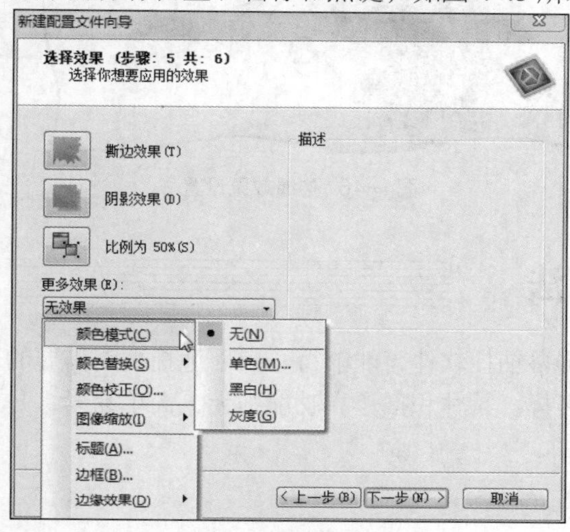

图4-42 【选择效果】向导页

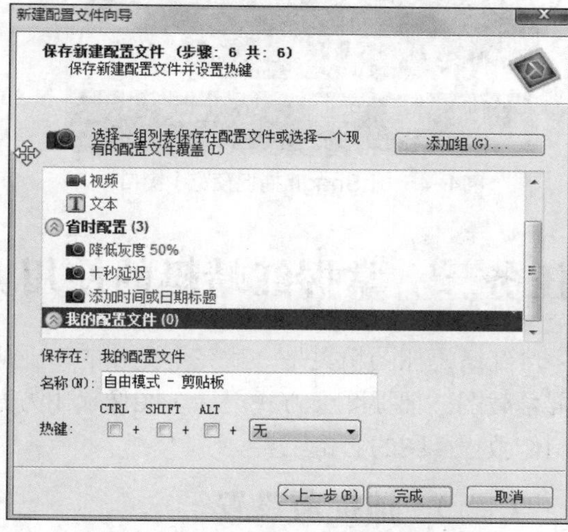

图4-43 【保存新建配置文件】向导页

（8） 最后单击 完成 按钮，返回到 SnagIt 主界面，即可在主界面的【方案】区域中的【我的方案】列表中看到所添加的新方案，如图 4-44 所示。

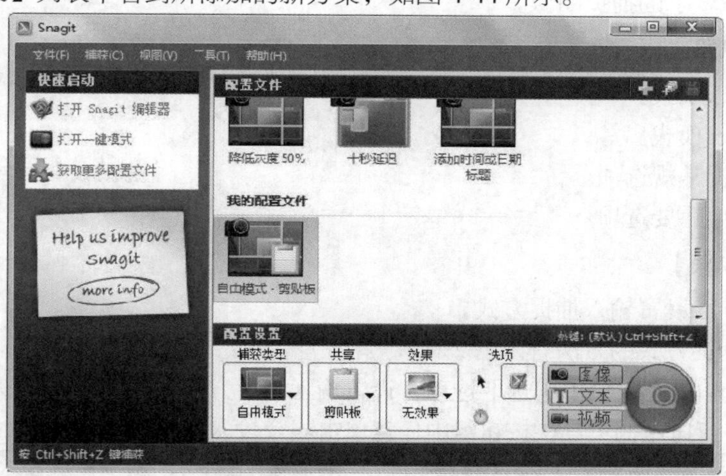

图4-44 添加新方案成功

STEP 2 用添加的新方案捕捉屏幕图像。

（1） 在桌面上按 F2 键，使绿色线框框住整个桌面背景部分，单击鼠标左键捕捉图像，随即打开【SnagIt 捕捉预览】窗口，如图 4-45 所示。

（2） 单击此窗口右侧【图像】面板上的【边缘】选项，在打开的【边缘效果】面板中选择【波浪边缘】选项。

（3） 在展开的【波浪边缘】面板中可对波浪的位置、强度等参数进行设置，效果如图 4-46 所示。

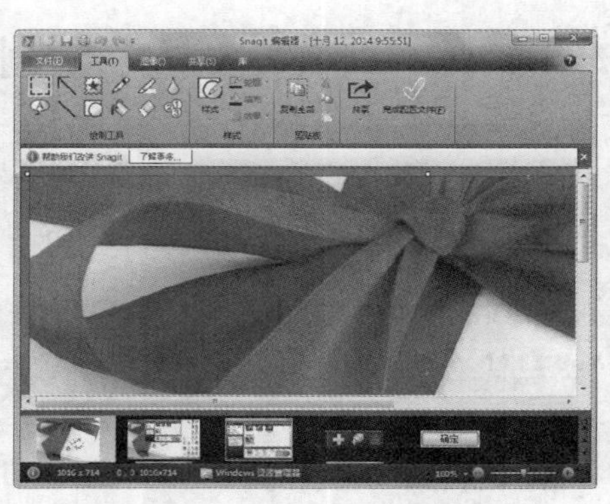

图4-45 【SnagIt 捕捉预览】窗口

图4-46 边缘效果设置

任务三 掌握红蜻蜓的使用方法

红蜻蜓抓图精灵是一款完全免费的专业级屏幕捕捉软件，能够得心应手地捕捉到需要的屏幕截图。捕捉图像方式灵活，图像输出方式多样。其体积很小，功能强大，简单易学，是制作教程截图的必备工具。

（一） 捕捉前设置

红蜻蜓抓图精灵具有多种捕捉方式，分别为整个屏幕、活动窗口、选定区域、固定区域、选定控件、选定菜单、选定网页等，用户在捕捉之前可以对捕捉方式进行适当的设置，以获得符合用户要求的捕捉图像。

【操作思路】

- 设置输入模式。
- 选取输出模式。
- 设置捕捉常规选项。
- 设置其他重要选项。

【操作步骤】

STEP 1 设置输入捕捉方式。

设置输入捕捉方式的方法有以下 2 种。

（1） 在【输入】主菜单中选取选项，设置输入捕捉方式，如图 4-47 所示。

（2） 在主窗口左侧工具栏按钮组中任意单击一个输入捕捉方式按钮，如图 4-48 所示。

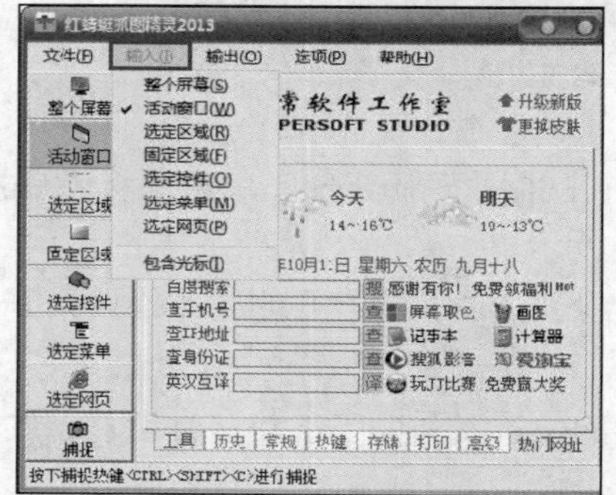

图4-47 捕捉设置 1

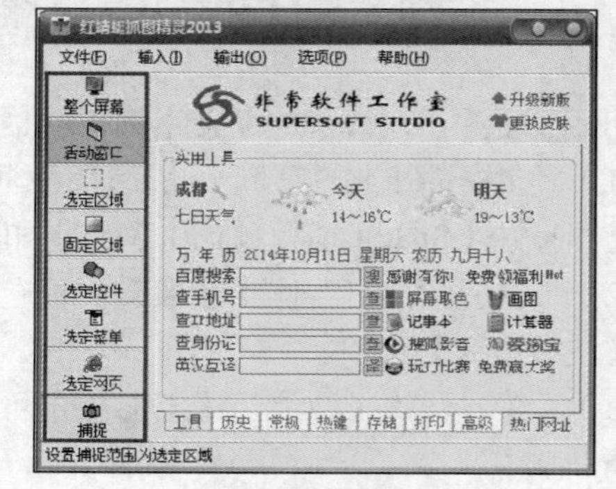

图4-48 捕捉设置 2

STEP 2 选择输出方式。

红蜻蜓抓图精灵具有文件、剪贴板、画图、打印机等输出方式，用户在捕捉之前可以对图像输出方式进行适当的设置，以获得符合用户要求的输出。输出方式设置如下：在主菜单的【输出】菜单中任意设置一种输出方式，如图 4-49 所示。

STEP 3 设置捕捉常规选项。

（1） 设置捕捉光标：用户可以选择捕捉图像时是否同时捕捉光标。在主窗口底部的【常规】选项卡中选中【捕捉图像时，同时捕捉光标】复选框，如图 4-50 所示，则可以在捕捉图片时把鼠标光标也捕捉进去。

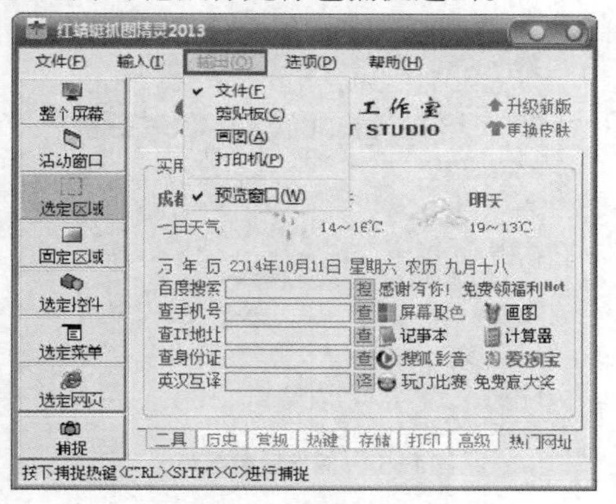

图4-49 设置输出方式

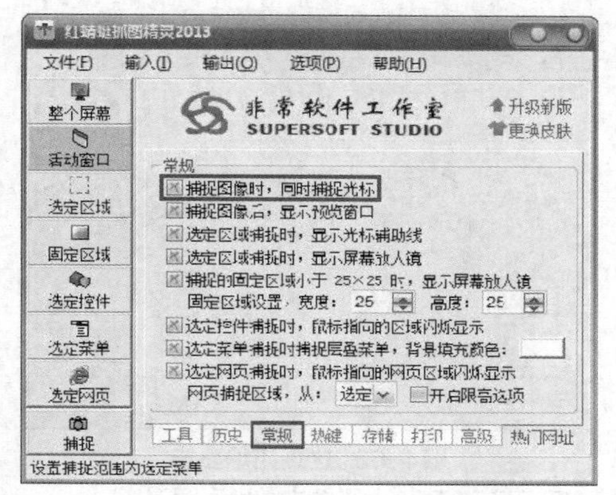

图4-50 捕捉光标设置

（2） 设置捕捉图像后自动显示预览窗口：在【常规】选项卡中选中【捕捉图像后，显示预览窗口】复选框，捕捉完成后自动弹出预览窗口对图形进行多种编辑和存储处理，如图 4-51 所示。

（3） 设置显示光标辅助线：在【常规】选项卡中选中【选定区域捕捉时，显示光标辅助线】复选框。在使用区域捕捉模式时将显示光标辅助线，如图 4-52 所示。

（4） 设置屏幕放大镜：在【常规】选项卡中选中【选定区域捕捉时，显示屏幕放大镜】复选框，则在进行区域捕捉时，可以显示屏幕放大镜，以便精确地进行图像捕捉，如图 4-52 所示。

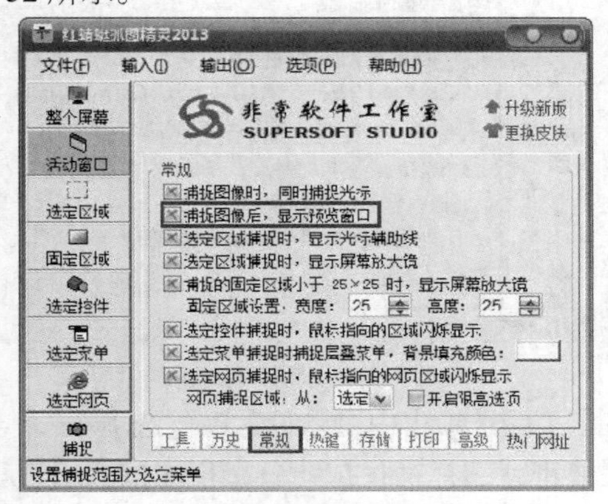

图4-51 显示预览窗口

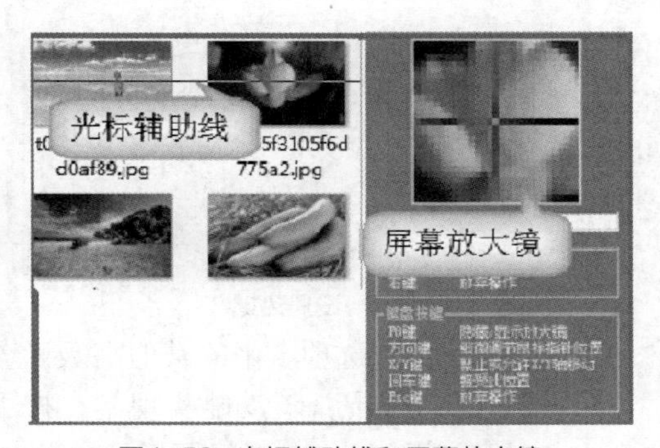

图4-52 光标辅助线和屏幕放大镜

（5） 设置区域闪烁显示：在进行选定控件、网页捕捉时可以设置选区边框是否闪烁显示。在【常规】选项卡中选中【选定控件捕捉时，鼠标指向的区域闪烁显示】复选框，捕捉效果如图 4-53 所示。

（6） 设置捕捉层叠菜单：在选定菜单捕捉时可以设置是否捕捉层叠（级联）菜单。在主窗口底部的【常规】选项卡中选中【选定菜单捕捉时，捕捉层叠菜单】复选框，捕捉效果如图 4-54 所示。

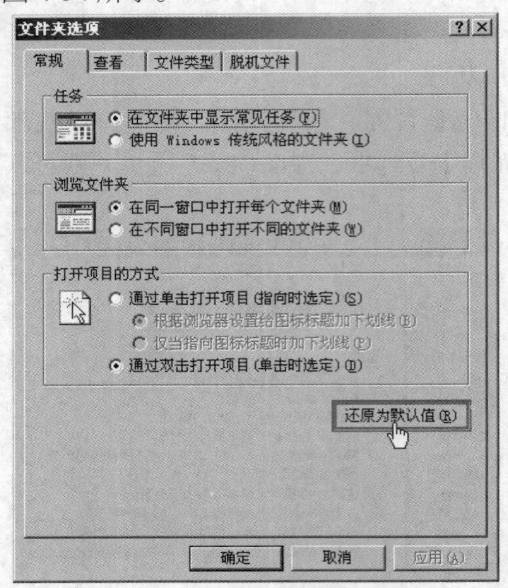

图4-53 区域闪烁显示

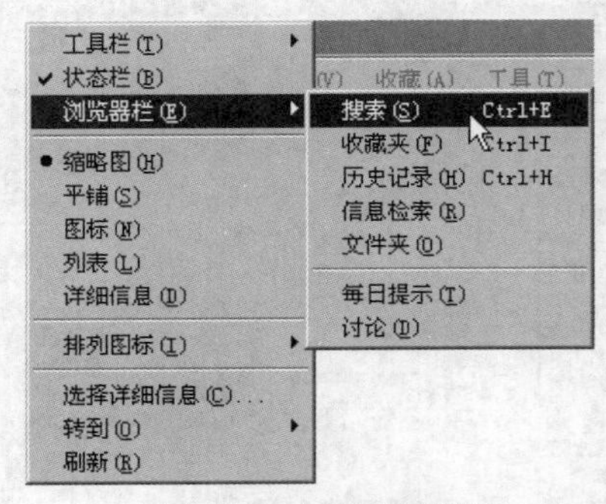

图4-54 捕捉层叠菜单

STEP 4 设置其他重要选项。

（1） 设置热键：在【选项】选项卡中选择【热键选项】可以设置启动捕捉功能时使用的热键，按下热键设置的按键即可迅速启动捕捉功能，如图 4-55 所示。

（2） 设置存储选项：在【选项】选项卡中选择【存储选项】设置存储位置以及存储格式等，如图 4-56 所示。

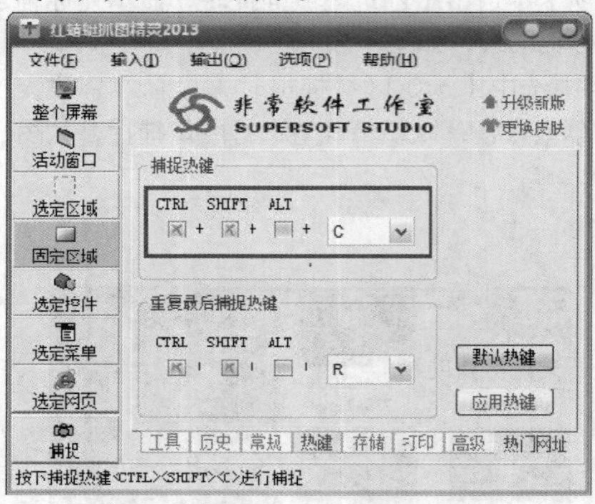

图4-55 设置热键

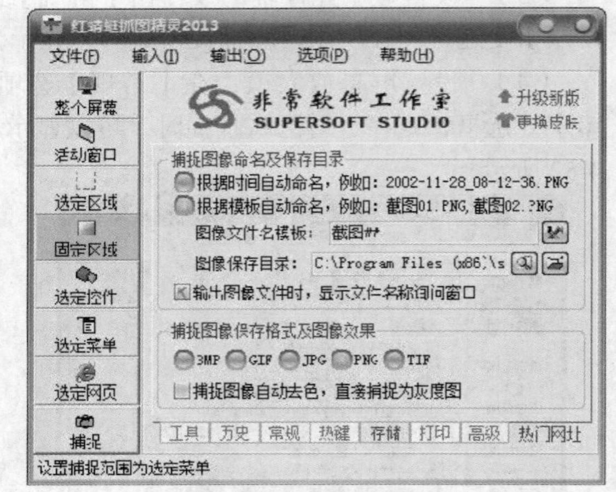

图4-56 设置存储选项

（3） 【选项】选项卡中的其他高级设置：在【高级选项】中可以设置以下选项。

- 设置延迟捕捉：该功能实现是在按下捕捉热键或选择捕捉按钮后，程序按照用户设定的时间等待，直到经历了用户设定延迟时间方开始捕捉操作，如图 4–57 所示。
- 设置显示倒数计秒：在设置了延迟捕捉的前提下，可以选择捕捉图像前的延迟期间是否显示倒数计秒浮动窗口，如图 4–58 所示。

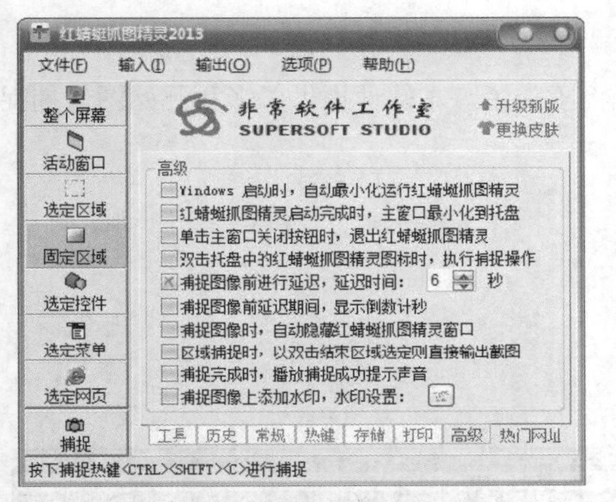

图4-57 捕捉图像前进行延迟

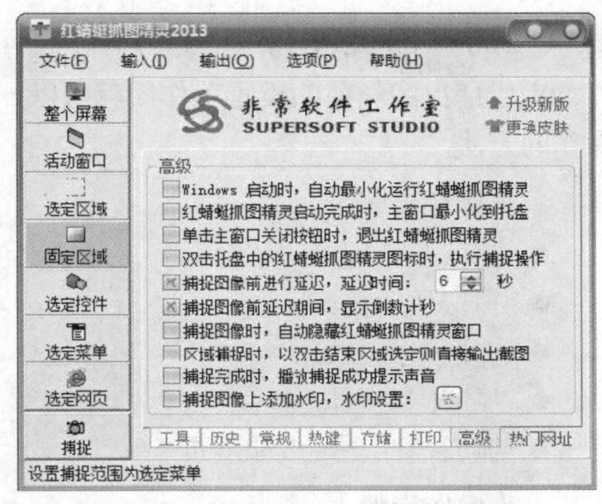

图4-58 捕捉图像前延迟期间，显示倒数计秒

- 设置捕捉图像时隐藏主窗口：可以选择在捕捉图像时是否自动隐藏主窗口，图 4-59 和图 4-60 所示为显示和隐藏主窗口时的对比。

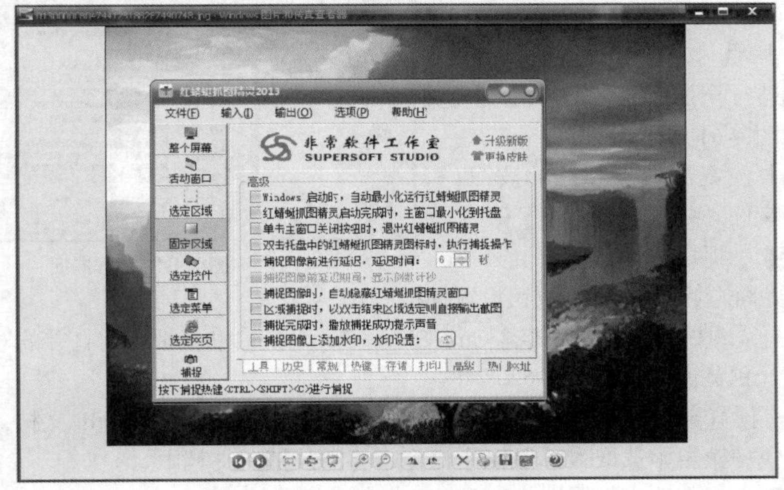

图4-59 显示主窗口

图4-60 隐藏主窗口

（二） 捕捉图像

完成捕捉图像前的设置工作后就可以开始捕捉工作了。本软件提供了多种开始图像捕捉操作的方法。

【操作思路】

- 抓取整个屏幕。
- 抓取活动窗口。
- 抓取选定区域。
- 抓取固定区域。
- 抓取控件、菜单和网页。

【操作步骤】

STEP 1 抓取整个屏幕。

（1） 在界面左侧单击整个屏幕按钮设置捕捉模式。

（2） 单击捕捉按钮或按下快捷键Ctrl+Shift+C进行全屏捕捉，随后打开预览窗口，如图4-61所示。

（3） 单击预览窗口顶部的另存为按钮指定路径另存文件。

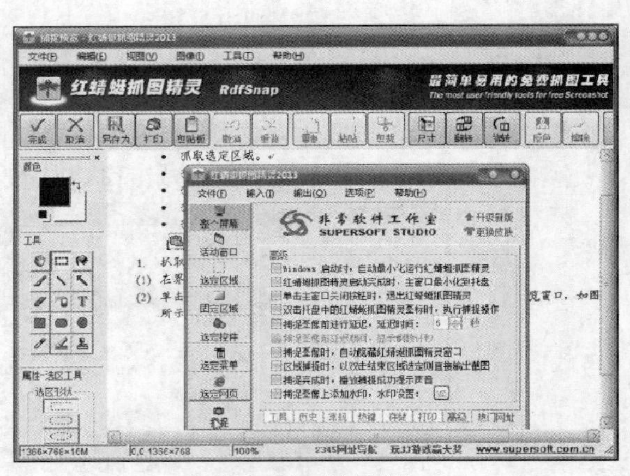

图4-61 全屏捕捉

STEP 2 抓取活动窗口。

（1） 在界面左侧单击活动窗口按钮设置捕捉模式。

（2） 单击捕捉按钮或按下快捷键Ctrl+Shift+C，系统自动捕捉当前打开的对话框等活动窗口，随后打开预览窗口，如图4-62所示。

（3） 单击预览窗口顶部的复制按钮复制抓取的图片，然后打开Word文档，单击鼠标右键，在弹出的快捷菜单中选取粘贴【粘贴】命令，将图片插入文档中。

STEP 3 抓取选定区域。

（1） 在界面左侧单击选定区域按钮设置捕捉模式。

（2） 单击捕捉按钮或按Ctrl+Shift+C组合键，拖曳鼠标在屏幕中画出矩形区域，将捕捉该区域的图形，随后打开预览窗口，如图4-63所示。

图4-62 捕捉活动窗口

图4-63 捕捉选定区域

（3）　单击预览窗口顶部的按钮打印该图形。

STEP 4　抓取固定区域。

（1）　按照图 4-64 所示设置固定区域大小。

（2）　在界面左侧单击按钮设置捕捉模式。

（3）　单击按钮或按 Ctrl+Shift+C 组合键，移动鼠标到要捕捉的区域后单击鼠标左键实现捕捉操作，随后打开预览窗口，如图 4-65 所示。

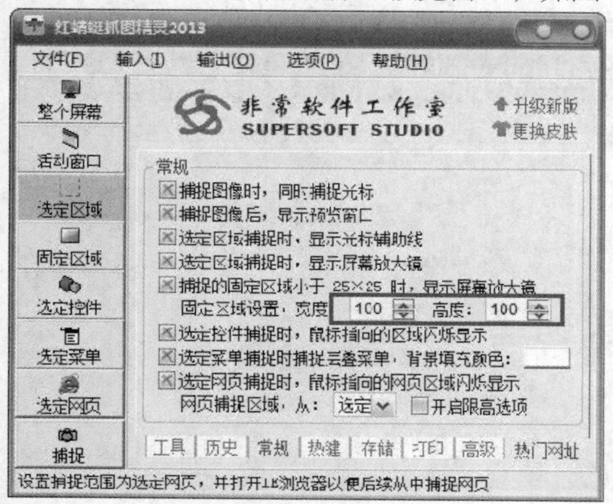

图4-64　设置区域大小

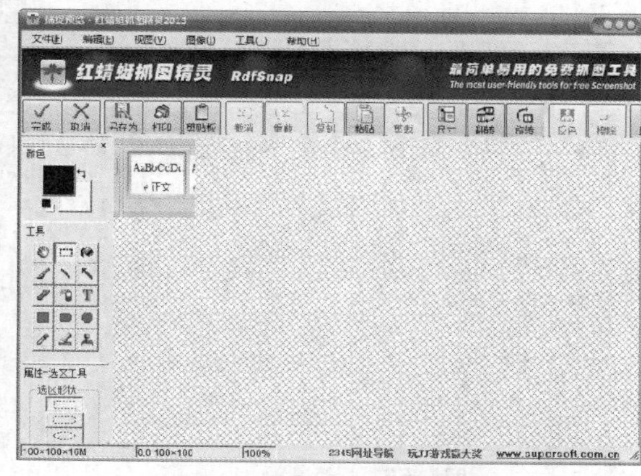

图4-65　捕捉固定区域图形

（4）　单击预览窗口顶部的按钮打印该图形。

STEP 5　抓取控件、菜单和网页。

（1）　在界面左侧单击按钮设置捕捉模式，将鼠标指针移动到按钮控件上单击鼠标左键即可实现对按钮的捕捉。

（2）　在界面左侧单击按钮设置捕捉模式，将鼠标指针移动到菜单上单击鼠标左键即可实现对菜单的捕捉。

（3）　在界面左侧单击按钮设置捕捉模式，将鼠标指针移动到网页页面上单击鼠标左键即可实现对页面的捕捉。

（三）预览与编辑图像

如果捕捉前设置了捕捉后显示预览窗口，那么捕捉完成时就会显示【捕捉图像预览】窗口，用户可以对该窗口进行布局设置，如切换网格线、状态栏、标准工具栏（工具栏按钮、工具栏文字标签的显示状态）、绘图工具栏以及页面设置等。

【操作思路】

- 预览窗口页面设置。
- 剪裁图像。
- 图像去色和反色。
- 翻转图像。
- 旋转图像。
- 在图形中编辑文字和图形。

【操作步骤】

STEP 1　预览窗口页面设置。

在【捕捉图像预览】窗口的【文件】主菜单中选择【页面设置】命令，打开【页面设置】对话框，在弹出的窗口中可以设置【图像位置】和【图像尺寸】选项，如图 4-66 所示。

STEP 2 剪裁图像。

（1） 在【捕捉预览】左侧工具栏中单击按钮，在图像上框选一定区域，如图 4-67 所示。

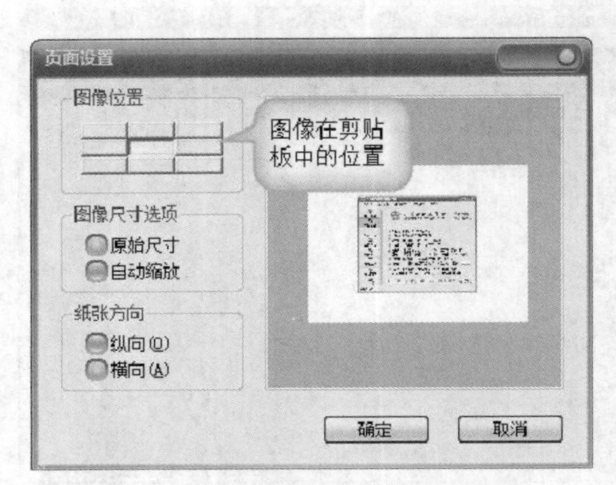

图4-66 页面设置

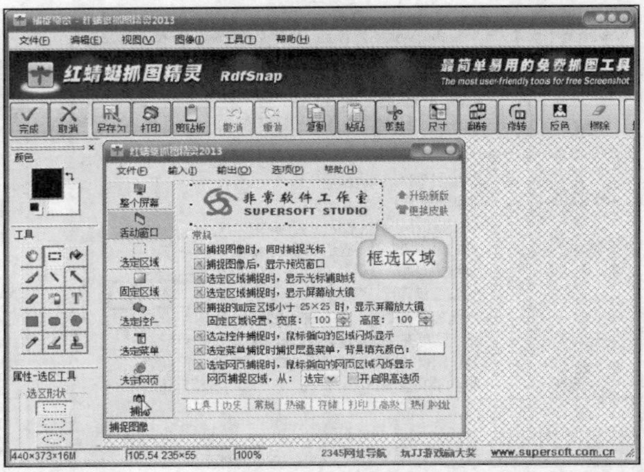

图4-67 裁剪图形

（2） 在框选的图形上单击鼠标右键，在弹出的菜单中选择【复制】命令，然后将其粘贴到打开的 Word 文档中。

（3） 在工具栏单击按钮，将裁剪掉选定区域以外的图形。

（4） 在工具栏单击按钮，可以擦除选定区域的图形。

STEP 3 图像去色和反色。

（1） 在【图像】主菜单中选择【去色】命令，可以去掉图片中的彩色，去色前后的效果对比如图 4-68 和图 4-69 所示。（见前面彩色图片效果。）

（2） 在图像编辑区上框选图像要被反色的部分，然后单击该工具栏中的按钮对选定区域进行反色处理，效果如图 4-70 所示。

图4-68 原始图形

图4-69 去色效果

图4-70 反色效果

STEP 4 翻转图像。

在工具栏单击按钮可以翻转图形，图 4-71 所示为原始图形，【水平翻转】效果如图 4-72 所示，【垂直翻转】效果如图 4-73 所示。

图4-71 原始图形

图4-72 水平翻转效果

图4-73 垂直翻转效果

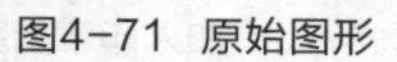 旋转图像。

在工具栏单击按钮可以翻转图形，图 4-74 所示为原始图形，【旋转 90° 】效果如图 4-75 所示，【旋转 270° 】效果如图 4-76 所示。

图4-74 原始图形

图4-75 旋转 90°

图4-76 旋转 270°

STEP 6 在图形中编辑文字和图形。

（1） 使用左侧工具箱中的工具可以向图形中添加文字，效果如图 4-77 所示。

（2） 使用左侧工具箱中的工具可以模拟画笔绘图，效果如图 4-78 所示。

（3） 使用左侧工具箱中的工具可以擦去图形上的一部分区域，效果如图 4-79 所示。

图4-77 添加文字

图4-78 画笔效果

图4-79 擦去图形一部分

（4） 使用左侧工具箱中的工具可以向封闭区域填充颜色，效果如图 4-80 所示。

（5） 使用左侧工具箱中的工具可以在图中绘出矩形区域，效果如图 4-81 所示。

（6） 使用左侧工具箱中的工具可以向图中加入印章图案，效果如图 4-82 所示。

图4-80　填充颜色

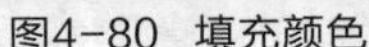

图4-81　绘制矩形

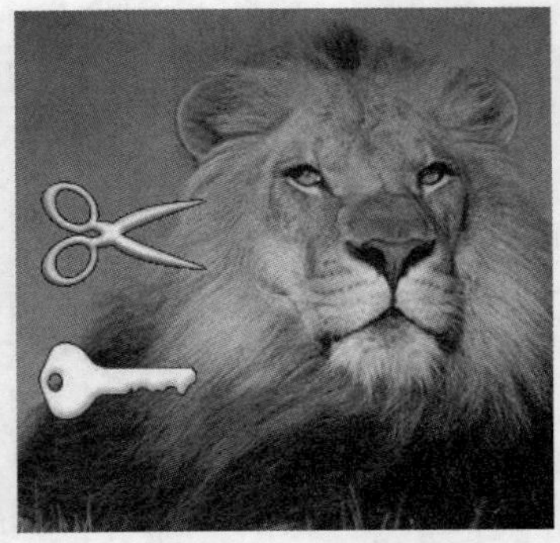

图4-82　加入印章图案

项目小结

本项目介绍了 3 款关于图形图像处理的软件，其中 ACDSee 主要用于图片资料的浏览和编辑管理，而 SnagIt 和红蜻蜓则是非常优秀的图像捕捉软件。这些软件在图像处理中非常具有代表性，其他一些有关图像处理软件的使用功能与这几款软件大致相似。通过本章的学习，读者应该能够灵活地运用这几款软件，随心所欲地去捕捉、编辑自己想要的图片。本章只介绍了基本知识和主要功能，其他知识需要读者多摸索和实践，这样就会发现它们还有很多奇妙的功能。

思考与练习

一、操作题

1. 使用 ACDSee 浏览计算机上的图片，查看图片的缩略图模式。使用 ACDSee 编辑一张图片，要求对图片进行 45º 旋转并保存。

2. 使用 ACDSee 把文件名后缀为.bmp 的图片转换为文件名后缀为.jpg 的图片。

3. 使用 SnagIt 创建一个输入为【屏幕】、输出为【文件】、效果为【阴影】、捕捉后显示预览窗口且捕捉快捷键为 F5 键的配置文件。

4. 使用 SnagIt 捕捉一段视频图像。

二、问答题

1. ACDSee 的主要功能有哪些？

2. 使用 SnagIt 可以进行哪些对象的捕捉？如何使用 SnagIt 进行图片的捕捉？

3. 怎样使用红蜻蜓为图片添加文字？

PART 5

项目五 文档翻译工具

随着计算机的广泛应用及网络时代的到来，大量的信息都以电子文件或文档的形式被传输和使用，因此掌握一些基本的文件文档处理工具已经成为现代办公、学习、经商等的最基本要求。本项目主要介绍一些常用的文件文档处理工具。在学习、工作中有很多人都离不开对英文资料的阅读和利用，人们不得不依赖一些翻译工具来提高自己的英语水平和了解外文资料的内容，金山词霸和灵格斯翻译家就是其中的佼佼者。

学习目标

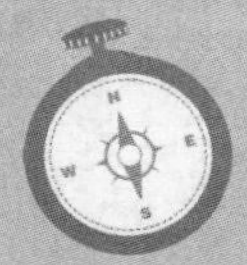

- 掌握压缩文件管理工具 WinRAR 的使用方法。
- 掌握 PDF 阅读工具 Adobe Reader 的使用方法。
- 掌握超星数字图书阅读器 SSReader 的使用方法。
- 掌握金山词霸 2012 的使用方法。
- 掌握灵格斯翻译家的使用方法。

任务一　掌握 WinRAR 的使用方法

WinRAR 是现在最流行的压缩工具之一，其界面友好，使用方便，压缩率大，压缩速度快。WinRAR 可以制作 RAR 和 ZIP 这两种压缩文件，其中 RAR 采用了比 ZIP 更先进的压缩算法，是目前压缩格式中压缩率较大、压缩速度较快的格式之一。WinRAR 还支持 ARJ、CAB、LZH、ACE、TAR、GZ、UUE、BZ2、JAR、ISO 类型的文件。WinRAR 的好处还在于压缩后数据量小，可以把大文件分割，节省磁盘空间，这样不但能保护文件，而且方便在 FTP 上传输，可以避免传染病毒。

（一）快速压缩文档

下面将介绍 WinRAR 中最基本的，也是最常用的一个功能——快速压缩，让读者掌握 WinRAR 使用的一般方法。

【操作思路】

- 选择要压缩的文档。

- 使用快速压缩的方式压缩文档。

【操作步骤】

STEP 1 确认在计算机上正确安装了 WinRAR 之后，用鼠标右键单击需要压缩的文件，在弹出的快捷菜单中选择【WinRAR】/【添加到“我的文档.rar”】命令，如图 5-1 所示。

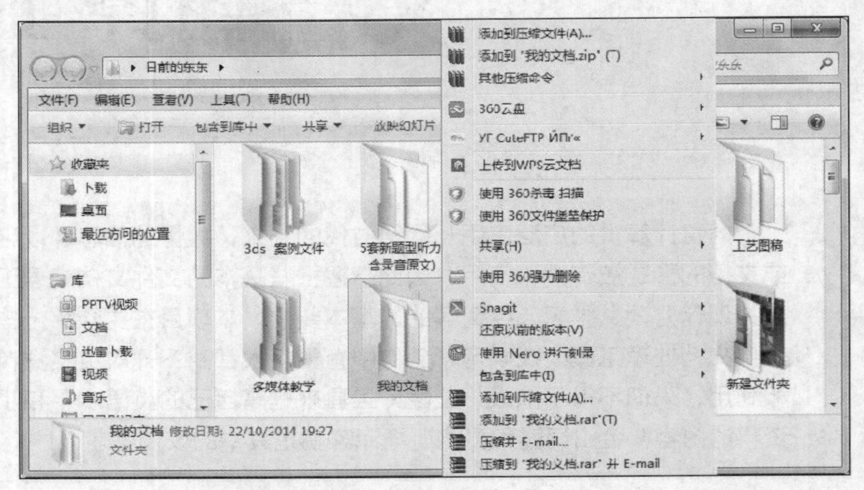

图5-1 选择压缩方式

STEP 2 软件开始压缩文件，并显示压缩进度，如图 5-2 所示。完成压缩后，将在当前目录下创建“我的文档.rar”文件，如图 5-3 所示。

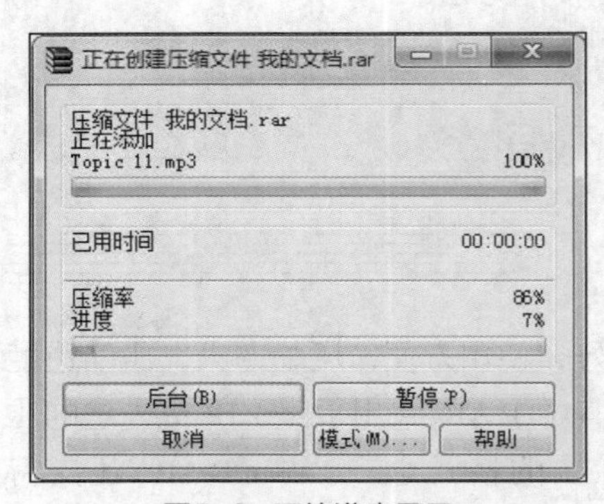

图5-2 压缩进度显示

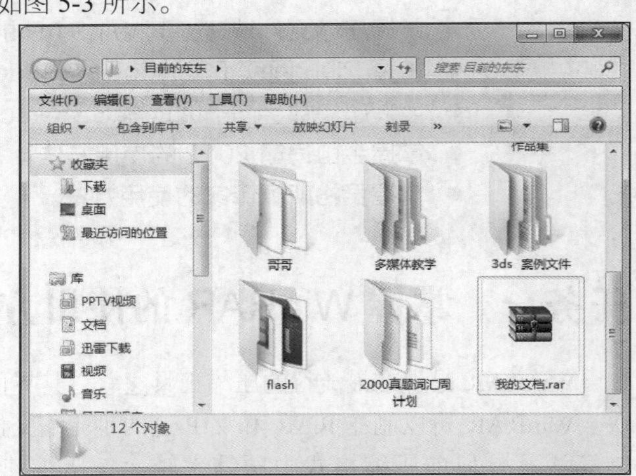

图5-3 新建压缩文件

（二）设置压缩密码

在当今社会，信息变得越来越重要，所以对信息的保密性要求也越来越高。使用 WinRAR 压缩时，可以通过设置密码来保护重要的文件，以防止信息被他人窃取。本节将介绍使用 WinRAR 设置压缩密码的方法。

【操作思路】

- 选择要压缩的文件。
- 设置压缩密码。
- 创建压缩文件。

【操作步骤】

STEP 1 用鼠标右键单击需要加密的文件，在弹出的快捷菜单中选择【WinRAR】/【添加到压缩文件】命令，如图 5-4 所示。

STEP 2 进入压缩参数设置界面，切换到【常规】选项卡，在其中进行加密设置，如图 5-5 所示。

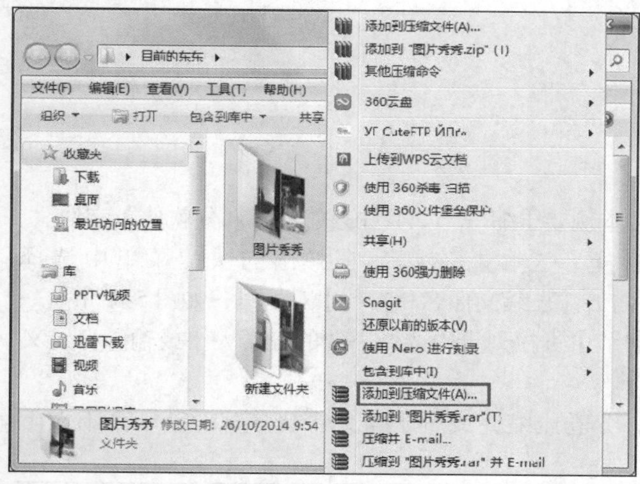

图5-4 启动压缩操作

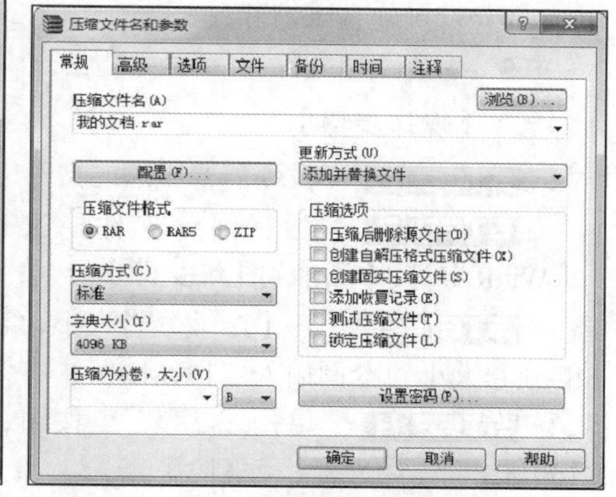

图5-5 压缩参数设置

知识提示

在压缩文件时，设置窗口中有一个【锁定压缩文件】复选框，一旦将其选中，生成后的压缩包将无法再修改，这对于备份重要数据很有用。

如果想要为自己的特殊文件或文件夹的名字添加颜色，可以用 WinRAR 加密操作中的功能让文件显示为绿色。

STEP 3 在【常规】选项卡中单击 设置密码(P)... 按钮，打开如图 5-6 所示的对话框，为压缩的文件设置密码。

STEP 4 完成设置后单击 确定 按钮，就会出现压缩进度对话框，压缩完成后将在当前目录中放置压缩文件，如图 5-7 所示。

图5-6 设置密码

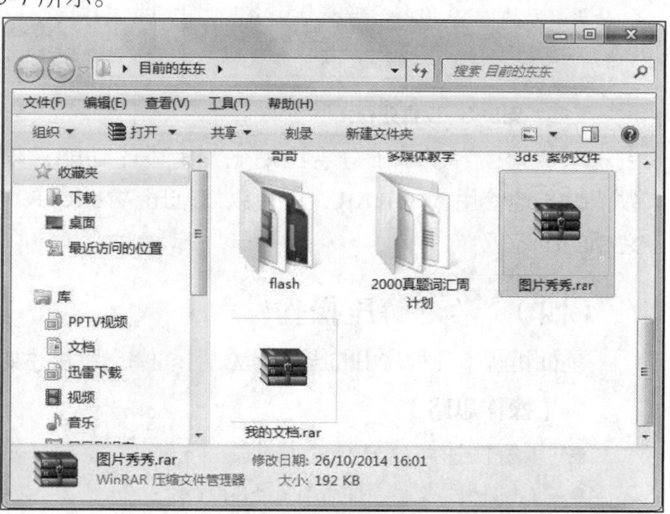

图5-7 新建压缩加密文件

（三） 制作分卷压缩包

随着计算机硬件的发展，信息量也随之庞大。很多时候，用户都会对一个大文件的传输、复制而发愁，而 WinRAR 提供的分卷压缩功能则很好地解决了这一难题。

下面将以分卷压缩一个大文件为例，对这一功能做较详尽的介绍。

【操作思路】

- 选择要分卷压缩的文件。
- 设置分卷压缩参数。
- 创建压缩文件。

【操作步骤】

STEP 1 找到需要压缩的文件，本例要压缩一个 2.41GB 的“D:\部分软件”文件。

STEP 2 在“部分软件”文件上单击鼠标右键，在弹出的快捷菜单中选择【WinRAR】/【添加到压缩文件】命令，打开【压缩文件名和参数】对话框，如图 5-8 所示。

STEP 3 在【压缩分卷大小，字节】下拉列表中选择需要的分卷大小或输入自定义的分卷大小。本例输入“100MB”。

STEP 4 单击 确定 按钮，分卷压缩完成后压缩文件被分解为若干个不大于 100MB 的压缩文件，如图 5-9 所示。

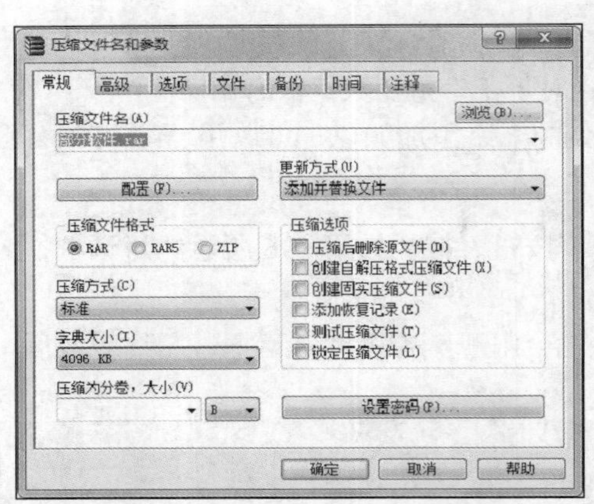

图5-8 设置分卷大小

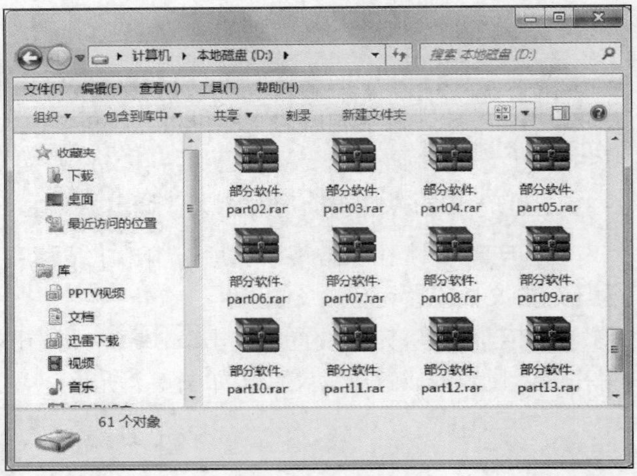

图5-9 压缩分卷文件

本节为读者展示了分卷压缩化整为零的功能，同时也说明只要细心地查看压缩设置参数，耐心地使用 WinRAR，就可以发掘出 WinRAR 全面而强大的功能，从而完成各种文件文档的压缩工作。

（四） 学习解压操作

前面讲解了几种常用的压缩方法，下面将继续讲述如何把压缩好的各种文件释放出来。

【操作思路】

- 了解快速解压文档的方法。
- 了解解压文件到指定路径的方法。
- 了解释放加密压缩文件的方法。

【操作步骤】

STEP 1 快速解压文档。

如果文件对解压没有特殊的要求，一般采用快速解压文档功能，此方法可将压缩文件释放到当前目录下，其操作如下。

（1） 在压缩文件上单击鼠标右键，在弹出的快捷菜单中选择【WinRAR】/【解压到当前文件夹】命令，如图 5-10 所示。

（2） 软件开始进行解压操作，并显示解压进度，完成后将在当前目录中放置解压文件，如图 5-11 所示。

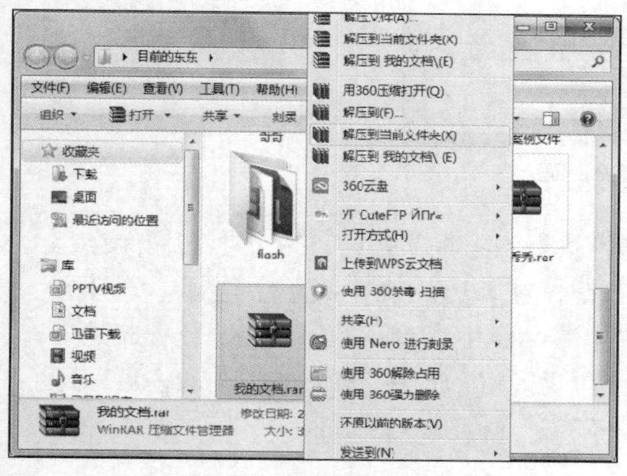

图5-10 选择解压方式 1

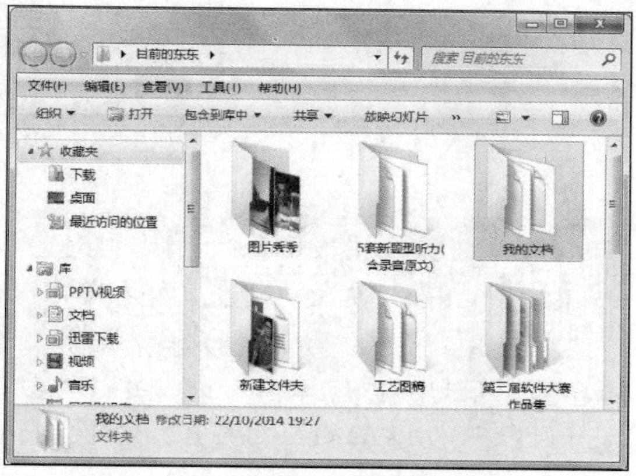

图5-11 新建解压文件

STEP 2 解压到指定路径。

一些用户需要将解压文件释放到指定路径下，可以通过如下方式进行解压。

（1） 在压缩文件上单击鼠标右键，在弹出的快捷菜单中选择【WinRAR】/【解压文件】命令，如图 5-12 所示。

（2） 弹出【解压路径和选项】对话框，如图 5-13 所示，在对话框右边的目录中选择路径（也可以自己设置路径）。设置完成后单击 确定 按钮，WinRAR 将压缩文件解压到指定位置。

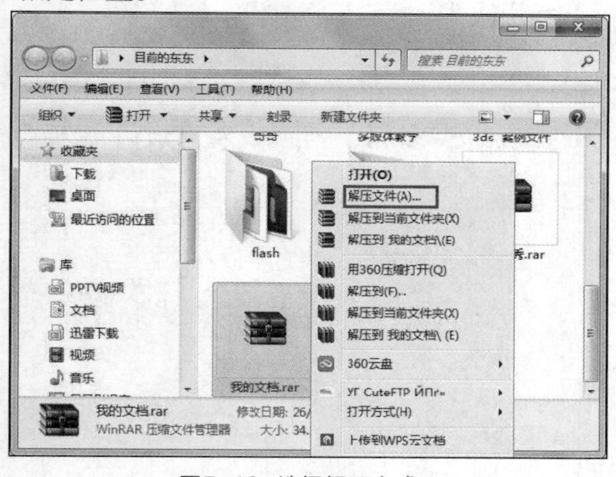

图5-12 选择解压方式 2

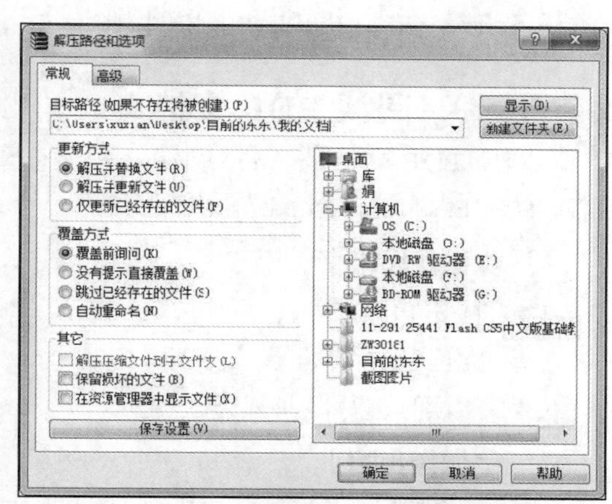

图5-13 【解压路径和选项】对话框

STEP 3 释放加密压缩文件。

如果压缩文件设置了密码，则在解压时需要先输入解压密码，才能继续进行解压操作。

在如图 5-14 所示的对话框中输入密码，单击 确定 按钮即可进行解压操作。

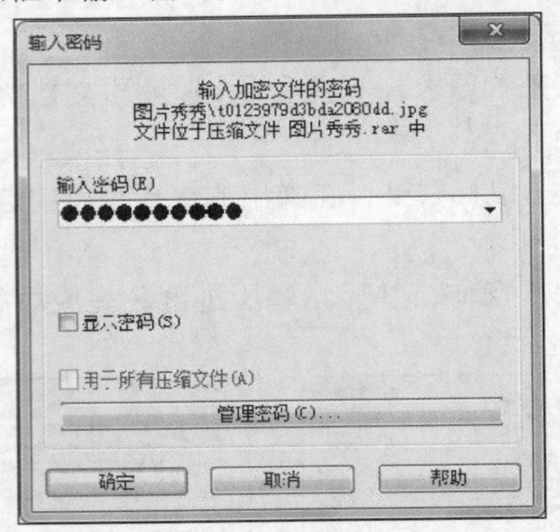

图5-14 输入密码

注意危险的自解压程序。收到可执行的附件文件时，应先把它们保存起来，然后试着在文件上单击鼠标右键，在弹出的快捷菜单中选择【打开方式】/ WinRAR 命令，如果菜单中的 WinRAR 命令可用，则表明此程序是一个自解压程序。此时可以把该文件的扩展名由 EXE 改为 RAR，双击后即可用 WinRAR 打开它，这样会安全许多。

任务二 掌握 Adobe Reader 的使用方法

便携式文档格式（Portable Document Format，PDF）是 Adobe 公司开发的一种电子文档格式，不依赖于硬件、操作系统和创建文档的应用程序，是 Internet 上进行电子文档发行和数字化信息传播的理想文档格式。Adobe Reader 是查看、阅读和打印 PDF 文件的免费工具，可以在硬盘、CD 和局域网中搜索用 Acrobat Catalog tool 创建了索引的多个 PDF 文件。本任务将以 Adobe Reader 11 为例为读者介绍这款实用软件。

（一） 阅读 PDF 文档

阅读 PDF 文档是 Adobe Reader 最基本，也是最常用的功能之一。下面将以打开本地磁盘中的“E:\外国著作.pdf”文件为例进行介绍。

【操作思路】

- 打开 PDF 文档。
- 阅读 PDF 文档。
- 阅读时进行各种操作。

【操作步骤】

STEP 1 从 Adobe Reader 中打开 PDF 文档。

（1） 启动 Adobe Reader 11，选择主界面菜单栏中的【文件】/【打开】命令，弹出【打开】对话框，找到要打开的“桌面\双离合器式自动变速器控制系统的关键技术”文件，如图 5-15 所示。

（2） 单击 打开(O) 按钮，打开 PDF 文档，如图 5-16 所示。

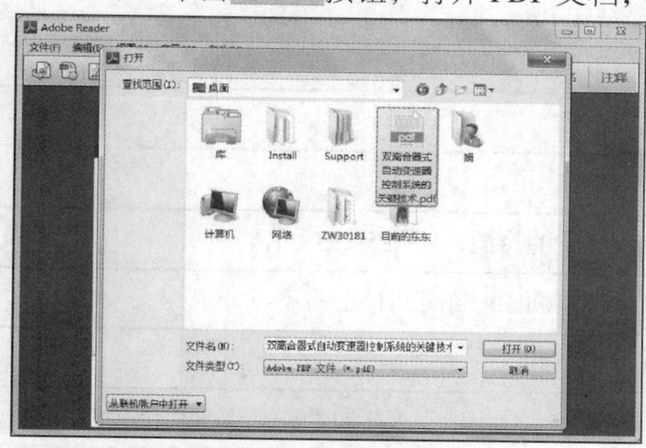

图5-15 【打开】对话框

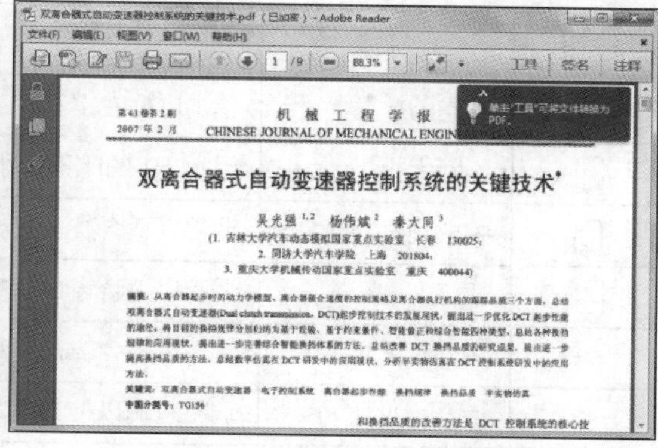

图5-16 打开 PDF 文档

STEP 2 从 Adobe Reader 外部打开 PDF 文档。

（1） 从电子邮件应用程序打开 PDF 附件：在绝大部分电子邮件中都可直接双击图标打开文档。

（2） 从文件系统中打开 PDF 文档：在文件系统中双击要打开的 PDF 文档图标。

STEP 3 阅读 PDF 文档。

在使用 Adobe Reader 阅读 PDF 文档时，可以对阅读方式进行各种设置，其操作如下。

（1） 单击和按钮，可以对图书进行翻页，也可以手动输入页码，跳转到对应页阅读图书，如图 5-17 所示。

（2） 单击【视图】中的【页面显示】命令，可以改变页面的显示方式阅读图书，如图 5-18 所示。

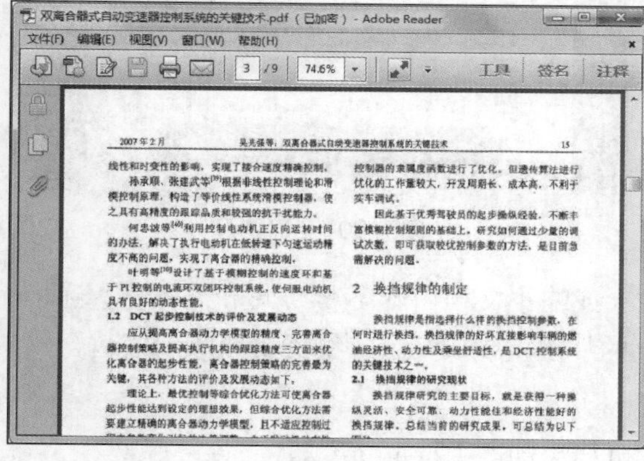

图5-17 上下翻页

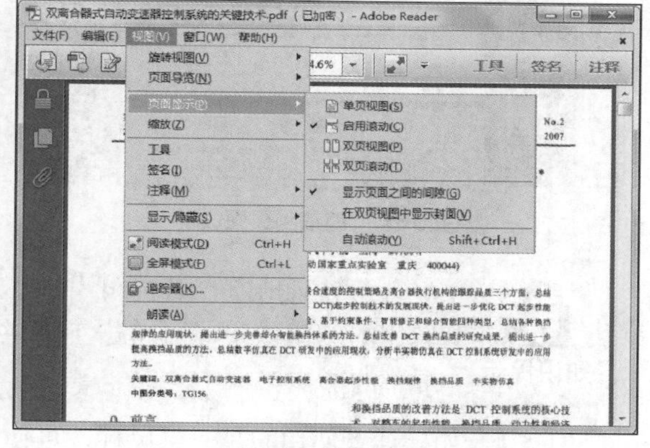

图5-18 页面显示

（3） 选择【视图】/【缩放】菜单命令，在弹出的子菜单中可以任意选择缩放方式阅读图书。常用工具的用法如表 5-1 所示。

表 5-1 常用缩放阅读方式的用法

按钮	名称	功能
——	缩放到	手动设置放大率值
	选框缩放	对鼠标框选部分进行放大

续　表

按钮	名称	功能
	动态缩放	单击鼠标左键移动进行缩放
	实际大小	显示 1:1 的比例大小
	缩放到页面级别	调整以适合整个文档窗格中的页面，如图 5-19 所示
	适合宽度	调整以适合窗口的宽度，页面的一部分可能会看不见
——	适合高度	调整以适合窗口的高度，页面的一部分可能会看不见
——	适合可见	调整页面以使其文本和图像适合窗口宽度，页面的一部分可能会看不见
	平移和缩放	拖曳【平移和缩放】窗口中外框的把手来更改文档放大率
	放大镜工具	拖曳或调整矩形大小来更改【放大镜】工具视图

（4） 为增大文档内容显示的窗口，在阅读文档时可以单击工具栏中的按钮全屏阅读图书，单击按钮可以退出全屏显示模式，也可以单击按钮，在弹出的下拉列表中选择【放大】或【缩小】文档内容。图 5-20 所示为全屏显示的效果。

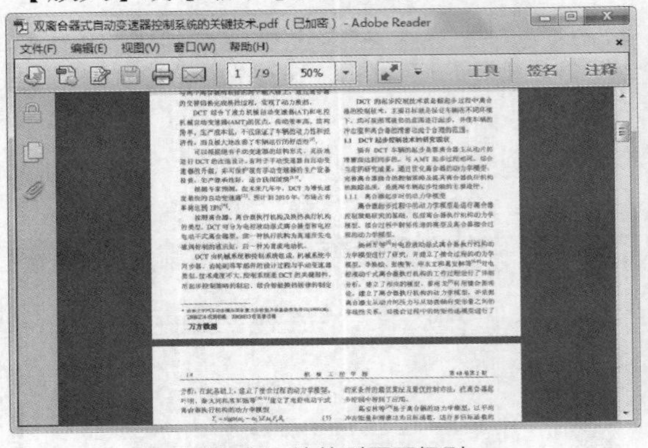

图5-19 缩放到页面级别

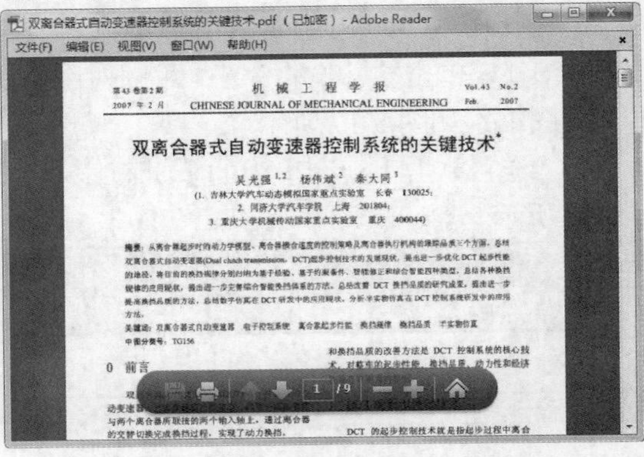

图5-20 全屏显示

知识提示

在对文档内容进行阅读时，放大或缩小文档内容不容易调节，若要达到最佳的阅读效果，可单击工具栏上的按钮或按钮，将页面调节到较适合屏幕的形式。

（5） 如果读者使用的是三键鼠标，可使用鼠标滚动键进行页面滚动。

（6） 单击工具栏上的按钮，打开【打印】对话框。设置打印机、打印范围、打印份数等选项后，单击 打印 按钮可打印文档。

（二） 选择和复制文档内容

在使用 Adobe Reader 阅读 PDF 文档时，可以选择和复制其中的文本和图片对象。下面将对这一功能进行讲解。

【操作思路】

- 打开 PDF 文档。
- 选择文档内容。

● 复制文档内容。

【操作步骤】

STEP 1 启动 Adobe Reader，打开 PDF 文档，然后在主页面上单击鼠标右键，打开如图 5-21 所示的快捷菜单，选择【选择工具】命令。在要选择内容的开始处按下鼠标左键不放，拖曳鼠标至内容的结束处释放鼠标左键，即选中要复制的内容，如图 5-22 所示。

STEP 2 在图 5-22 所示的被选中的文本上单击鼠标右键，在弹出的快捷菜单中选择【复制】命令，即可以复制选中的文本。

某些 PDF 文档是扫描的图片或设定了安全保护，其中的文本实际上是图片，因此不能对其进行选择和复制操作。

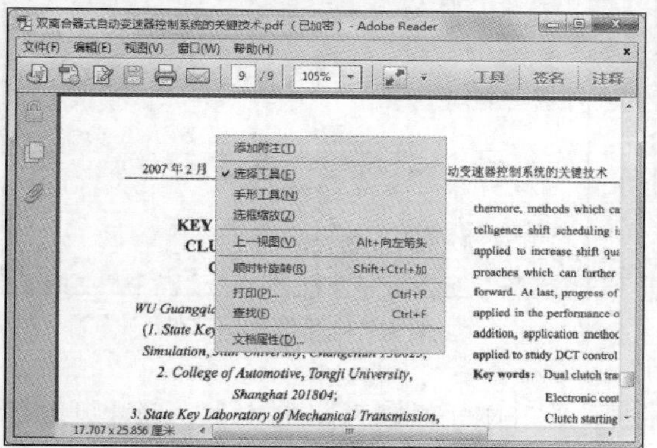

图5-21 快捷菜单

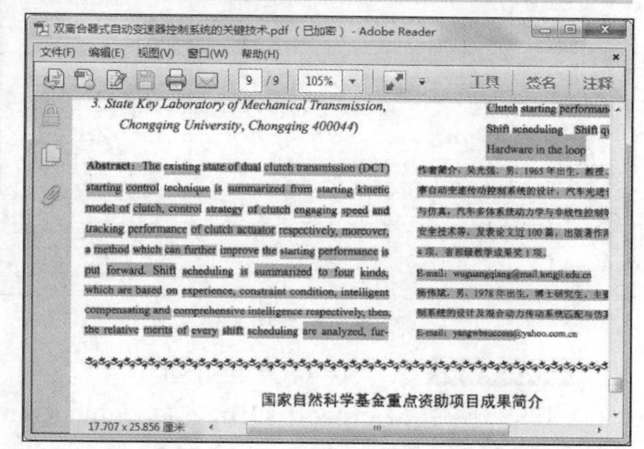

图5-22 选择要复制的内容

STEP 3 用同样的方法也可完成图片的复制，复制完成后即可在其他地方对文本或图片进行粘贴。

PDF 文档是纯粹的只读文件，也是一种复杂的文件格式，因此 Adobe Reader 提供的对 PDF 文档进行编辑的功能并不强大。

（三） 将 PDF 文档转换为 Word 文档

在实际应用中，常常需要将 PDF 文档转换为 Word 文档，以便于后期编辑和处理。下面介绍使用 Adobe Reader 并结合 Office 2003 中的 Microsoft Office Document Imaging 组件来实现这种转换的基本方法。

【操作思路】

● 生成虚拟打印文件。

● 使用虚拟打印文件生成 Word 文档。

【操作步骤】

STEP 1 生成虚拟打印文件。

（1） 使用 AdobeReader 打开待转换的 PDF 文件。

（2） 选择【文件】/【打印】命令，在打开的【打印】对话框中将【打印机】栏中的【名称】设置为“Microsoft Office Document Image Writer”，如图 5-23 所示。

（3） 确认后将该 PDF 文件输出为“.mdi”格式的虚拟打印文件，如图 5-24 所示。

如果在【名称】设置的下拉列表中没有找到“Microsoft Office Document Image Writer”选项，那是由于安装 Office 2003 的时候没有安装该组件，请使用 Office 2003 安装光盘中的“添加/删除组件”更新安装该组件。

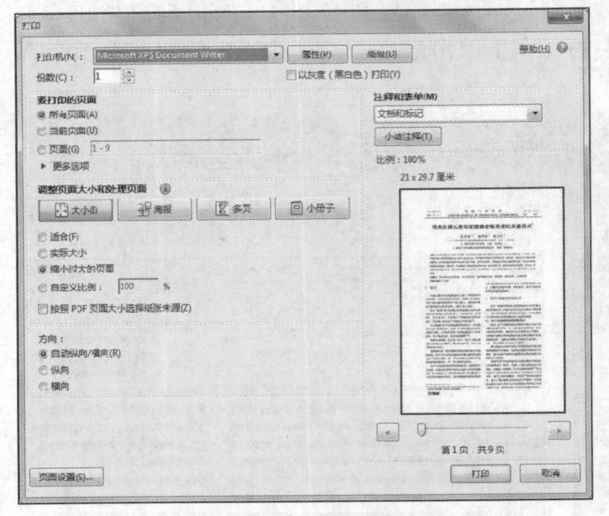

图5-23 打印设置

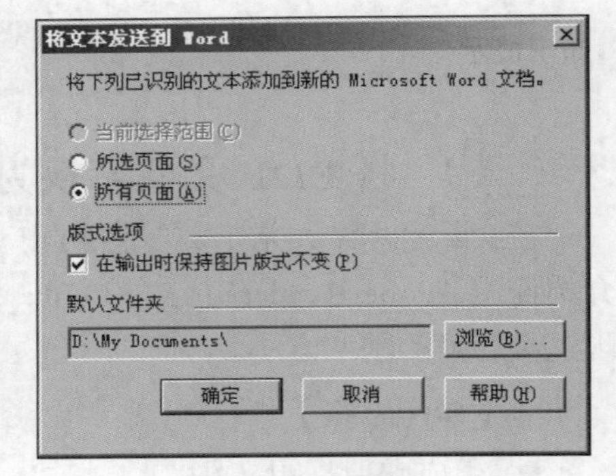

图5-24 创建.mdi 文件

STEP 2 转换为 Word 文件。

（1） 使用 Microsoft Office Document Imaging 打开刚才保存的 MDI 文件，通常只需要双击打开前面创建的“.mdi”文件即可，如图 5-25 所示。

（2） 选择【工具】/【将文本发送到 Word】命令，并在弹出的对话框中选中【在输出时保持图片版式不变】复选框，如图 5-26 所示。

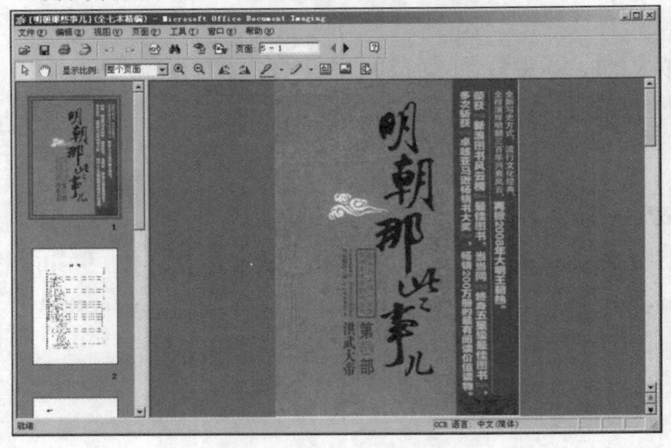

图5-25 打开.mdi 文件

图5-26 设置参数

（3） 系统提示“必须在执行此操作前重新运行 OCR。这可能需要一些时间”，单击 确定 按钮，经过一段时间即可创建 Word 文档。

目前，包括此工具在内的所有软件对 PDF 转换为 DOC 的识别率都不是特别完美，而且转换后会丢失原来的排版格式，所以大家在转换后还需要手工对其进行后期排版和校对工作。

任务三　掌握 SSReAder 的使用方法

当前全国各大图书馆都提供了海量的 PDG 格式的数字图书。作为获取信息的一个重要手段，使用超星阅览器 SSReader 阅读此类图书已成为当代人快速查找资料、获取信息的首选方式之一。超星图书阅览器是超星公司拥有自主知识产权的数字图书阅览器，是专门针对数字图书的阅览、下载、打印、版权保护和下载计费而研究开发的，可以阅读网上由全国各大图书馆提供的、总量超过 30 万册的 PDG 格式的数字图书，并可阅读其他多种格式的数字图书。经过多年的不断改进，SSReader 现已发展到 4.0 版本，下载量已经突破 1000 万次，是拥有国内外用户数量最多的专用图书阅览器之一。

（一）阅读网络数字图书

下面将介绍如何使用 SSReader 4.0 阅读网络数字图书《聊斋志异》。此操作对于 SSReader 的一般用户是非常有用的，也是 SSReader 的基本功能。

【操作思路】

- 下载和安装 SSReader 4.0。
- 运行 SSReader。
- 查找免费数字图书。
- 阅读数字图书。

【操作步骤】

STEP 1　下载和安装 SSReader 4.0。

（1）从 SSReader 公司的主页 http://www.ssreader.com 中下载 SSReader 4.0 的安装包。

（2）运行下载的 SSReader 4.0 安装程序，读者可使用默认安装设置即可。

STEP 2　启动 SSReader。

安装 SSReader 成功后，第一次运行 SSReader 时会弹出如图 5-27 所示的【用户登录】对话框。由于在本节中不需要注册便可使用，所以这里单击 取消 按钮。

STEP 3　认识主界面。

进入主程序后，阅览区会自动加载 SSReader 的主页，如图 5-28 所示。超星阅览器的主界面具有一般网络浏览器的功能，包括标题栏、菜单栏、工具栏、浏览区和窗口下部的任务栏。

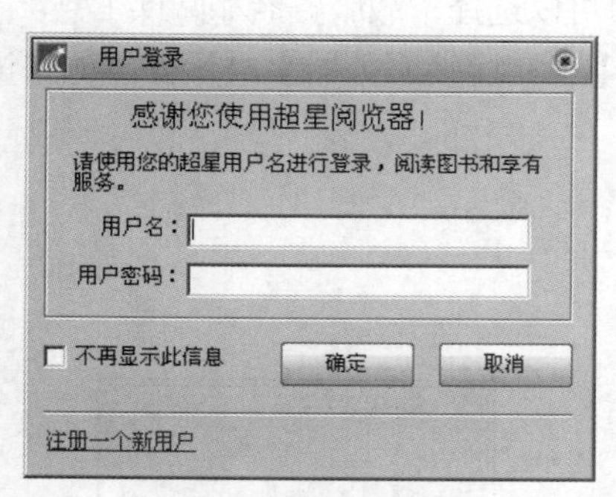

图5-27　用户登录界面

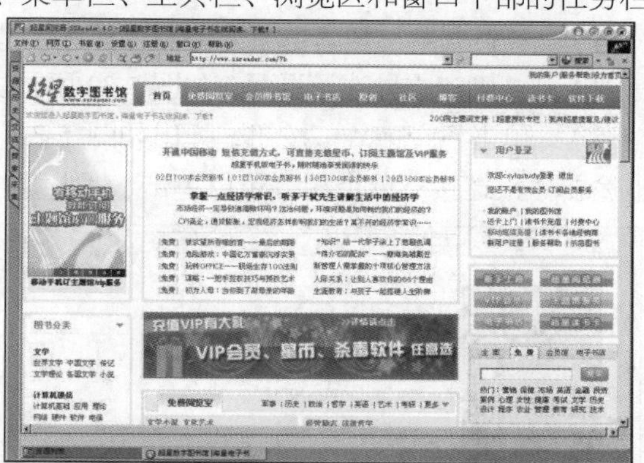

图5-28　SSReader 主界面

STEP 4　查找数字图书。

（1） 在 SSReader 的浏览区中选择【免费阅览室】选项卡，进入免费阅览室，如图 5-29 所示。

（2） 在【图书搜索】栏中，输入“聊斋志异”，并选择搜索类型为“免费图书”，如图 5-30 所示。

图5-29 进入免费阅览室

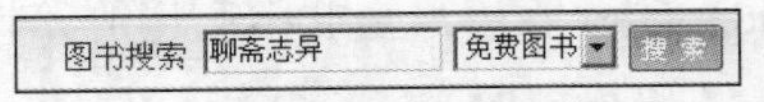

图5-30 设置搜索条件

（3） 单击搜索按钮开始搜索，完成搜索后，页面自动转至搜索结果页面，在这里可以看到搜索到的资源，如图 5-31 所示。

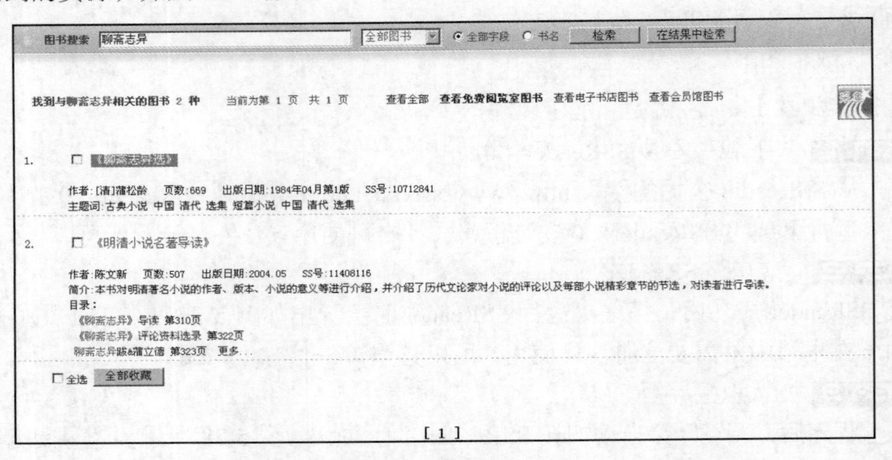

图5-31 搜索到的结果

（4） 经过判断，搜索结果《聊斋志异选》是要找的数字图书。单击《聊斋志异选》超链接，进入到《聊斋志异选》页面，如图 5-32 所示。在这里可以选择下载服务器和阅读工具。

（5） 单击阅览器阅读（电信）按钮，弹出如图 5-33 所示的【正在连接服务器】对话框。如果读者中途要停止连接下载资源，可以单击停止按钮。

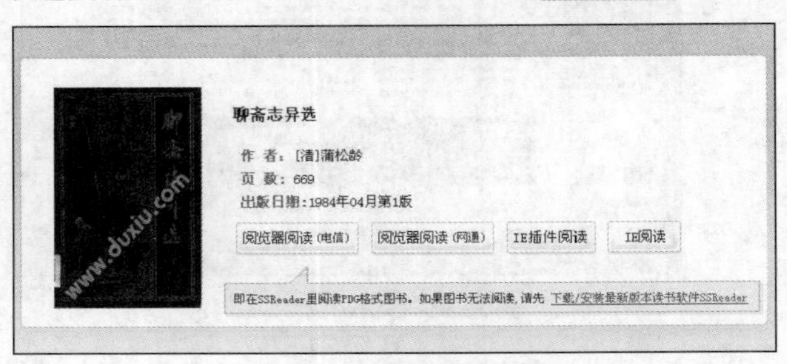

图5-32 选择阅读方式

图5-33 【正在连接服务器】对话框

（6）　连接服务器成功后，阅览器将自动把服务器端的数字图书下载到本地磁盘，并使用 SSReader 解析出来，成为读者可以阅读的数字图书，如图 5-34 所示。当前页面左边为图书的章节目录，右边为正文。

（7）　在阅读过程中，用户可以单击按钮隐藏或显示章节目录，也可以单击按钮和按钮实现上下翻页操作，还可以通过 ▾目录页 ◂1 ▸181% ▾1 输入框直接跳转到指定页和调整正文显示比例。

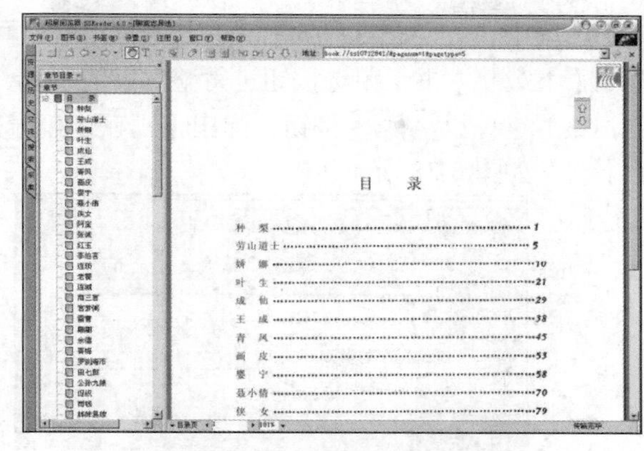

图5-34　用 SSReader 阅读图书

（二）　下载网络图书

在使用 SSReader 阅读网络数字图书的同时，用户也可以使用 SSReader 的下载功能，将网络数字图书下载到本地，并使用 SSReader 合理地管理下载的资料。这项功能对有的读者来说非常有用，下面将介绍这一功能。

【操作思路】

- 打开网络数字图书。
- 选择下载功能。
- 设置下载参数。

【操作步骤】

STEP 1　使用 SSReader 打开网络数字图书。

这里直接使用前一节中已经打开的网络数字图书进行介绍。

STEP 2　选择下载功能。

在正文上单击鼠标右键，在弹出的快捷菜单中选择【下载】命令，如图 5-35 所示。

STEP 3　设置下载参数。

（1）　选择【下载】命令之后，将打开【下载选项】对话框，如图 5-36 所示。

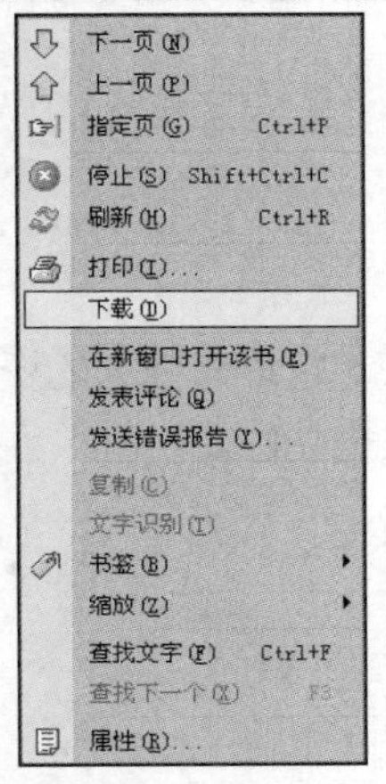

图5-35　选择【下载】命令

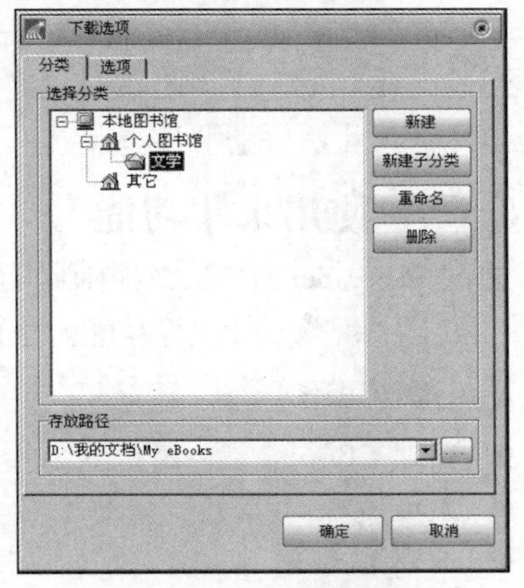

图5-36　【下载选项】对话框

（2） 在【下载选项】对话框的【分类】选项卡中可以保持默认设置，然后切换到【选项】选项卡，如图 5-37 所示。在此选项卡中，可以设置书名、下载页、使用代理等参数。选中【下载整本书】单选按钮进行整本书的下载，书名保持默认即可。

（3） 单击 确定 按钮，弹出【正在连接服务器】对话框，读者可单击 停止 按钮终止下载，如图 5-38 所示。

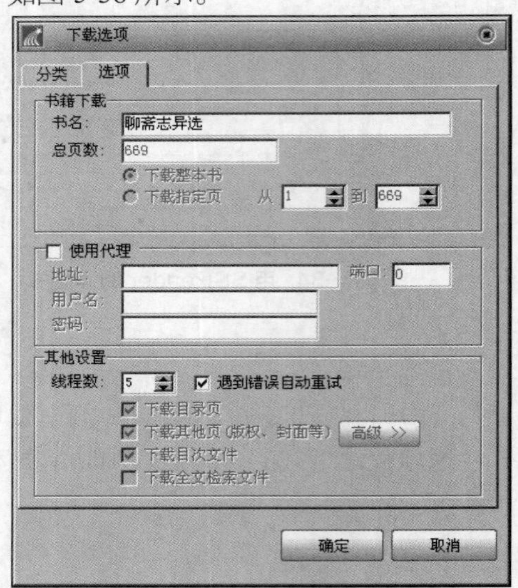

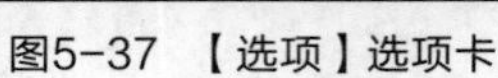
图5-37 【选项】选项卡

图5-38 【正在连接服务器】对话框

（4） 下载完成后，打开【资源】/【本地图书馆】/【个人图书馆】/【文学】目录，就可在 SSReader 窗口右侧找到刚才下载的《聊斋志异选》的相关信息，如图 5-39 所示。

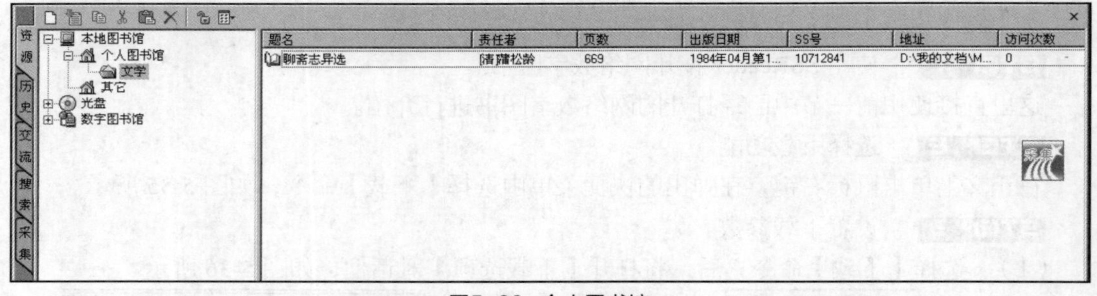

图5-39 个人图书馆

通过上述介绍，读者是否对建立一个属于自己的数字图书馆有了极大的兴趣和信心呢？那还等什么，开始行动吧！

（三） 使用采集功能

通过 SSReader 还可以编辑制作超星 PDG 格式的 EBook，它具有强大的资料采集、文件整理、加工、编辑、打包等功能。下面将讲述 SSReader 的采集功能。

【操作思路】

- 新建 EBook。
- 采集资源。
- 编辑 Ebook。
- 保存 Ebook。

【操作步骤】

STEP 1 新建 EBook。

启动 SSReader，在菜单栏中选择【文件】/【新建】/【EBook】命令，如图 5-40 所示。

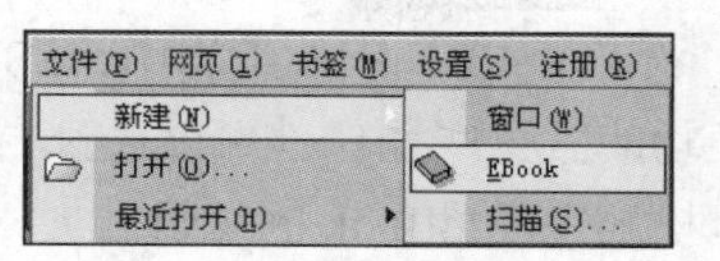

图5-40 新建 EBook

STEP 2 采集资源。

（1） 认识采集方式。

- 把所需的文件，如 Web 文件（.html、.htm）、Word 文件（.doc）、纯文本文件（.txt）、图片文件（.jpg、.gif、.bmp）等拖入到图标中，拖入的文件会自动插入到采集窗口的当前页中。
- 在阅读数字图书时，可以通过快捷菜单的【导入】命令将所需的资料导入到采集窗口中。
- 当浏览网页时，也可以在 IE 窗口中通过鼠标右键操作将所需的资料导入到采集窗口中，如图 5-41 所示。
- 通过采集提供的插入文件、插入图片等功能来进行资料采集与整理。

（2） 使用采集功能。

① 打开网址“http://www.ssreader.com”，在网页页面上选择所需的文字和图片，然后在选中的内容上单击鼠标右键，在弹出的快捷菜单中选择【导出选中部分到超星阅览器】命令，如图 5-42 所示。

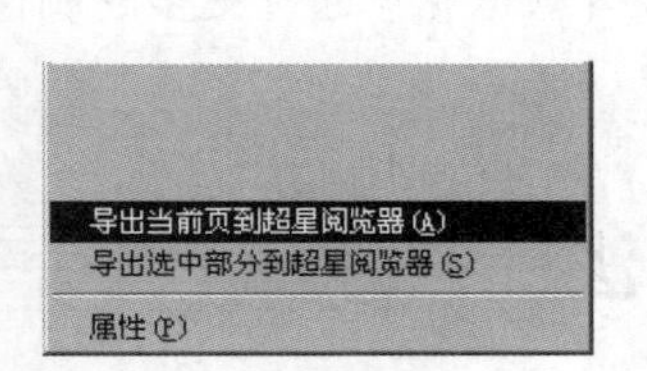

图5-41 IE 右键导入

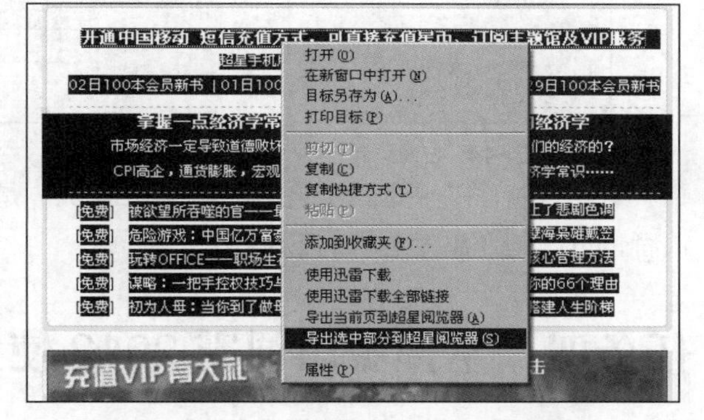

图5-42 选择【导出选中部分到超星阅览器】命令

② 这样就可以把选择部分导入到新建的 EBook 当中，并在 SSReader 的阅览区中看到刚才导入的内容，如图 5-43 所示。

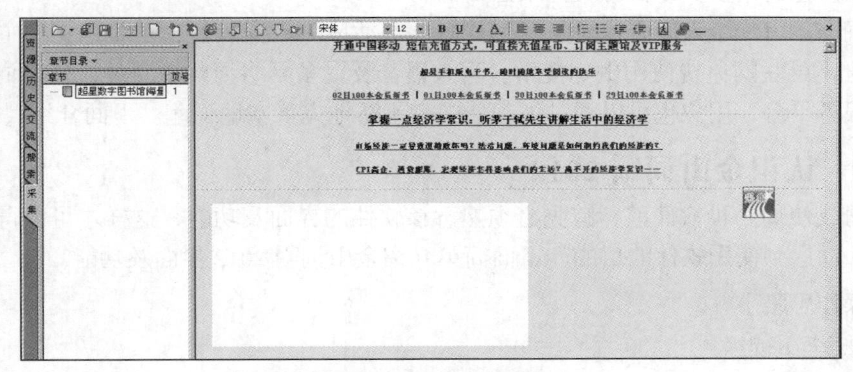

图5-43 阅览区中的内容

STEP 3 编辑 EBook。

在 EBook 的编辑中，SSReader 提供了文件的复制、粘贴、删除，页面的增加、插入等功能。这些操作都可以通过右键菜单来实现，如图 5-44 所示。通过这些功能，用户可以轻松地完成 EBook 的编辑。

STEP 4 保存 EBook。

编辑完成后，单击按钮，打开【保存设置】对话框，输入要保存的文件名，如图 5-45 所示。设置完成后，单击 保存(S) 按钮就可以将编辑好的文件制作成超星 EBook 了。

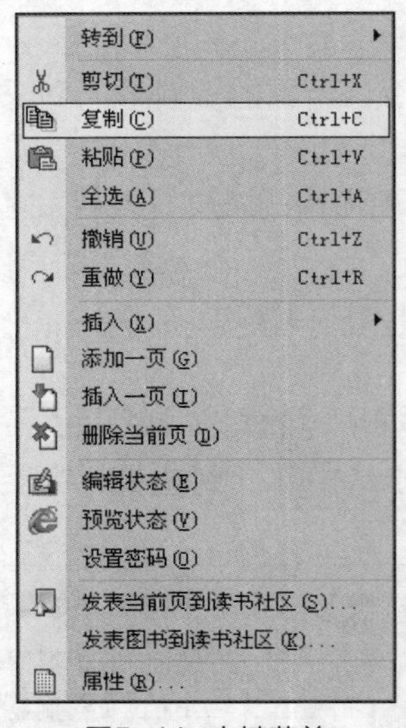

图5-44 右键菜单

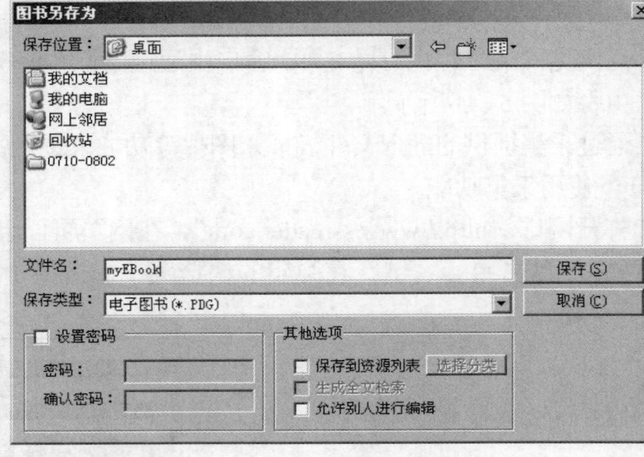

图5-45 保存设置

至此就制作了一本属于自己的超星 EBook。是不是很有意思呢？通过更多的制作练习，读者也可以制作出专业级的 EBook 作品。

任务四 掌握金山词霸 2012 使用方法

金山词霸是金山公司开发出来的一款用于英语学习的翻译工具，是一款多功能的电子词典类工具软件，可以即指即译，能快速、准确、详细地查词。金山词霸发行至今的版本已经有很多，用户也非常多，本任务将介绍金山词霸 2012 版。

金山词霸 2012 个人版强化了互联网的轻巧灵活应用，安装包含了金山词霸主程序及两本常用词典，可联网免费使用例句搜索、真人语音及更多网络词典。同时，金山词霸提供了网络词典服务平台，用户也可以通过下载新内容不断地完善本地词库。下面介绍其用法。

（一） 认识金山词霸 2012

在学习或使用一种软件前，首先必须熟悉该软件的界面及功能，这样才可以得心应手地去操作它，以达到使用软件的目的。下面简单介绍金山词霸 2012 界面及功能。

【操作思路】

- 启动金山词霸。
- 了解软件界面及功能。

【操作步骤】

STEP 1 启动金山词霸。

启动金山词霸 2012，进入金山词霸 2012 个人版主界面，如图 5-46 所示。

STEP 2 了解软件的基本界面和功能。

（1） 软件主界面分为主功能选项卡切换区、搜索输入操作区、辅助侧栏和主体内容显示区 4 个部分，如图 5-47 所示。

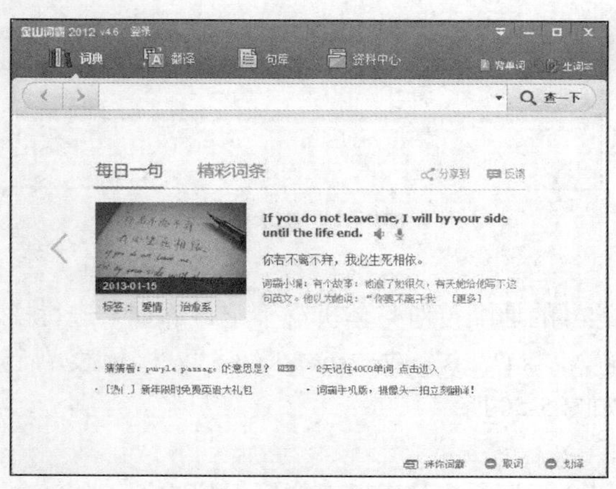

图5-46 金山词霸主界面

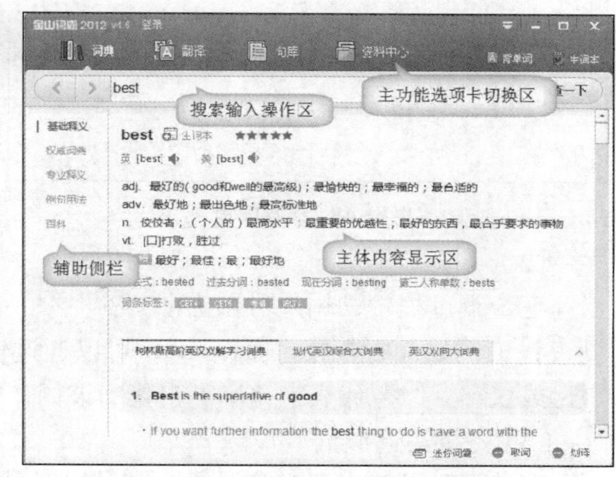

图5-47 软件主界面组成部分

（2） 在搜索输入操作区内输入待查询的单词，单击 查一下 按钮，便会在主体内容显示区内显示查询结果。

（二） 了解词典的功能

本节主要介绍金山词霸 2012 个人版最核心的功能——查词功能，它具有智能索引、查词条、查词组、模糊查词、变形识别、拼写近似词、相关词扩展、全文检索等各项应用。

【操作思路】

- 词典应用。
- 取词应用。
- 语音应用。
- 翻译应用。
- 句库应用。

【步骤解释】

STEP 1 词典应用。

（1） 基本查找。

金山词霸 词典 搜索能跟随用户的查词输入，同步在金山词霸词典中搜寻最匹配的词条，辅以简明解释，帮助用户最快地找到想要的查词输入，自动补全。它还会根据用户的输入词自动寻找含这个词的词组或短语，如图 5-48 所示。

在查词过程中，金山词霸会自动寻找同义词、反义词、其他扩展词，支持链接跳查，如图 5-49 所示。

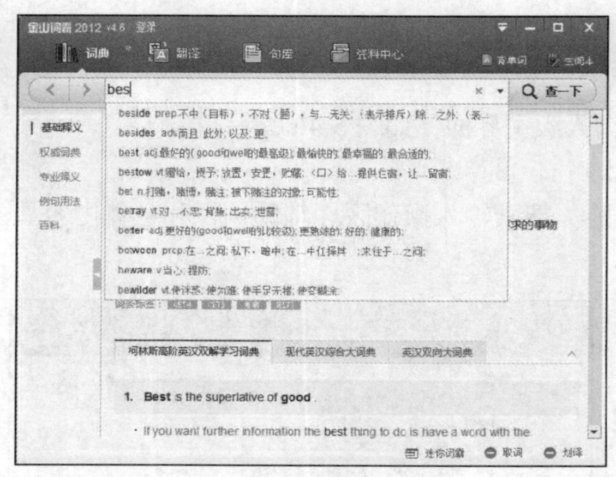

图5-48　基本搜索

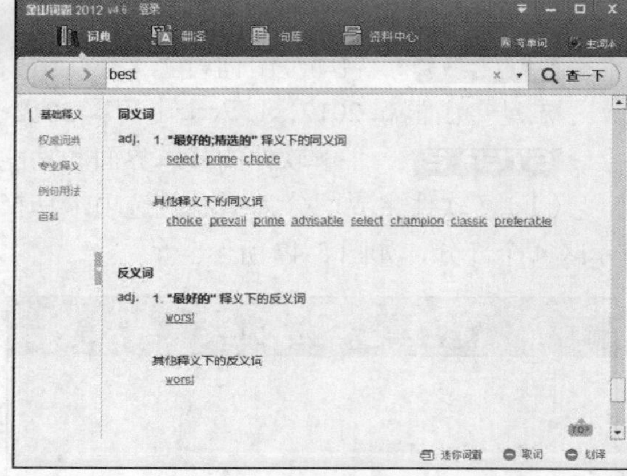

图5-49　基本查找

（2）　模糊查找。

在查词过程中，用户可以借助“？”“*”这样的通配符对具体拼写不记得的词条进行模糊查找。例如，要查找“success”，可以通过输入“su??ess”或“suc*ss”（“？”代表单个字母或汉字，“*”代表字符串）查找到该词，如图 5-50 所示。

（3）　拼写近似词。

查单词时可能出现拼写混淆、错误的情况，金山词霸会列出所有拼写近似的词，如输入“ditt”，金山词霸会同步找到与此近似的所有拼写，如图 5-51 所示。

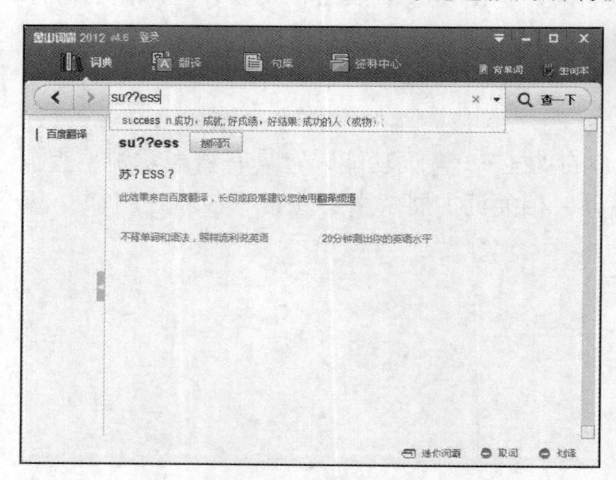

图5-50　模糊查找

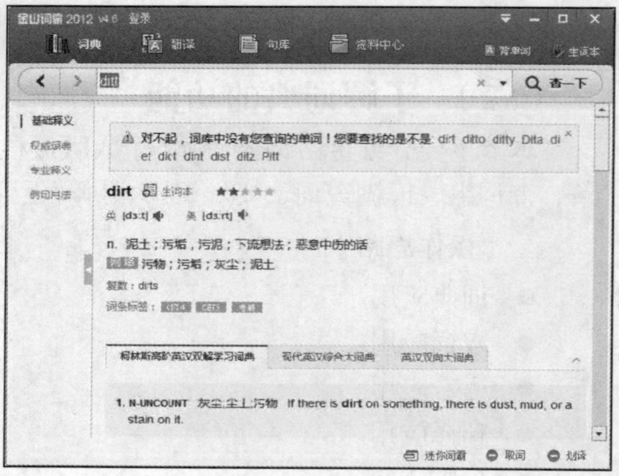

图5-51　拼写近似词

STEP 2　取词应用。

（1）　取词开关。

通过单击界面右下方的 取词 按钮即可开启或关闭屏幕取词功能，如图 5-52 所示。

（2）　取词模式。

在主功能选项卡切换区右侧单击按钮，打开下拉菜单，选择【设置/功能设置】命令，打开对话框，选择取词划译选项即可设置取词方式等参数，如图 5-53 所示。

图5-52 屏幕取词开关

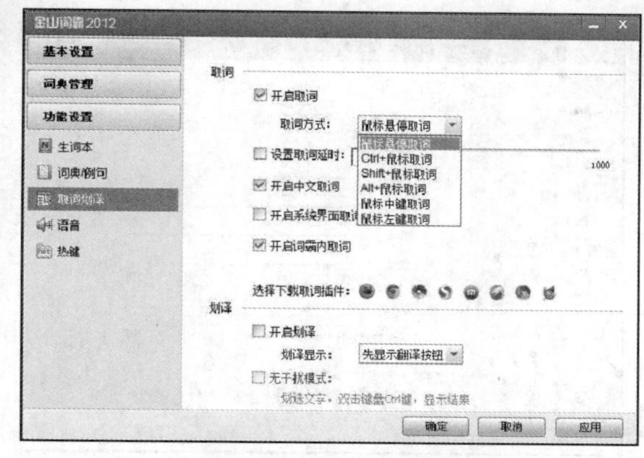

图5-53 更改取词模式

（3） 屏幕取词。

当有陌生的字词时，开启屏幕取词功能可以快速、准确地显示译义，能自动识别单词的单复数、时态及大小写，如“dictionaries”会给出“dictionary”，“is”会给出“be”，如图 5-54 所示。除此之外，它还能自助识别词组中的人称代词、时态动词等，模糊匹配合适的解释，如“do my best”会识别为“do one's best”，如图 5-55 所示。

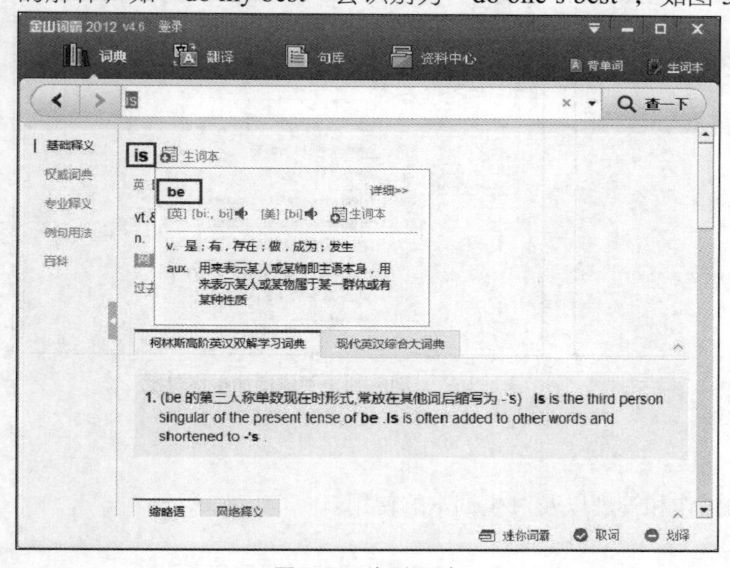

图5-54 变形识别

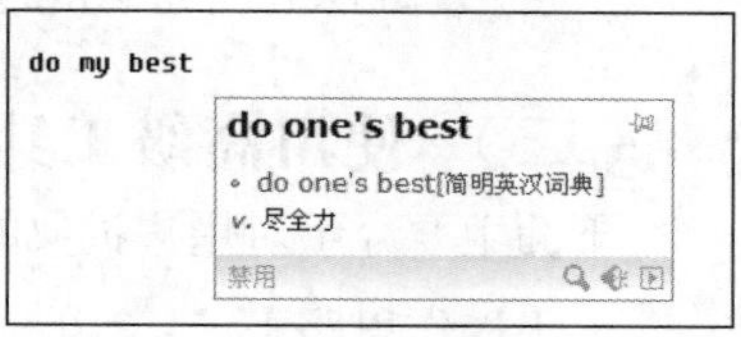

do my best

do one's best

do one's best[简明英汉词典]

v. 尽全力

禁用

图5-55 匹配词组

STEP 3 语音应用。

- 要对某词或句进行朗读，可以在查词、查句结果页中单击🔈按钮。
- 在查询结果页中选中需要朗读的部分，单击鼠标右键，选择【朗读】命令。
- 在主功能选项卡切换区右侧单击▼按钮，打开下拉菜单，选择【设置/功能设置】命令，打开对话框，选择“语音”选项，即可朗读语句，如图 5-56 所示。

STEP 4 查句应用。

（1） 单击主功能选项卡切换区上的“翻译”按钮，然后直接输入完整的句子，如直接输入“我今天不打算去逛街”，查句结果如图 5-57 所示。

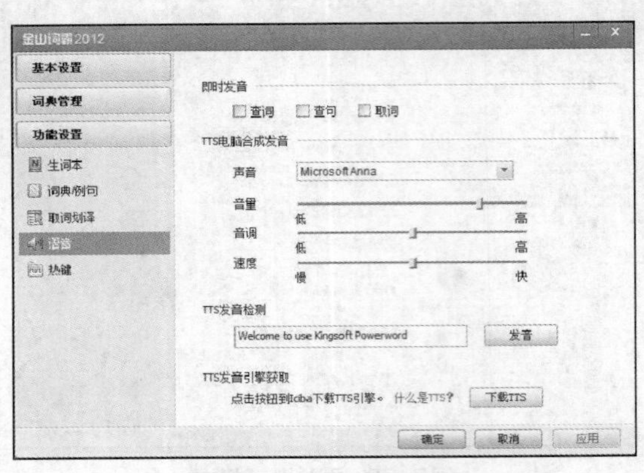

图5-56 语音设置

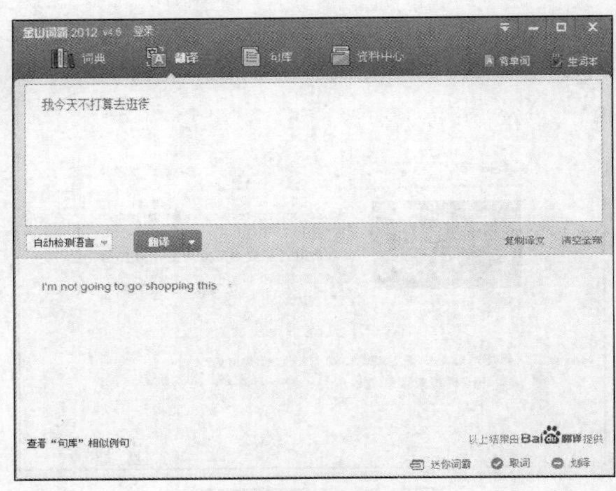

图5-57 【翻译】搜索

（2） 句库搜索同样能跟随查句输入，给出相符的单词、短语、例句搭配，如图 5-58 所示。

（3） 对不确定的句子表达，可以输入关键词加空格进行查找，如图 5-59 所示。

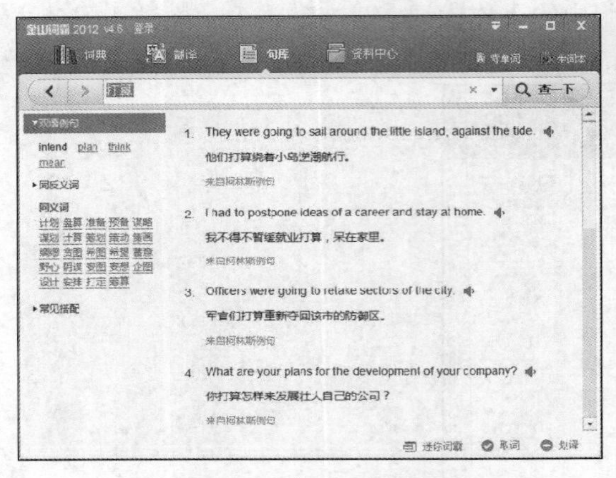

图5-58 【句库】搜索

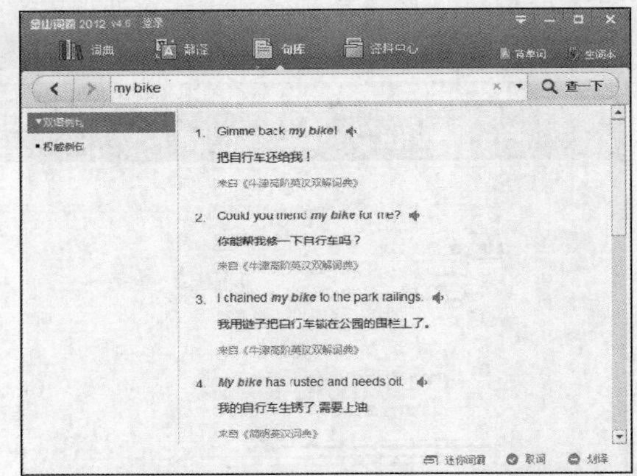

图5-59 关键词加空格查找

（三） 使用高级工具

下面主要介绍对用户词典的操作和管理以及对生词本的使用。

【操作思路】

- 使用生词本。
- 背单词。

【操作步骤】

STEP 1 使用生词本。

生词本是一款帮助用户记忆生词的工具，用户将不认识的单词加入到生词本中，并能进行一系列的记忆测试，以帮助用户记忆生词。

（1） 浏览生词本。

单击界面右上方的生词本按钮，打开【生词本】窗口，单击添加按钮，打开【添加单词】对话框，输入生词以添加到生词本，如图 5-60 所示。

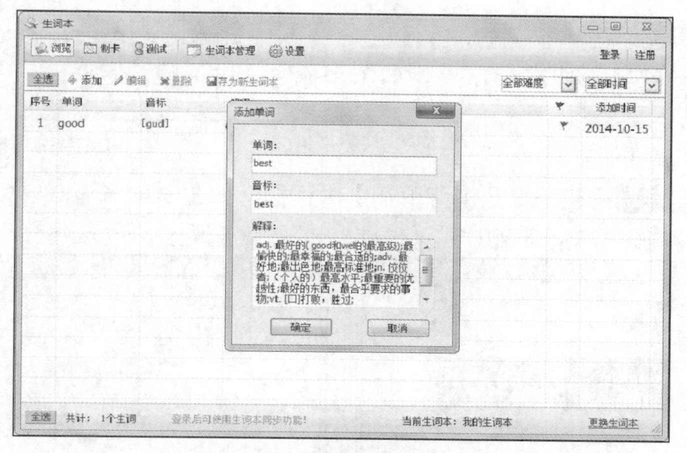

图5-60 添加生词到生词本

（2） 生词本制卡。

单击制卡按钮，进入制卡页面，在这里可以选择需要制卡的单词，同时也可以编辑卡片的样式，如图 5-61 所示。

图5-61 生词本制卡

（3） 生词测试。

单击测试按钮，可以就当前生词本中的生词进行测试，如图 5-62 所示。

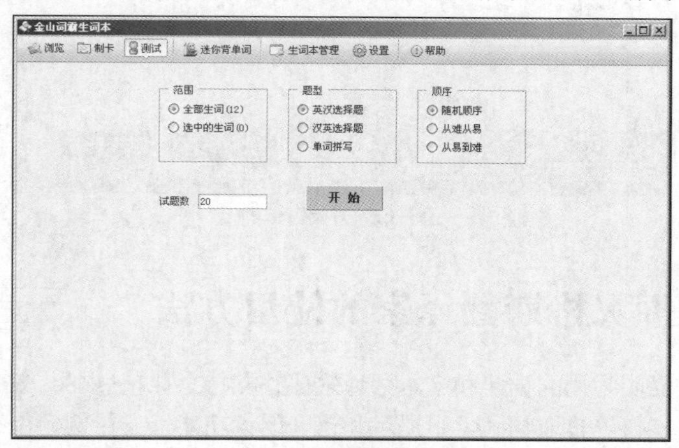

图5-62 生词测试

（4） 迷你词霸。

迷你词霸是一款单词搜索类工具，如图 5-63 所示。

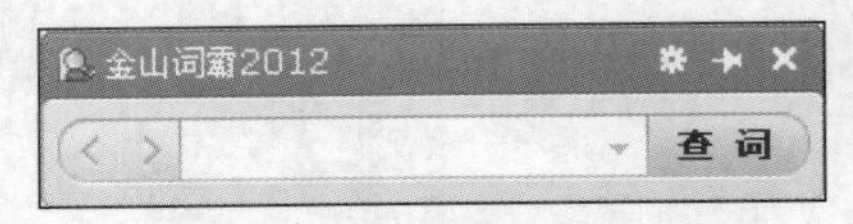

图5-63 迷你词霸

STEP 2 背单词。

（1） 单击 背单词 按钮，打开【背单词】对话框，如图 5-64 所示。

（2） 单击 注册 按钮，注册金山词霸账号，如图 5-65 所示。

图5-64 背单词

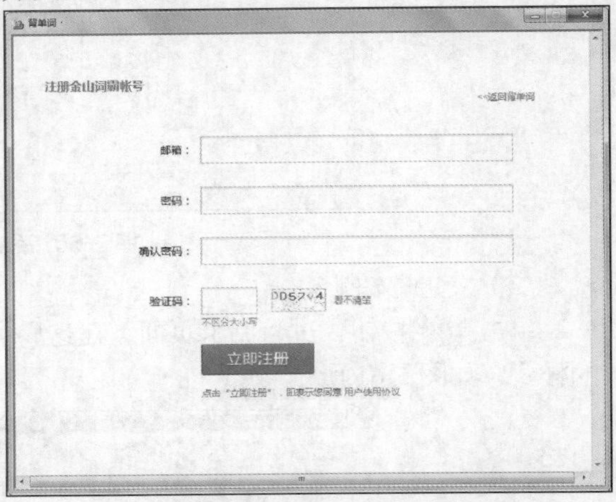

图5-65 注册金山词霸账号

（3） 登录账号，选择单词种类，进入单词学习对话框，单击听单词发音按钮🔈，单击 卡片学习 按钮可以换卡片的形式背单词，单击 马上测试▾ 按钮可以进行检测，如图 5-66 所示。

图5-66 开始背单词

任务五 掌握灵格斯翻译家的使用方法

灵格斯是一款简明易用的词典和文本翻译软件，支持全球超过 80 多个国家语言的词典查询和全文翻译，支持屏幕取词、索引提示和语音朗读功能，支持例句查询和网络释义，并提供海量词库免费下载，是新一代的词典与文本翻译专家。下面具体介绍其使用方法。

（一） 管理词典

灵格斯把词典分为词典安装列表、索引组和屏幕取词组 3 个部分，每个部分都相互独立。维科英汉词典和维科汉英词典是灵格斯的基本词典，查词、索引、取词都是基于这两个词典进行的。若要使用其他词典进行查词，则需要安装其他词典或连接 Internet 才能使用。

【操作思路】

- 词典安装列表管理。
- 索引组管理。
- 屏幕取词组管理。

【操作步骤】

STEP 1 单击按钮，选择【词典管理】命令，打开【词典管理】对话框。初始情况下，灵格斯已为用户预安装了 8 个词典，如图 5-67 所示。注意，互动百科、句酷双语例句、即时翻译、全文翻译这 4 个词典需要连接 Internet 才能使用。

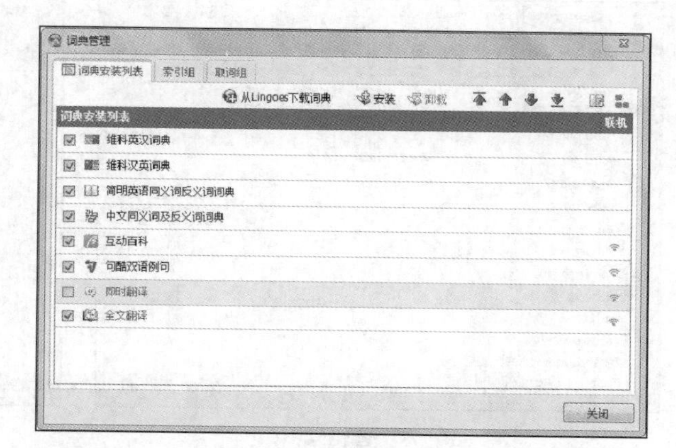

图5-67 词典安装列表

STEP 2 如果用户对查词有特殊要求，可以单击从Lingoes下载词典按钮，从灵格斯官方网站上下载需要的词典，单击安装按钮安装词典，安装过程如图 5-68 所示。

STEP 3 单击索引组按钮，打开索引组列表。索引组中的词典决定了查词索引时的广度。单击加入按钮即可向索引组中加入已安装的词典，如图 5-69 所示。

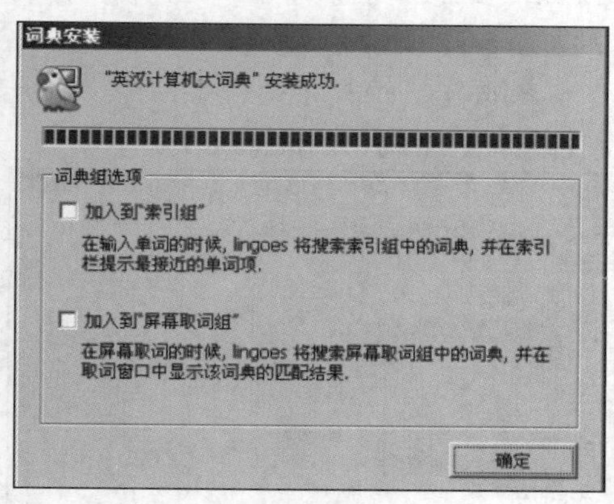

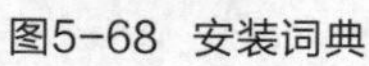

图5-68 安装词典

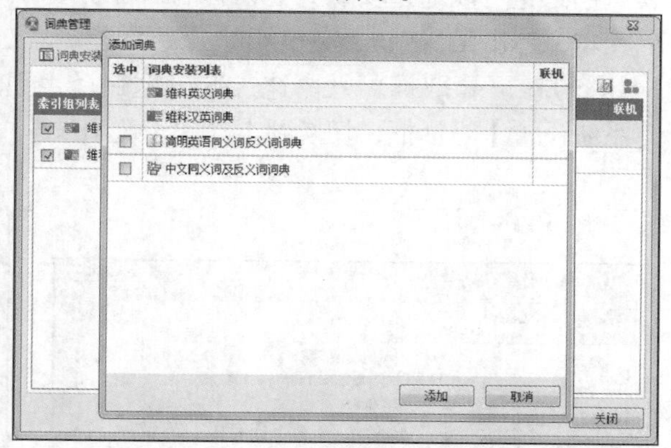

图5-69 添加索引词典

STEP 4 单击取词组按钮，打开屏幕取词组列表。屏幕取词组列表中的词典决定了鼠标取词的广度。屏幕取词组中的词典越多，越全，鼠标取词的范围就越广。

（二） 了解词典的功能

查词功能作为灵格斯最核心的功能，同样支持屏幕取词、智能索引、语音等操作，通过连接 Internet，还可以进行全文翻译。

【操作思路】

- 查词应用。
- 全文翻译。

【操作步骤】

STEP 1 查词应用。

（1） 在查询输入栏中输入要查找的单词，灵格斯会在左边索引栏中显示最匹配的单词，如图 5-70 所示。

（2） 输入完要查询的单词后，按键盘上的 Enter 键或单击按钮查询，查询结果如图 5-71 所示。若要查看单一词典结果，在左侧索引栏中选择相应的词典即可。

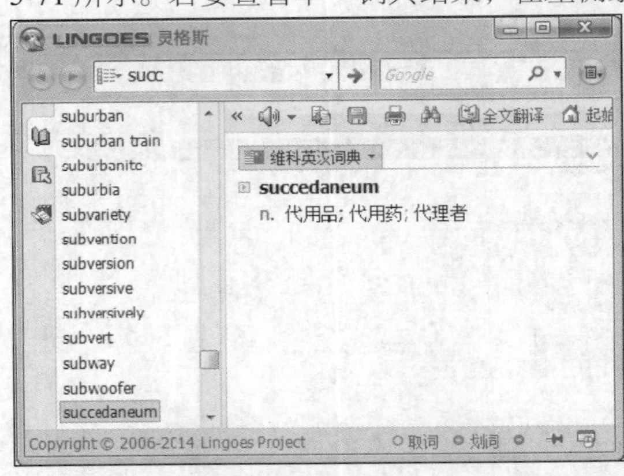

图5-70 智能索引

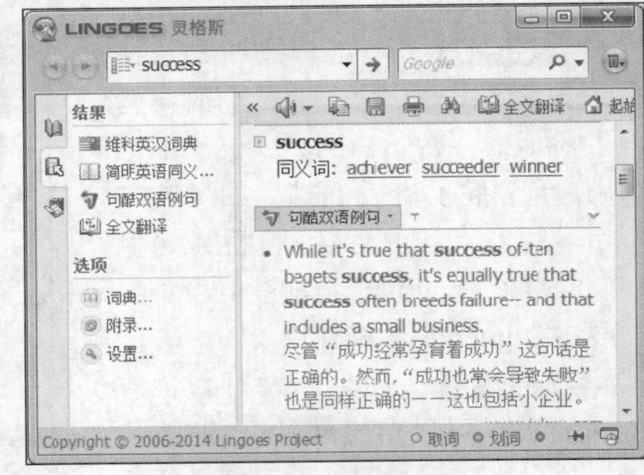

图5-71 查询结果

（3） 如果要找到该词语的更多解释，在右侧上方的文本框中输入内容，单击按钮便可在新的浏览器窗口中显示查询结果。

（4） 灵格斯利用操作系统附带的 TTS 语音引擎，可以听到英文单词、短语、句子的发音，用户也可以通过安装其他语种的语音引擎得到对应语种的文本朗读效果。选择需要发音的文本，单击按钮，灵格斯就会朗读选中的文本，如图 5-72 所示。

（5） 屏幕取词可以快速、准确地翻译生词。单击按钮，选择【设置】命令，打开【系统设置】对话框，切换到【翻译】选项卡即可设置鼠标取词模式，如图 5-73 所示。

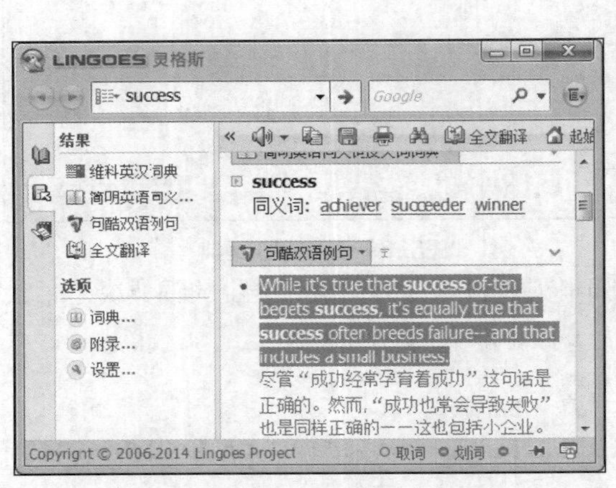

图5-72 语音应用

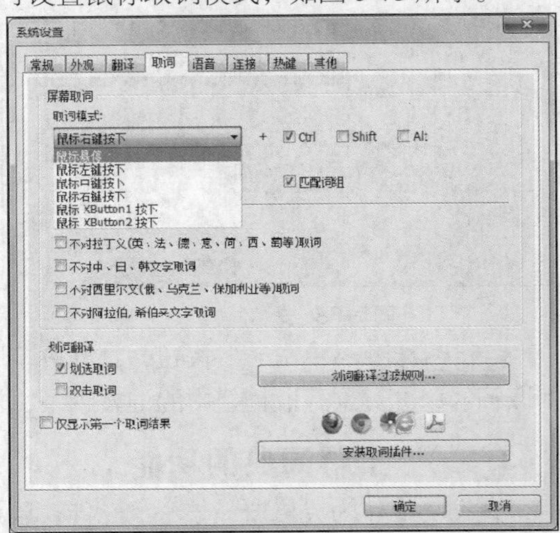

图5-73 设置鼠标取词模式

STEP 2 全文翻译（需要连接 Internet 使用）。

（1） 英译汉。

当有一段文章看不懂或有一段文章需要翻译时，全文翻译就是一个很有用的工具。单击全文翻译按钮，然后在【翻译】文本框中输入想要翻译的部分，选择从英语到中文翻译，如图 5-74 所示。

单击翻译按钮，文本框下方将自动显示翻译结果，如图 5-75 所示。

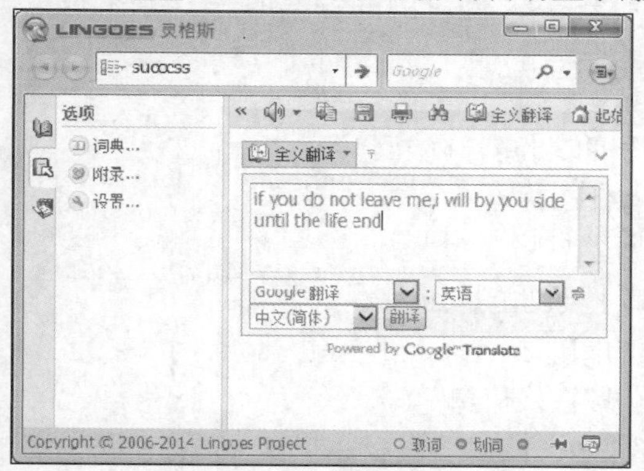

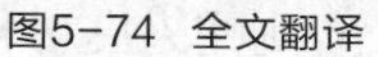

图5-74 全文翻译

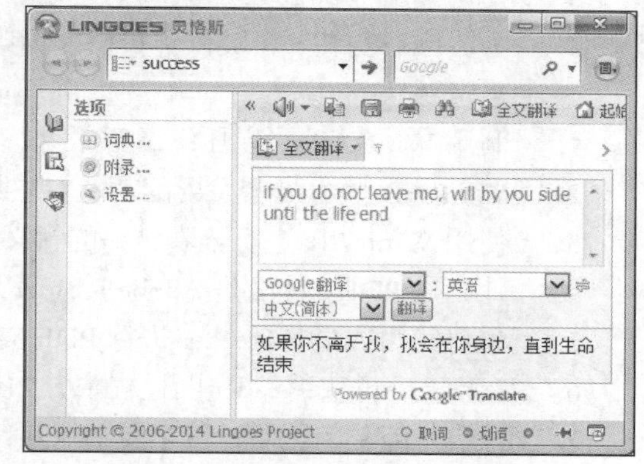

图5-75 翻译结果

（2） 汉译英。

单击全文翻译按钮，选择从中文到英语翻译，然后在翻译文本框中输入需要翻译的中文内容，单击翻译按钮进行翻译，文本框下方将自动显示翻译结果，如图 5-76 所示。

图5-76 汉译英操作

项目小结

本项目主要介绍几款当今流行的文件文档软件和翻译软件。其中，文件文档压缩管理软件 WinRAR、专业的 PDF 阅读器 Adobe Reader、超星阅览器 SSReader 都具有强大的功能，通过合理利用这 3 款文件文档软件，几乎可以应对所有关于文件文档管理、压缩、阅读以及制作方面的要求。这 3 款软件具有市场占有率大、用户反应好、版本更新快等特点，可以说是大家学习、工作的好帮手。金山词霸 2012 个人版是一个很好的英语学习工具，而灵格斯翻译家则是一个很优秀的外语工具，它不仅支持英汉互译，还支持其他语言和中文互译。灵格斯翻译家主要通过词典来支持翻译和索引，用户可以从网上下载更多词典来丰富灵格斯翻译家。

思考与练习

一、**操作题**

1. 使用 WinRAR 对一个文件加密压缩，然后将其通过电子邮件发送给你的好友。
2. 使用金山词霸 2012 个人版新建一个用户词典，并了解用户词典的其他功能。
3. 使用金山词霸 2012 个人版新建一个生词本，加入生词并掌握生词。
4. 为灵格斯安装一个英汉计算机大词典。

二、**思考题**

1. 利用 WinRAR 可以压缩、解压哪些类型的文件？
2. WinRAR 具有哪些主要的功能？它具有什么优点？
3. 使用 WinRAR 进行分卷压缩的意义是什么？
4. 什么是 PDF？什么是 Adobe Reader？其主要功能是什么？
5. 如何使用 Adobe Reader 进行 PDF 文档的阅读？
6. 在使用 Adobe Reader 的过程中，如何获取在线信息？
7. 什么是超星阅览器？其主要功能是什么？
8. 如何使用超星阅览器进行电子图书的阅读和下载？怎样利用采集功能进行资源的管理？
9. Adobe Reader 和 SSReader 各自的优势是什么？

PART 6 项目六 高级图像工具

随着数码相机深入用户家庭，图形和图像的编辑也成为人们日常生活中的一项重要技能。因此我们可以使用光影魔术手等实用工具来编辑和美化我们的数码照片，还能够使用 GIF 动画制作工具来制作一个小巧的 GIF 图片。

学习目标

- 掌握光影魔术手的使用方法。
- 掌握 Ulead GIF Animator 的使用方法。

任务一　使用实用图像处理工具—— 光影魔术手

光影魔术手是一款改善图片画质以及个性化处理图片的软件，除了图像的基本处理功能外，还可以制作精美相框、艺术照、专业胶片等效果，让每一位用户都能快速制作出漂亮的图片效果。本节将以光影魔术手 4.4.0 版本为例进行详细介绍。

（一） 掌握基本的图像调整功能

光影魔术手也具有基本的图像调整功能，如自由旋转、缩放、裁剪、模糊与锐化、反色、变形校正等。本例将以对一张图片进行剪辑为例，让用户初步了解光影魔术手的基本的图像调整功能，编辑前后的效果如图 6-1 所示。

编辑前

编辑后

图6-1　编辑图像前后的效果

【操作思路】

- 打开图片文件。
- 裁剪并保存图片。
- 旋转图片。
- 为图片添加边框。
- 制作拼图。

【操作步骤】

STEP 1 打开要处理的图片。

（1） 启动光影魔术手 4.4.0 版，进入其操作界面，如图 6-2 所示。

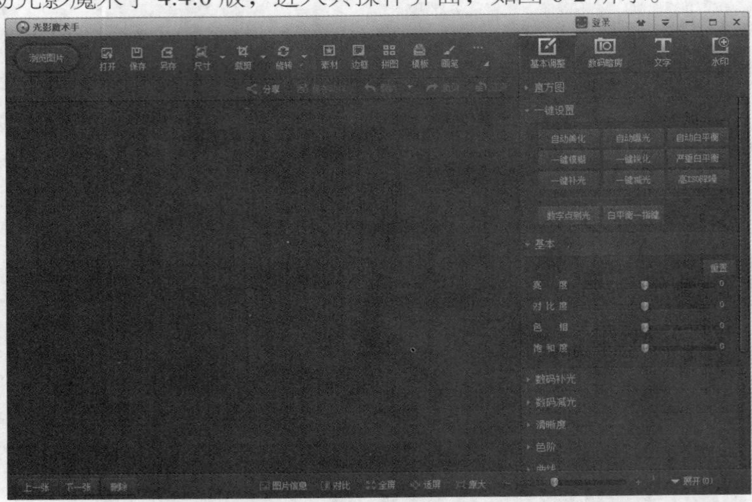

图6-2 光影魔术手 4.4.0 版操作界面

（2） 打开图像。

① 单击工具栏中的按钮，打开【打开】对话框。

② 在【打开】对话框中选择本书素材文件“素材\第 6 章\6.1\wash.jpg”。

③ 单击打开(O)按钮，如图 6-3 所示。

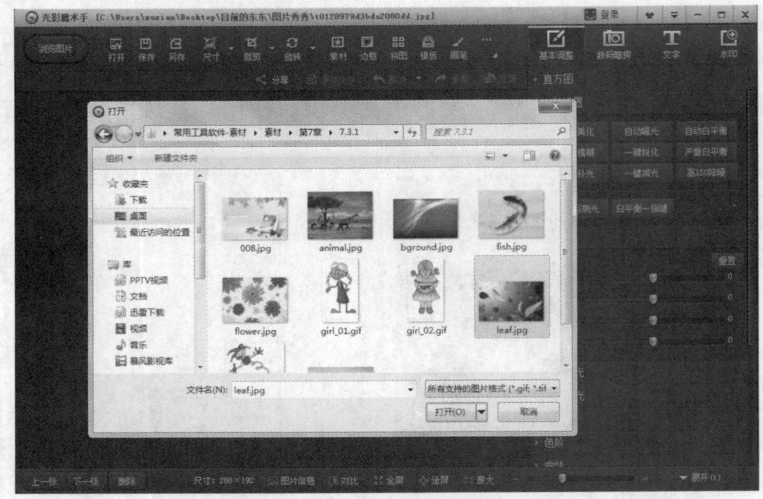

图6-3 打开编辑图像

④ 光影魔术手将打开选中的图像，如图 6-4 所示。

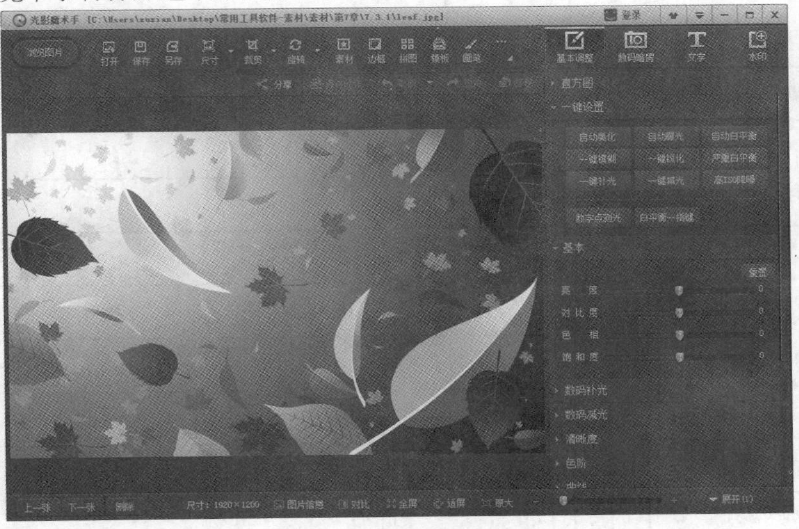

图6-4 打开的图像效果

STEP 2 裁剪并保存图片。

（1） 裁剪图片。

① 单击工具栏中的 按钮，打开【裁剪】对话框。

② 在【裁剪】对话框中按住鼠标左键不放拖曳鼠标框选用户需要保留的部分。

③ 单击 确定 按钮，剪辑图片，单击 取消 按钮取消本次操作，如图 6-5 所示。

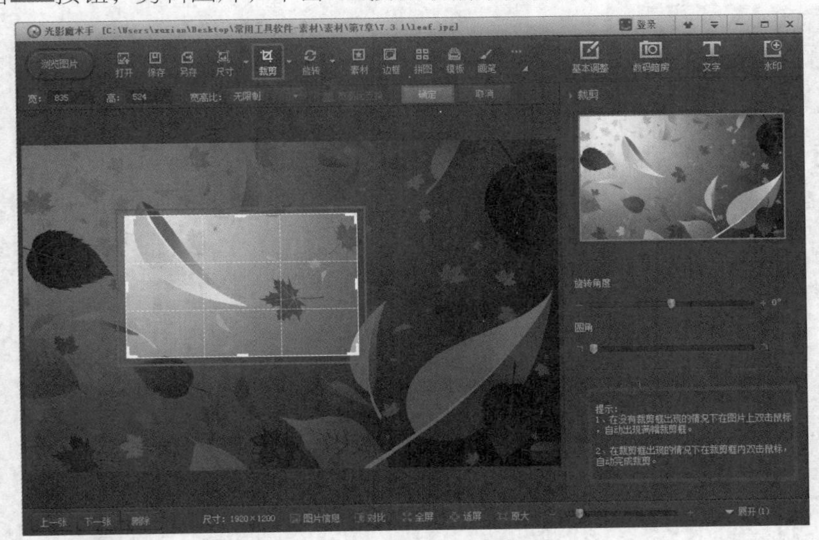

图6-5 裁剪图片

④ 单击【还原】按钮 可以恢复原图片样式，单击【重做】按钮 可以返回上一步操作，单击【重做】按钮 可以取消所有操作内容，还原图片。

（2） 裁剪方式。

单击【裁剪】命令旁边的 按钮打开【裁剪】选项的下拉菜单，裁剪方式如表 6-1 所示。

表 6-1 常用裁剪方式

裁剪方式	含义
按 1:1 裁剪	照片的长和宽尺寸一样
按 3:2 裁剪	照片的长宽尺寸比为 3 比 2
按 4:3 裁剪	照片的长宽尺寸比为 4 比 3
按 16:9 裁剪	照片的长宽尺寸比为 16 比 9
按标准 1 寸/1R 裁剪	照片的长度为 413，宽度为 295
按标准 2 寸/2R 裁剪	照片的长度为 579，宽度为 413
按大 2 寸/2R 裁剪	照片的长度为 626，宽度为 413
按二代身份证裁剪	照片的长度为 441，宽度为 358
按护照照片裁剪	照片的长度为 567，宽度为 390
按 5 寸/3R 裁剪	照片的长度为 1500，宽度为 1050

（3） 保存图片。

单击工具栏上的【另存】按钮，如图 6-6 所示，将剪辑后的图片保存到指定文件夹中。

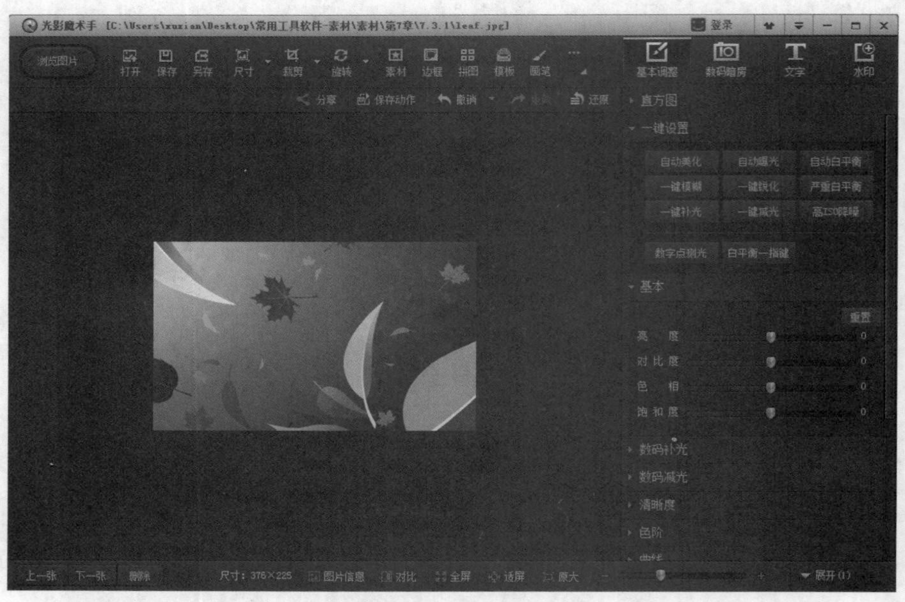

图6-6 剪辑效果 1

STEP 3 旋转图片。

（1） 旋转图片。

① 单击工具栏中的按钮，打开【旋转】对话框。

② 单击鼠标左键拖动滑块 角度: 手动旋转图片的角度，也可以手动输入角度值，图片旋转效果如图 6-7 所示。

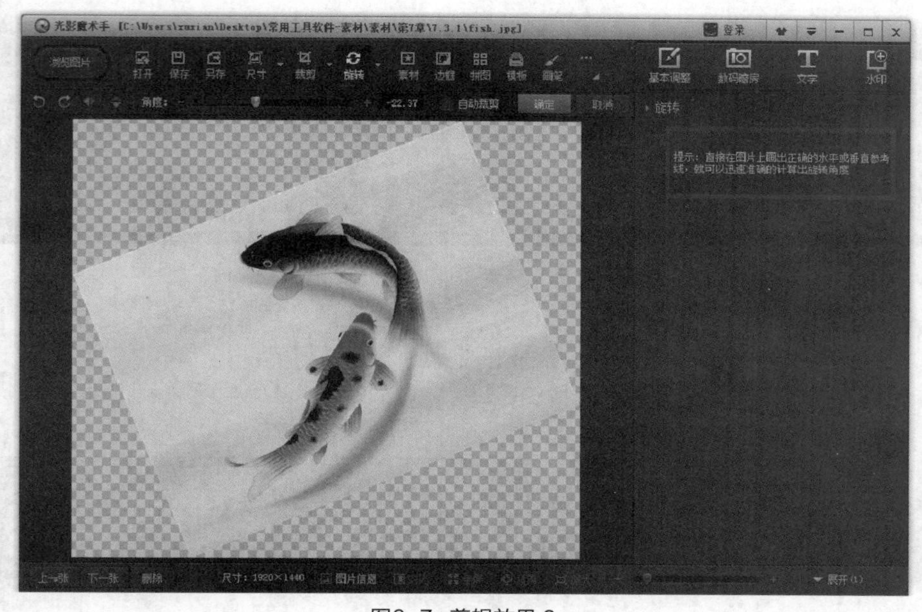

图6-7　剪辑效果 2

③ 单击按钮向左旋转 90º，单击按钮向右旋转 90º，如图 6-8 所示。

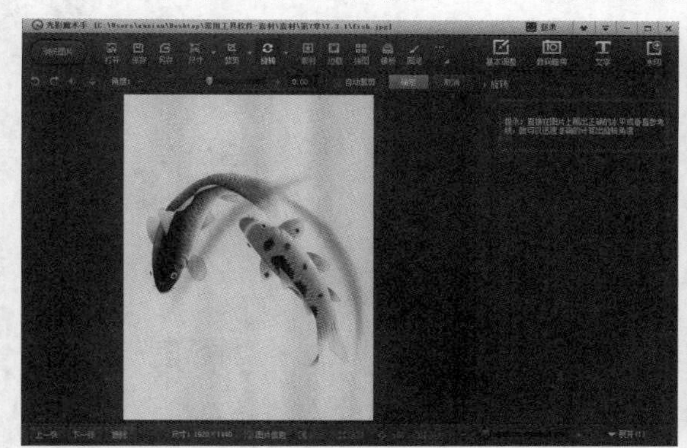

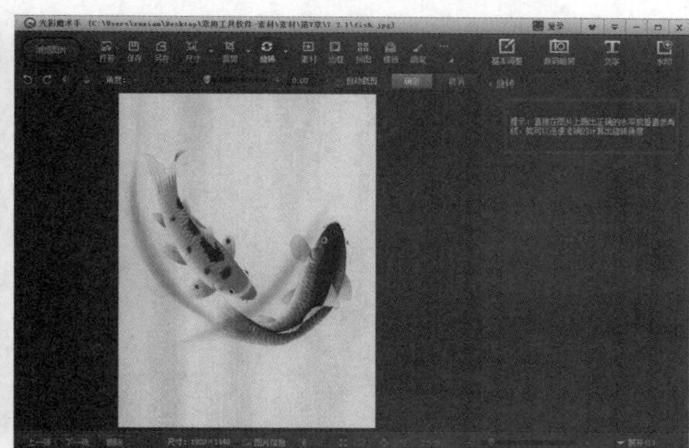

图6-8　向左向右旋转效果

④ 单击确定按钮，旋转图片，单击取消按钮取消本次操作。

（2） 其他旋转方式。

单击【旋转】命令旁边的按钮打开【旋转】选项的下拉菜单，旋转方式如表 6-2 所示。相应的操作示例如图 6-9 所示。

表 6-2　其他旋转方式

旋转方式	含义
向左旋转	把图片向左旋转 90 度
向右旋转	把图片向右旋转 90 度
左右镜像	把图片在水平方向上对称翻转，如图 6-9 所示
上下镜像	把图片在垂直方向上翻转，如图 6-9 所示

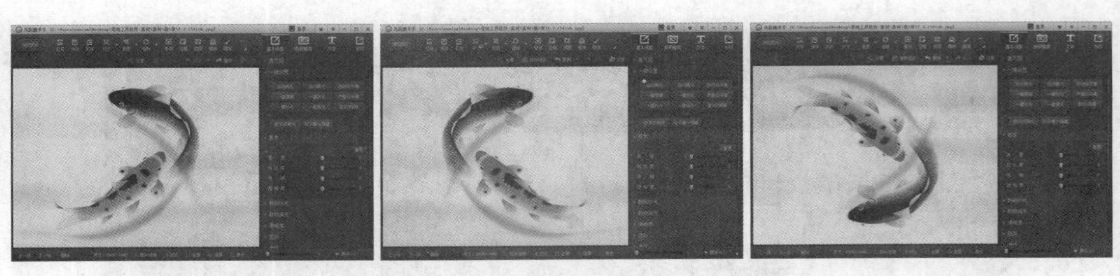

图6-9　原图（左）、左右镜像（中）、上下镜像（右）

STEP 4　管理素材。

（1）　素材中心。

移动鼠标指针到【素材】选项的按钮上，选择下拉菜单中的【素材中心】命令，打开【素材中心】对话框，可以下载各种素材，如图 6-10 所示。

图6-10　素材中心

（2）　上传素材。

移动鼠标指针到【素材】选项的按钮上，选择下拉菜单中的【上传素材】命令，登录迅雷账号，即可上传图片。

STEP 5　为图片添加边框。

（1）　添加边框。

① 移动鼠标指针到【边框】选项的按钮上，选择下拉菜单中的【轻松边框】命令，打开【轻松边框】对话框。

② 任意选择右侧的边框为图片添加边框，单击确定按钮，添加此边框，单击取消按钮取消本次操作，如图 6-11 所示。

③ 单击＋ 添加文字标签按钮，可以为图片添加文字。

图6-11　添加边框的效果

（2）　边框样式。

移动鼠标指针到【边框】选项的按钮上，可以看到边框样式有如图 6-12 所示的几种。

花样边框

撕边边框

多图边框

自定义边框

图6-12　边框样式

STEP 6　制作拼图。

（1）　自由拼图。

① 移动鼠标指针到【拼图】选项按钮▦上，选择【自由拼图】命令，打开【自由拼图】对话框。

② 添加图片，选择画布。

③ 拖曳图片到画布上，单击⟳按钮可以旋转图片，单击⊗按钮可以删除图片，如图6-13所示。

（2） 模板拼图。

① 移动鼠标指针到【拼图】选项按钮▦上，选择【模板拼图】命令，打开【模板拼图】对话框。

② 添加图片，选择模板。

③ 拖曳图片到模板上，选择图片移动鼠标可以移动图片，单击底纹按钮为图片添加边框的图片，如图6-14所示。

图6-13 自由拼图

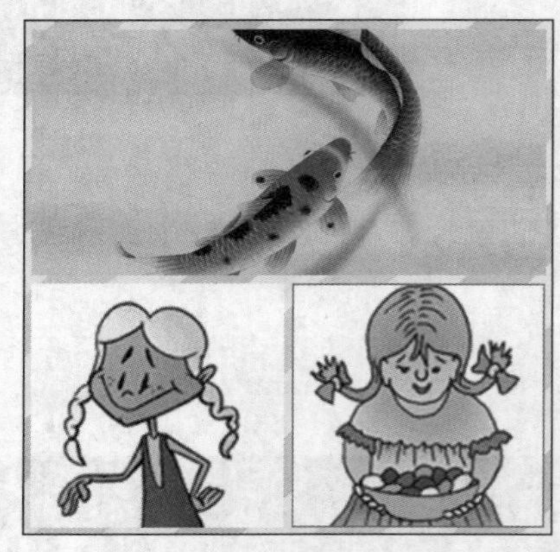

图6-14 模板拼图

（3） 图片拼接。

① 移动鼠标指针到【拼图】选项按钮▦上，选择【图片拼接】命令，打开【图片拼接】对话框。

② 添加图片，选择【横排】或者【竖排】选项，设置各种参数。

③ 选择左侧的图片，系统自动把图片填入画布，选择图片移动鼠标可以改变图片的排列顺序，如图6-15所示。

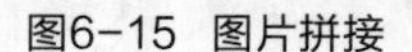

图6-15 图片拼接

（二）解决数码照片的曝光问题

在使用数码相机拍摄照片时，经常会因为天气、时间、光线、技术等原因而使拍摄的照片有过亮、过黑或者没有对比度、层次和暗部细节等缺陷，这就是通常所说的曝光不足和曝光过度。光影魔术手提供的自动曝光、数码补光和白平衡等功能可以解决数码拍摄时出现的问题，本例将以处理部分区域曝光不足的照片为例，介绍使用光影魔术手解决数码拍摄问题的方法和技巧，操作前后的对比效果如图 6-16 所示。

处理前

处理后

图6-16 图像处理前后的效果

【操作思路】

- 打开图片文件。
- 启用数码补光功能。

【操作步骤】

STEP 1 打开需要处理的图片。

（1） 启动光影魔术手，进入其操作界面。

（2） 打开本书素材文件"素材\第 6 章\6.1\曝光不足.jpg"，如图 6-17 所示。

图6-17 打开曝光不足的图片

STEP 2 选择数码补光功能。

（1） 单击界面右边的【基本调整】按钮，单击一键补光按钮，软件将自动提高暗部的亮度，同时，亮部的画质不受影响，效果如图 6-18 所示。

图6-18 通过补光功能调整曝光度

（2） 再单击一键补光按钮 2～4 次，直至显示效果如图 6-19 所示。

图6-19 再补光 2～4 次

（3） 单击工具栏上的【另存】按钮，将处理后的图片保存到指定文件夹中。

（三） 制作个人艺术照

随着人们生活水平的不断提高，精神生活的追求也越来越高，艺术照也随之进入了人们的生活视野。本例将通过一张艺术照片的制作过程主要说明光影魔术手在人像方面的处理功能和添加边框文字的功能，图像处理前后的对比效果如图 6-20 所示。

处理前

处理后

图6-20 图像处理前后的对比效果

【操作思路】

- 打开图片文件。
- 制作影楼人像。
- 制作边框。
- 添加文字。

【操作步骤】

STEP 1 打开个人照片。

（1） 启动光影魔术手，进入其操作界面。

（2） 打开本书素材文件“素材\第 6 章\6.1\girl.jpg”，如图 6-21 所示。

图6-21 打开个人照片

STEP 2 制作影楼人像。

（1） 在界面右侧选择【数码暗房】选项。

（2） 在【全部】选项下拉列表中选择【冷绿】选项。

（3） 单击确定按钮，制作冷绿的影楼人像效果，如图 6-22 所示。

图6-22 制作影楼人像效果

STEP 3 制作边框。

（1） 移动鼠标指针到【边框】选项，选择【花样边框】命令。

（2） 在【花样边框】对话框中的边框样式中选中 作者:雪菜celery 边框样式。

（3） 单击 确定 按钮，添加边框效果，如图 6-23 所示。

图6-23 制作边框

STEP 4 添加文字。

（1） 添加文字 1。

① 在界面右侧选择 T 选项，弹出【文字】对话框。

② 单击 添加新的文字 按钮，在上面的矩形框中书写文字“微笑”。

③ 设置【字体】为“华文新魏”，字体大小为“200”，字体颜色为“白色”。

④ 单击 确定 按钮，添加文字，如图 6-24 所示。

图6-24 添加文字“微笑”

（2） 添加文字 2。

① 在界面右侧选择 T 选项，弹出【文字】对话框。

② 单击 添加新的文字 按钮，在上面的矩形框中书写文字“每一天”。

③ 设置【字体】为“华文新魏”，字体大小为“100”，字体颜色为“白色”。

④ 单击 确定 按钮，添加文字，如图 6-25 所示。

图6-25 添加文字“每一天”

（3） 调整文字的位置。

① 双击选中文字“微笑”，拖曳鼠标移动文字至人物的脚上方。

② 双击选中文字“每一天”，拖曳鼠标移动文字至文字“微笑”的后面。

③ 单击 确定 按钮完成文字的添加，如图 6-26 所示，并返回主操作界面。

图6-26 调整文字的位置

（4） 单击工具栏上面的[另存为]按钮，将制作完成的艺术照片保存到指定文件夹中。

任务二 使用 GIF 动画制作工具——Ulead GIF Animator

GIF 动画由于其"体型"小，使用方便灵活，在互联网上得到广泛使用。Ulead GIF Animator 是友立公司出版的动画 GIF 制作软件，可将 AVI 文件转成动画 GIF 文件，而且还能将动画 GIF 图片最佳化，给放在网页上的动画 GIF 图"减肥"，以便让人能够更快速地浏览网页。本节将以 Ulead GIF Animator 5 为例进行详细介绍。

（一） 制作图像 GIF 动画

常见的 GIF 动画都是通过一张张的图片组合而成的。下面将介绍使用多张图片的组合来制作 GIF 动画的操作方法，操作效果如图 6-27 所示。

图6-27 图像 GIF 动画效果

【操作思路】

- 设置场景。
- 依次添加图片。
- 设置图片属性。
- 导出 GIF 图片。

【操作步骤】

STEP 1 设置场景。

（1） 启动 Ulead GIF Animator 5，进入其操作界面，如图 6-28 所示。

Ulead GIF Animator 第 1 次启动成功后会弹出如图 6-29 所示的【启动向导】对话框，为用户提供动画制作方案，本书不使用该功能，所以在【启动向导】对话框中选中【下一次不显示这个对话框】复选框，下次运行时软件就不会再弹出【启动向导】对话框。

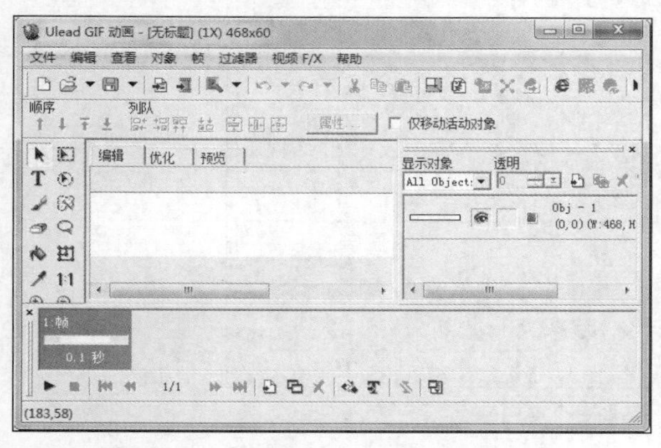

图6-28 Ulead GIF Animator 5 操作界面

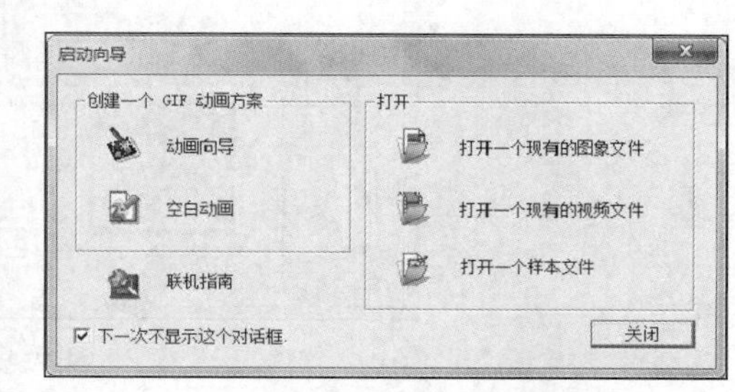

图6-29 【启动向导】对话框

（2） 设置场景大小。

① 按 Ctrl+G 组合键，弹出【画布尺寸】对话框。

② 在【画布尺寸】对话框中取消选中【保持外表比率】复选框。

③ 设置【宽度】为“550”，【高度】为“400”。

④ 单击 确定 按钮，完成设置，最终的操作效果如图 6-30 所示。

STEP 2 制作动画。

（1） 添加图片 1。

① 单击标准工具栏上的按钮，弹出【添加图像】对话框。

② 在【添加图像】对话框中打开本书素材文件“素材\第 6 章\6.2\01.png”的图像文件。

③ 单击 打开(O) 按钮，将图片添加到舞台中，如图 6-31 所示。

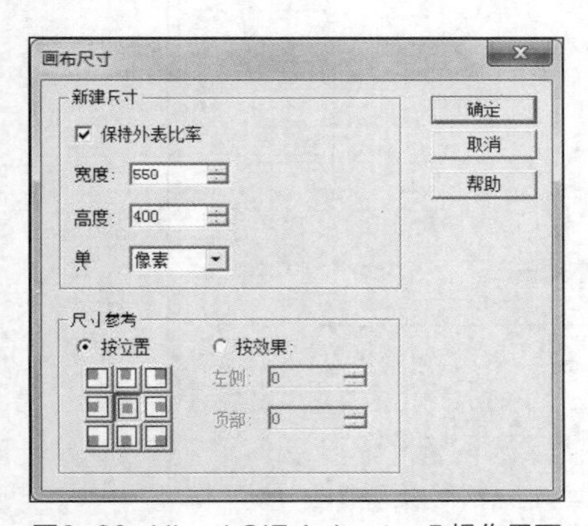

图6-30 Ulead GIF Animator 5 操作界面

图6-31 添加图片 1

④ 单击【帧】面板上的按钮，添加一个空白帧，如图 6-32 所示。

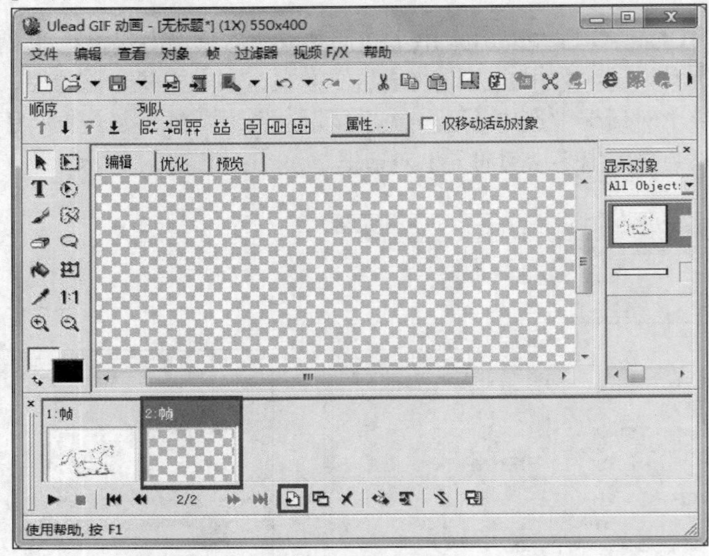

图6-32 添加一个空白帧

知识提示

选中帧后按 Delete 键可删除选中的帧。

（2） 添加图片 2。

① 单击标准工具栏上的按钮，弹出【添加图像】对话框。

② 在【添加图像】对话框中打开本书素材文件“素材\第 6 章\6.1\02.png”的图像文件。

③ 单击 打开(O) 按钮，将图片添加到舞台中，如图 6-33 所示。

图6-33 添加图片 2

（3） 用同样的方法添加图片“03.png”和“04.png”，最后效果如图 6-34 所示。

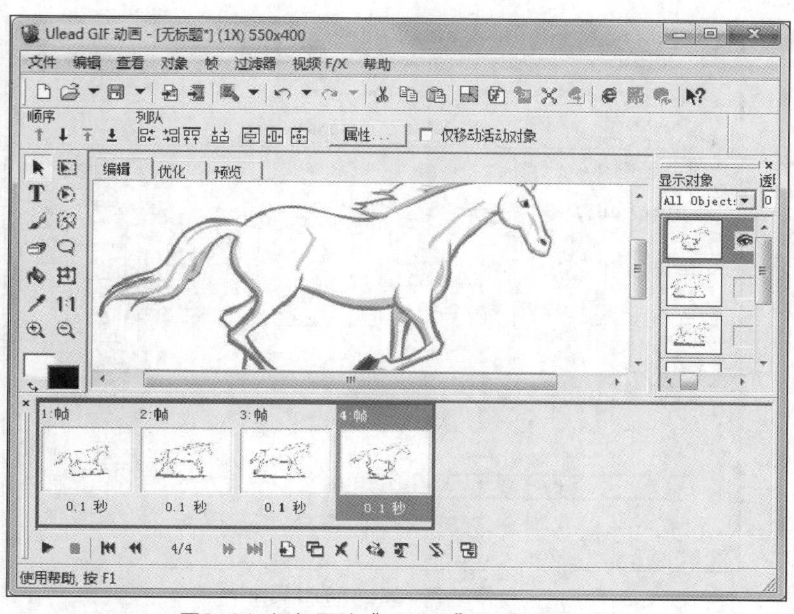

图6-34 添加图片“03.png”和“04.png”

单击场景右上角的预览按钮，切换至【预览】面板，可预览当前制作的动画。

（4） 设置帧属性。

① 在【帧】面板上双击第 1 帧的缩略图，弹出【画面帧属性】对话框。

② 在【画面帧属性】对话框中设置【延迟】为“20”。

③ 单击确定按钮，完成设置，如图 6-35 所示。

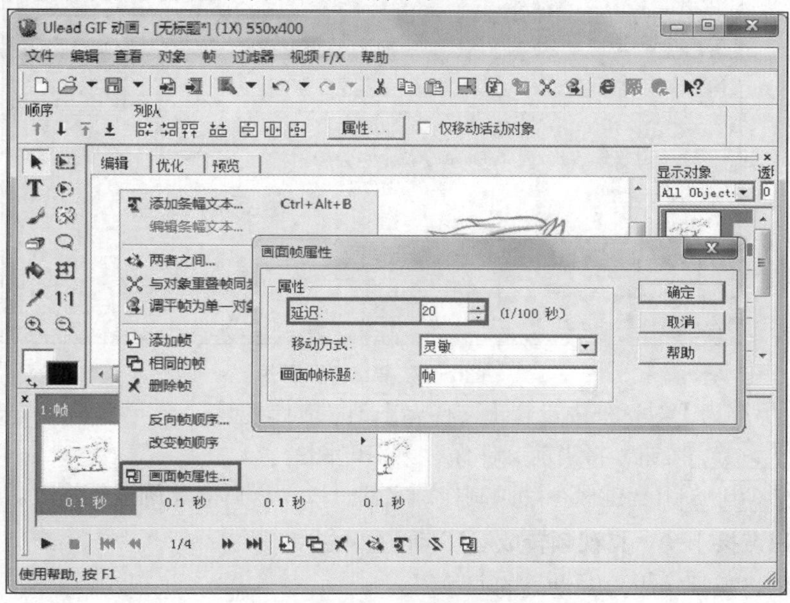

图6-35 设置帧属性

（5） 用同样的方法设置其他帧的帧属性，如图 6-36 所示。

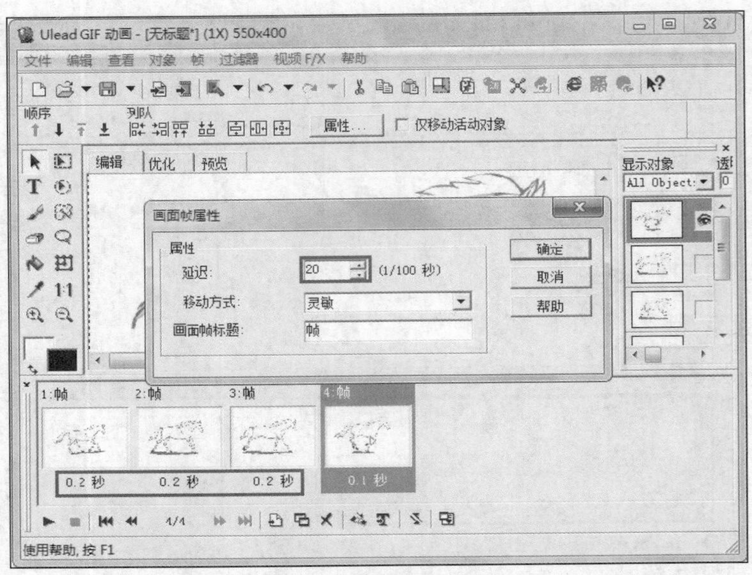

图6-36 其他帧的帧属性

（6） 导出 GIF 图片。

① 在主菜单栏中选择【文件】/【另存为】/【GIF 文件】命令，如图 6-37 所示，弹出【另存为】对话框。

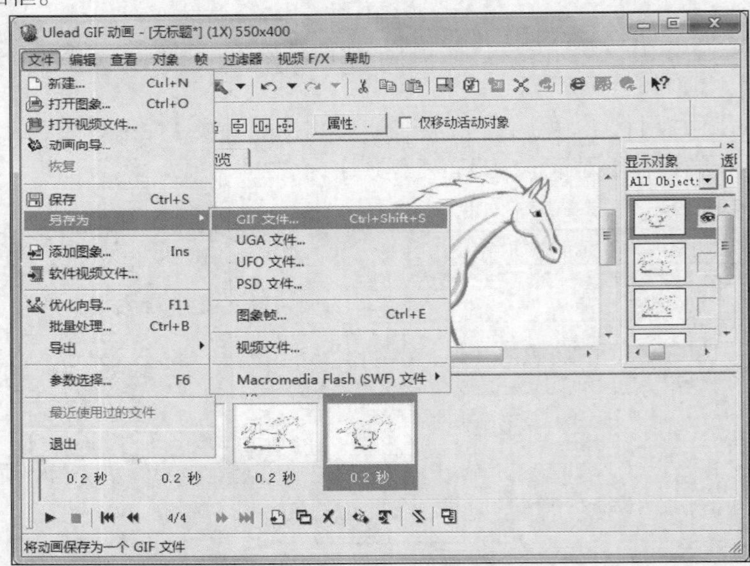

图6-37 导出 GIF 图片

② 在【另存为】对话框中设置【文件名】为“奔跑的马”。

③ 单击 保存(S) 按钮，将当前文件保存为 GIF 图片。

（7） 按 Ctrl+S 组合键保存动画制作源文件，以便以后对动画进行修改。

【知识链接】——将视频转成 GIF 动画。

下面介绍将视频转成 GIF 动画的方法。

（1） 启动 Ulead GIF Animator 5，进入其操作界面。

（2） 将视频转成 GIF 动画。

① 单击标准工具栏上的按钮，弹出【添加视频文件】对话框。

② 选择本书素材文件“素材\第 6 章\6.1\舞动精灵.mov”的视频文件。

③ 单击 打开(O) 按钮，弹出【插入帧选项】对话框。

④ 在【插入帧选项】对话框中选中【插入为新建帧】单选按钮。

⑤ 单击 确定 按钮，即可将视频导入到场景中，如图 6-38 所示。

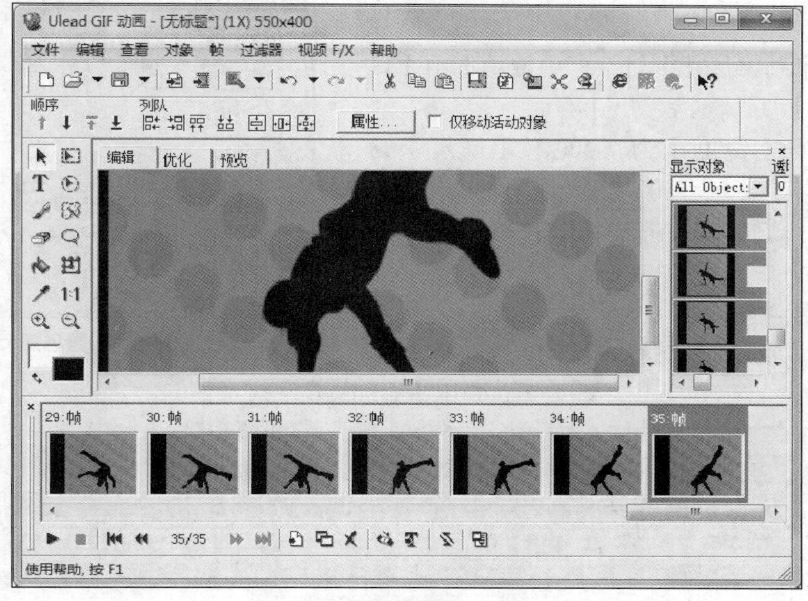

图6-38 将视频转成 GIF 动画

（3） 导出 GIF 图片。

① 在主菜单栏中选择【文件】/【另存为】/【GIF 文件】命令，弹出【另存为】对话框。

② 在【另存为】对话框中设置【文件名】为“舞动精灵”。

③ 单击 保存(S) 按钮，将当前文件保存为 GIF 图片。

（二） 制作特效 GIF 动画

为了帮助用户快速地制作生动活泼的 GIF 动画，Ulead GIF Animator 提供了 3D、F/X、擦除、电影、滚动等许多特效，用户只需要经过简单的操作就能完成多彩的 GIF 动画效果。下面将具体介绍使用特效制作 GIF 动画的操作方法，操作效果如图 6-39 所示。

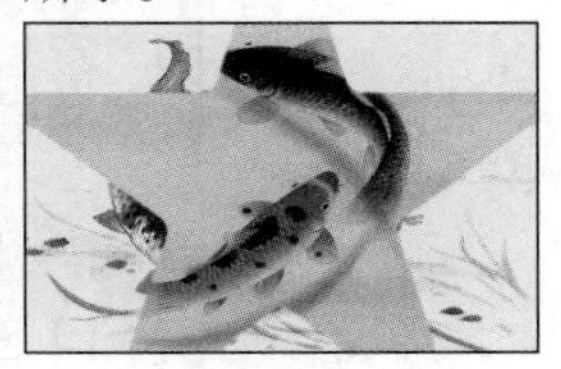

图6-39 特效 GIF 动画效果

【操作思路】

- 设置场景。
- 添加图片。
- 添加特效。

【操作步骤】

STEP 1 设置场景。

（1） 启动 Ulead GIF Animator，进入其操作界面。

（2） 设置场景大小。

① 按 Ctrl+G 组合键，弹出【画布尺寸】对话框。

② 在【画布尺寸】对话框中取消选中【保持外表比率】复选框。

③ 设置【宽度】为“400”，【高度】为“260”。

④ 单击 确定 按钮，完成设置，如图 6-40 所示。

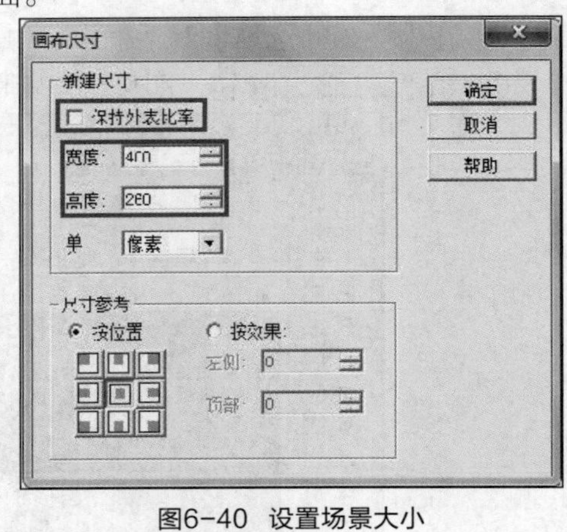

图6-40 设置场景大小

STEP 2 添加图片。

（1） 添加第 1 帧图片。

① 单击标准工具栏上的按钮，弹出【添加图像】对话框。

② 选中本书素材文件“素材\第 6 章\6.2\01.jpg”的图像文件。

③ 单击 打开(O) 按钮，将图片添加到舞台中，如图 6-41 所示。

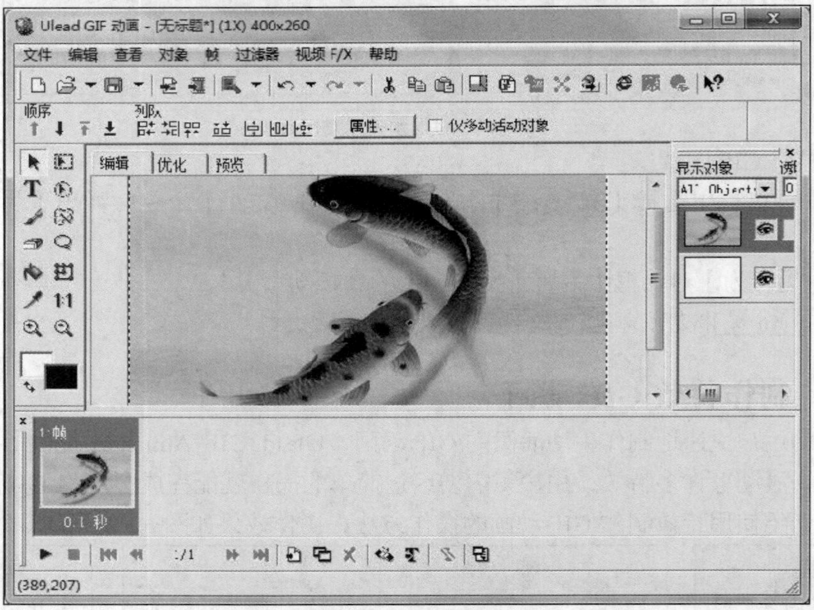

图6-41 添加第 1 帧图片

（2） 添加第 2 帧图片。

① 单击【帧】面板上的按钮，添加一个空白帧。

② 单击标准工具栏上的按钮，弹出【添加图像】对话框。

③ 打开本书素材文件“素材\第 6 章\6.2\02.jpg”的图像文件。

④ 单击 打开(O) 按钮，将图片添加到舞台中，如图 6-42 所示。

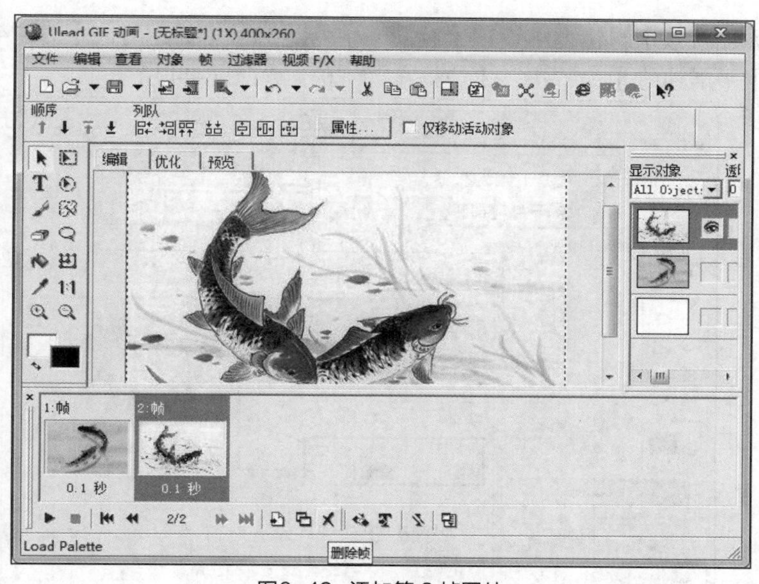

图6-42 添加第 2 帧图片

（3） 设置帧属性。

① 在【帧】面板上选中第 1 帧，然后按住 Shift 键单击第 2 帧，从而选中所有的帧。

② 右键单击选中的帧，在弹出的下拉菜单中选择【画面帧属性】命令，弹出【画面帧属性】对话框。

③ 设置【延迟】为“100”。

④ 单击 确定 按钮，完成设置，如图 6-43 所示。

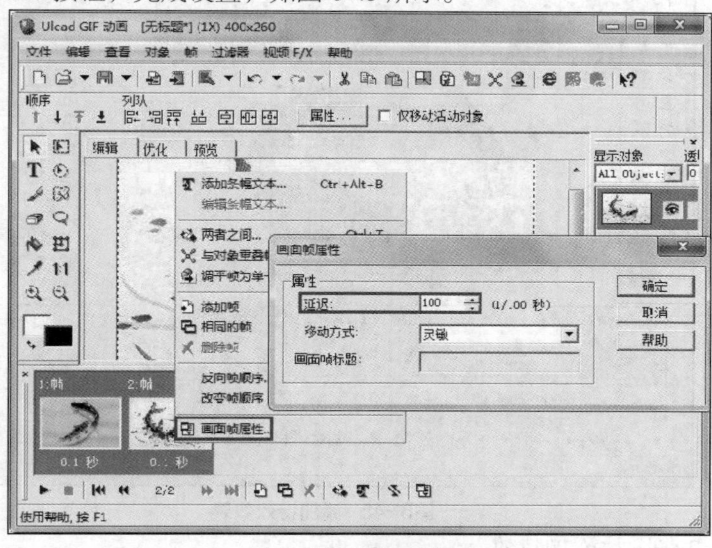

图6-43 设置帧属性

STEP 3 添加特效。

（1） 为第 1 张图片添加特效。

① 在【帧】面板上单击第 1 帧的缩略图，选中第 1 帧。

② 在主菜单栏中选择【视频 F/X】/【时钟方向】/【掠过-时针】命令，弹出【添加特效】对话框。

③ 在【添加特效】对话框中设置【画面帧】为“20”,【延迟时间】为“4”。

④ 设置【平滑边缘】为“小”,【边框】为“0”，如图 6-44 所示。

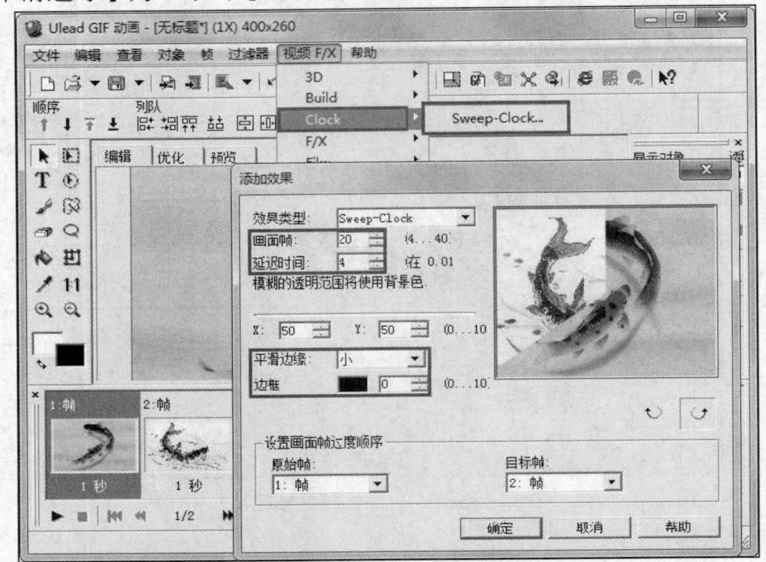

图6-44 参数设置

⑤ 单击 确定 按钮，软件会自动添加帧来完成特效设置，最终的操作效果如图 6-45 所示。

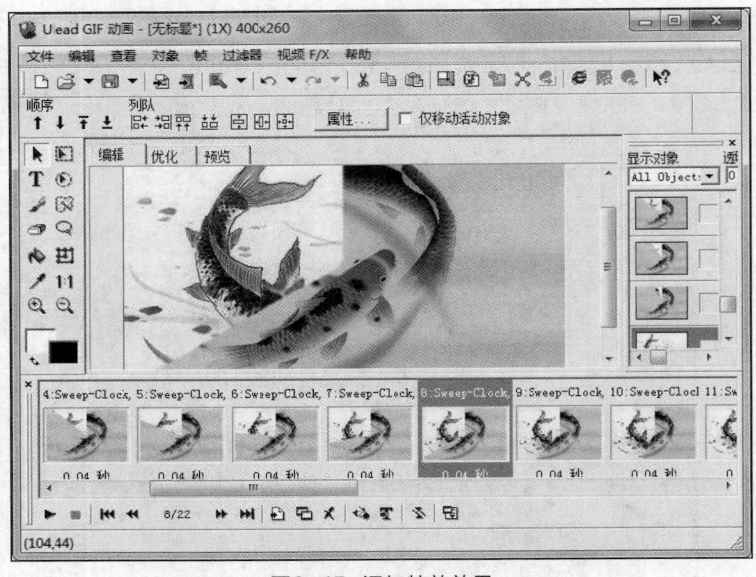

图6-45 添加特效效果

（2） 为第 2 张图片添加特效。

① 在【帧】面板上单击第 22 帧的缩略图，选中第 22 帧。

② 在主菜单栏中选择【视频 F/X】/【擦除】/【星形-擦除】命令，弹出【添加特效】对话框。

③ 在【添加特效】对话框中设置【画面帧】为“20”,【延迟时间】为“4”。

④ 设置【平滑边缘】为“小”,【边框】为“0”，如图 6-46 所示。

⑤ 单击 确定 按钮，软件会自动添加帧来完成特效设置，最终的操作效果如图 6-47 所示。

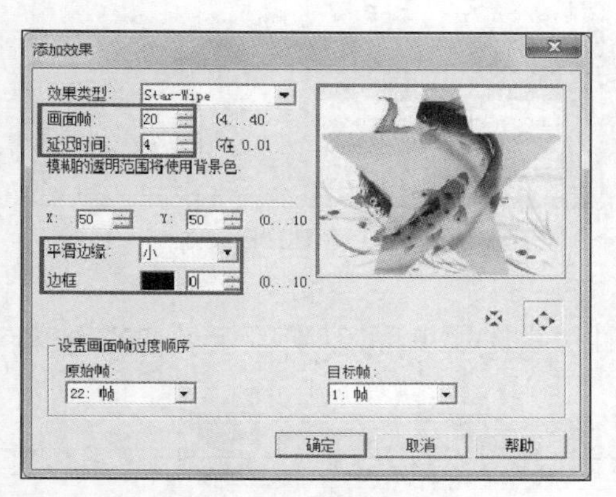

图6-46　参数设置

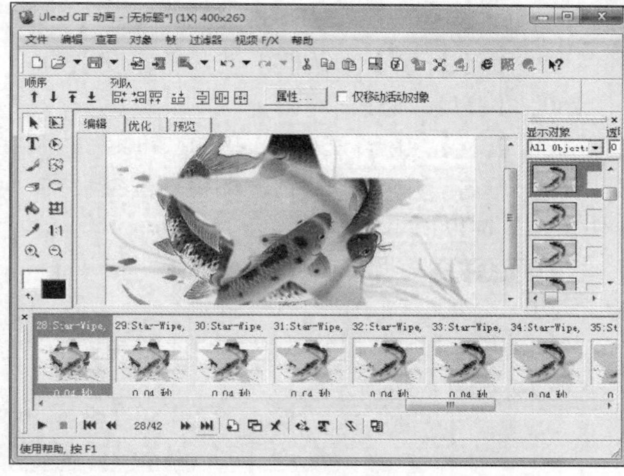

图6-47　最终效果

STEP 4　保存文件。

（1）　按 Ctrl+Shift+S 组合键，将当前动画保存为 GIF 格式。

（2）　按 Ctrl+S 组合键，保存动画制作源文件。

（三）自制 GIF 动画

Ulead GIF Animator 提供了强大的动画制作功能，通过对象属性的设置来帮助用户实现自己理想中的 GIF 动画。下面介绍使用 Ulead GIF Animator 制作 GIF 动画的操作方法，操作效果如图 6-48 所示。

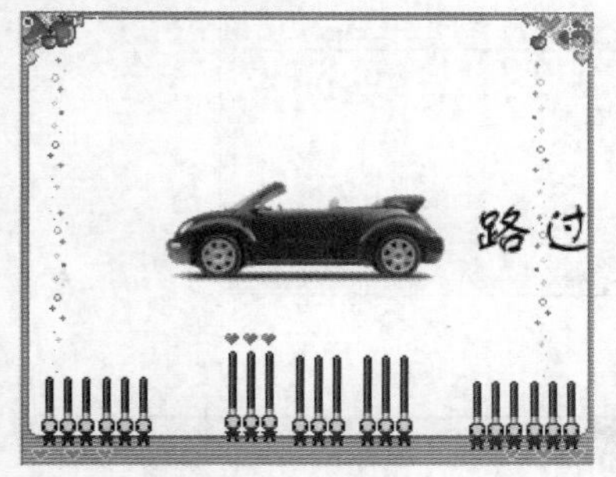

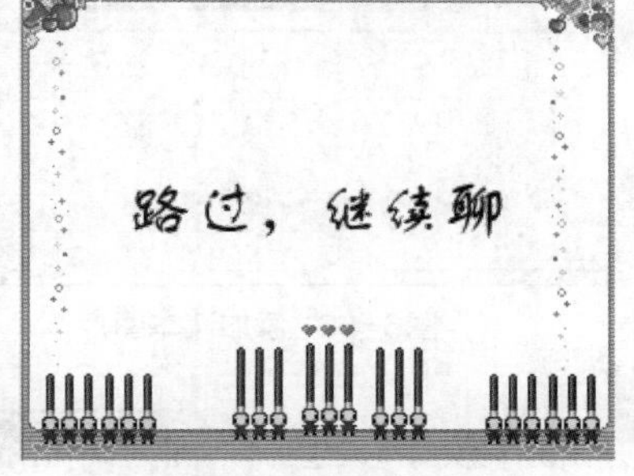

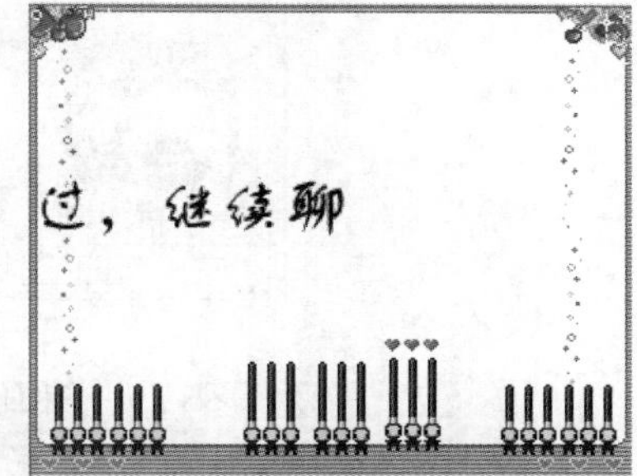

图6-48　自制 GIF 动画效果

【操作思路】

- 设置场景。
- 添加图片。
- 制作图形动画。
- 制作文字动画。
- 设置背景。

【操作步骤】

STEP 1　新建文件。

（1）　启动 Ulead GIF Animator，进入其操作界面。

（2） 新建空白文件。

① 单击标准工具栏上的按钮，弹出【新建】对话框。

② 在【新建】对话框中设置【宽度】为“280”,【高度】为“226”。

③ 选中【纯色背景对象】单选按钮。

④ 单击 确定 按钮，即可新建空白文件，如图 6-49 所示。

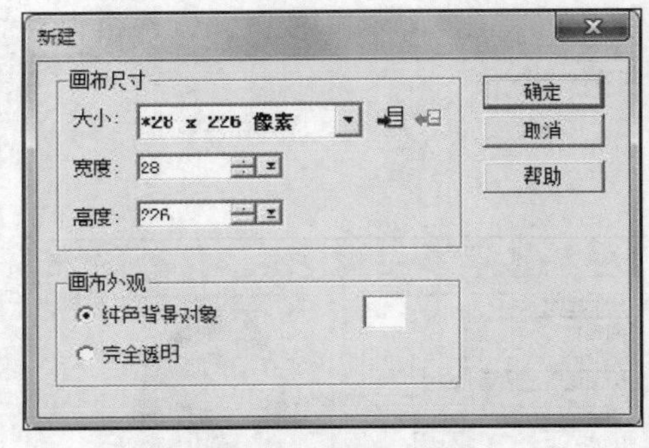

图6-49 新建空白文件

STEP 2 添加图片。

（1） 添加汽车图片。

单击标准工具栏上的按钮，添加本书素材文件“素材\第 6 章\6.3\跑车.jpg”的图像文件，效果如图 6-50 所示。

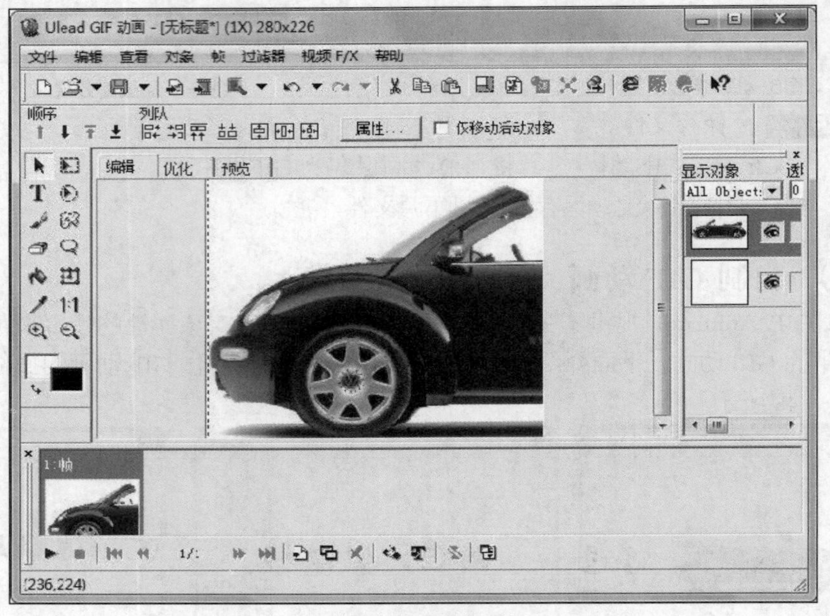

图6-50 添加汽车图片

（2） 设置图片大小和位置。

① 单击【工具】面板上的按钮，选中【选取】工具。

② 在舞台中双击汽车图片，弹出【对象属性】对话框。

③ 在【对象属性】对话框中单击 位置及尺寸 按钮，切换至【位置及尺寸】面板。

④ 在【尺寸】设置项中设置【宽度】为“140”,【高度】为“86”，如图 6-51 所示。

⑤ 单击 确定 按钮，完成图片大小设置，最终的操作效果如图 6-52 所示。

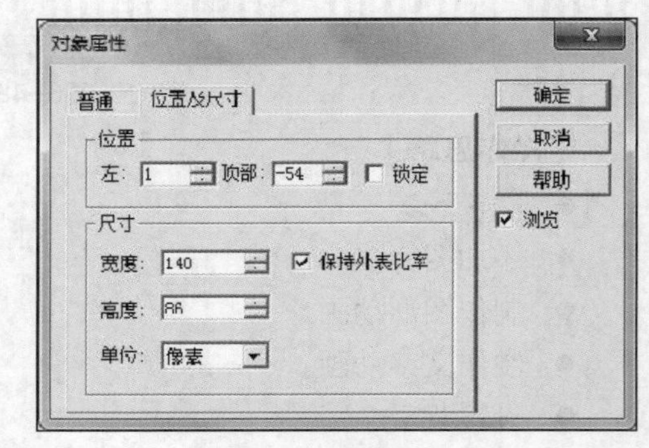

图6-51 设置属性

图6-52 设置图片大小

（3） 设置图片的位置。

① 选中舞台中的汽车对象。

② 在属性工具栏上单击按钮，使对象左右居中到舞台，最终的操作效果如图 6-53 所示。

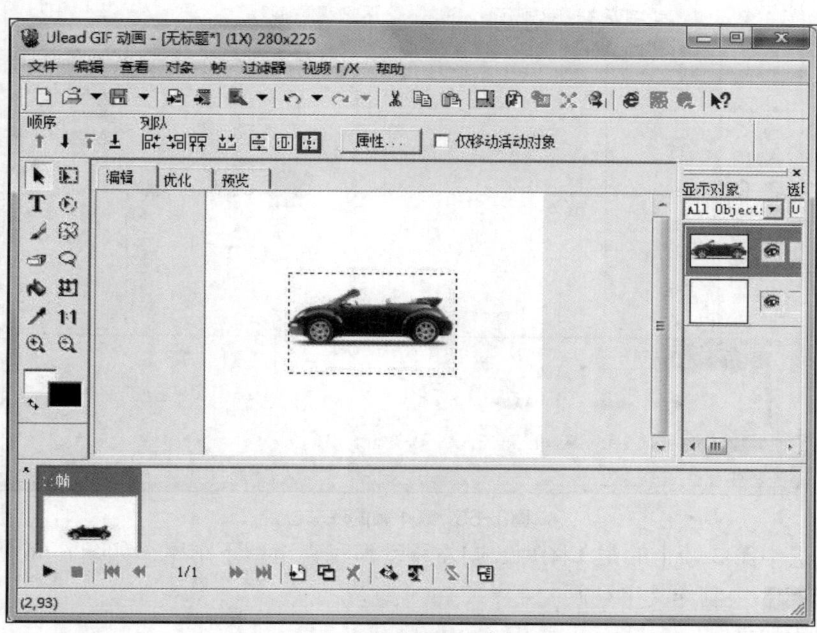

图6-53 设置图片的位置

STEP 3 制作汽车动画。

（1） 在【帧】面板上连续单击按钮两次，复制两个相同的帧，如图 6-54 所示。

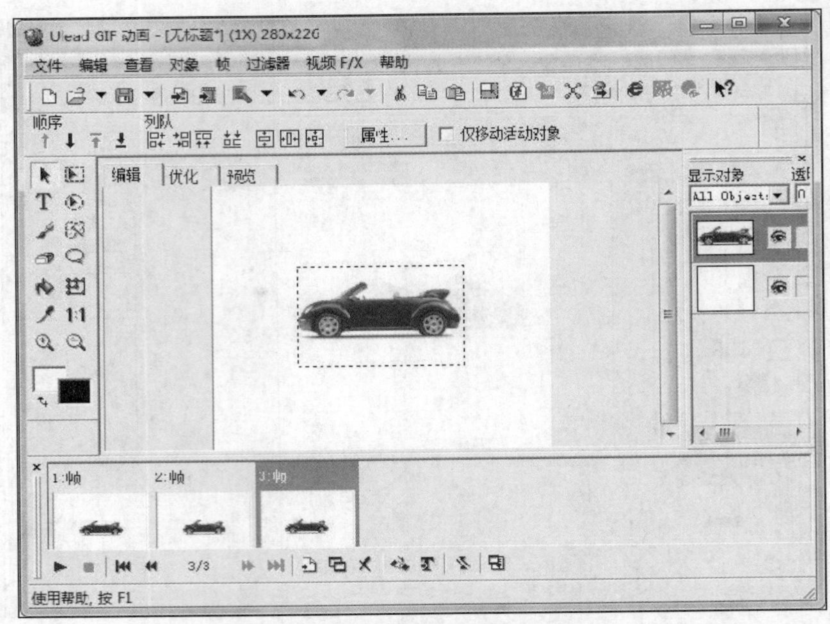

图6-54 设置图片的位置

（2） 选中第 1 帧上的汽车图片，向右移动汽车直至留下车头，如图 6-55 所示。

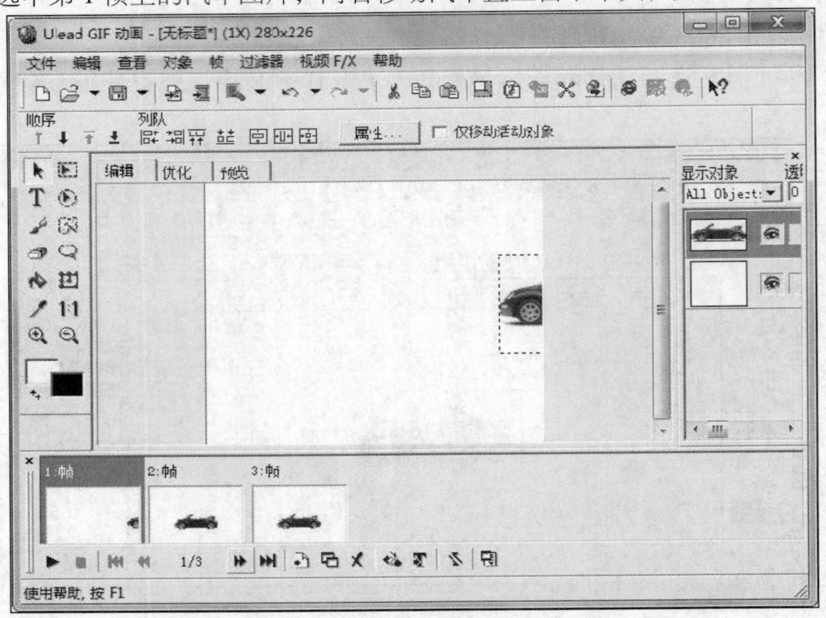

图6-55 第 1 帧的汽车位置

（3） 选中第 3 帧上的汽车图片，向左移动汽车直至留下车尾，如图 6-56 所示。

STEP 4 制作文字动画。

（1） 添加文字。

① 单击【帧】面板上的按钮，添加一个空白帧。

② 单击【工具】面板上的 **T** 按钮，选中【文字】工具。

③ 单击舞台，弹出【文本条目框】对话框。

④ 设置【字体】为“方正舒体”,【大】为“30”。

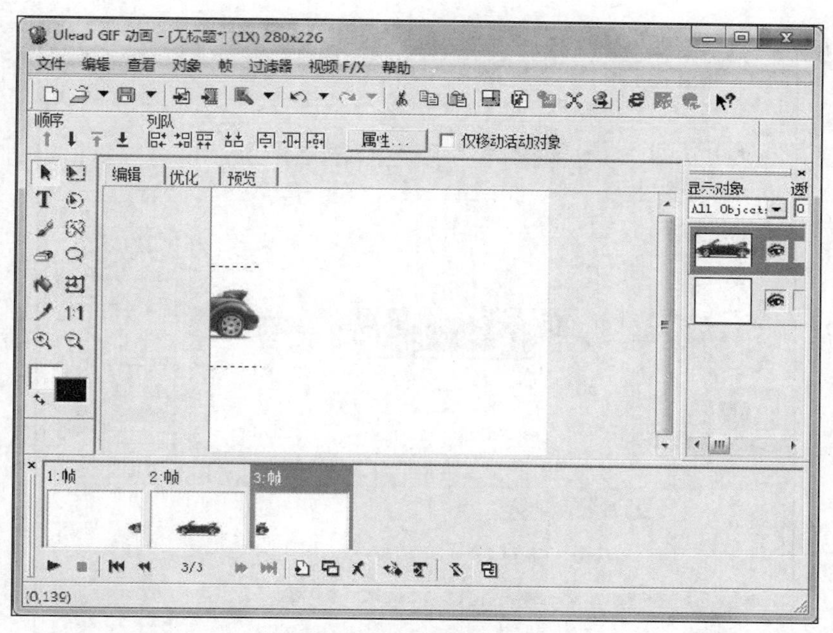

图6-56　第 3 帧的汽车位置

⑤ 在文本框中输入文字“路过，继续聊”。

⑥ 单击 确定 按钮，添加文字，最终的操作效果如图 6-57 所示。

图6-57　添加文字

（2）　复制文字。

① 选中【选取】工具，单击选中场景中的文字。

② 按 Ctrl+C 组合键，复制文字。

③ 在【帧】面板上单击选中第 2 帧，按 Ctrl+V 组合键，粘贴文字。

④ 选中第 3 帧，按 Ctrl+V 组合键，粘贴文字，最终的操作效果如图 6-58 所示。

图6-58 复制文字

（3） 选中第2帧场景中的文字，向右移至车尾的后面，如图6-59所示。

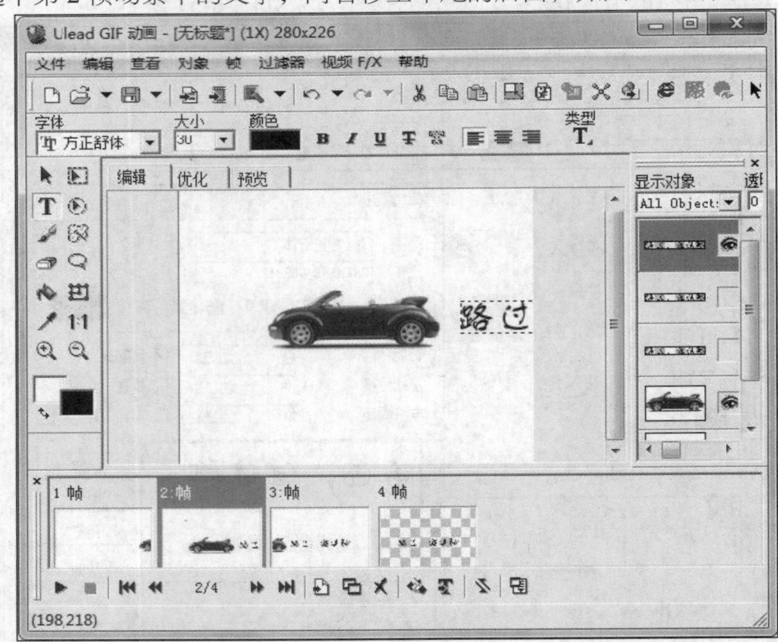

图6-59 第2帧的文字位置

（4） 选中第3帧场景中的文字，向右移至车尾的后面，如图6-60所示。

（5） 复制文字帧。

① 在【帧】面板上单击选中第4帧。

② 连续单击按钮3次，复制3个相同的帧，最终的操作效果如图6-61所示。

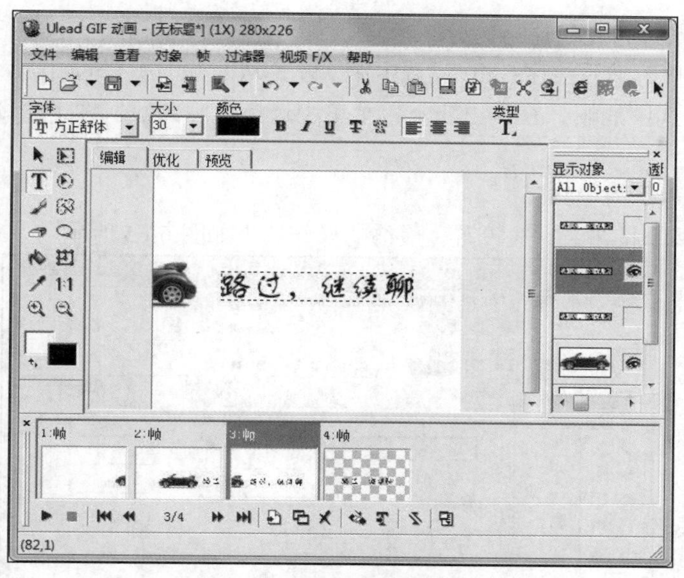

图6-60 第 3 帧的文字位置

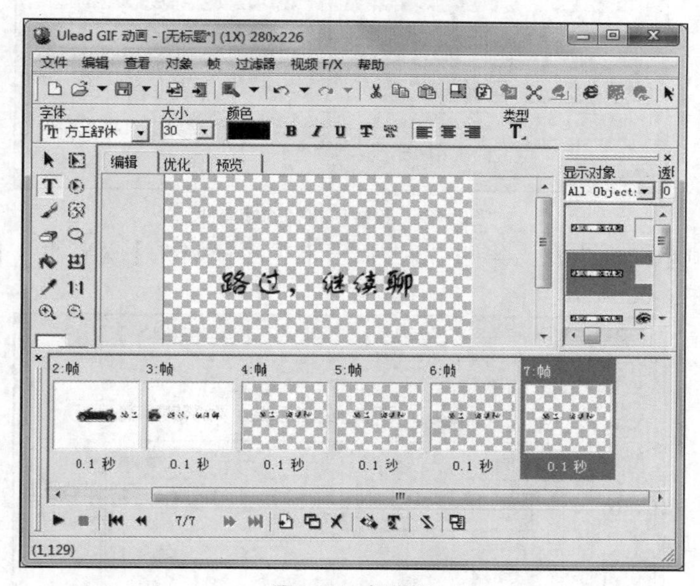

图6-61 复制帧

③ 选中第 5 帧场景中的文字，向左移动文字，如图 6-62 所示。

④ 选中第 6 帧场景中的文字，向左移动文字，如图 6-63 所示。

⑤ 选中第 7 帧场景中的文字，向左移动文字，如图 6-64 所示。

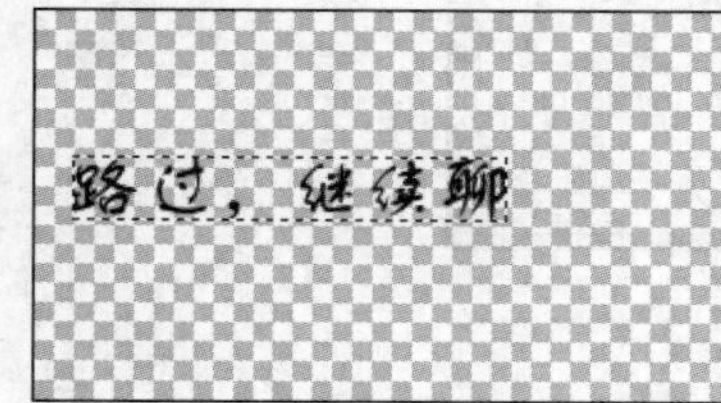

图6-62 第 5 帧的文字位置

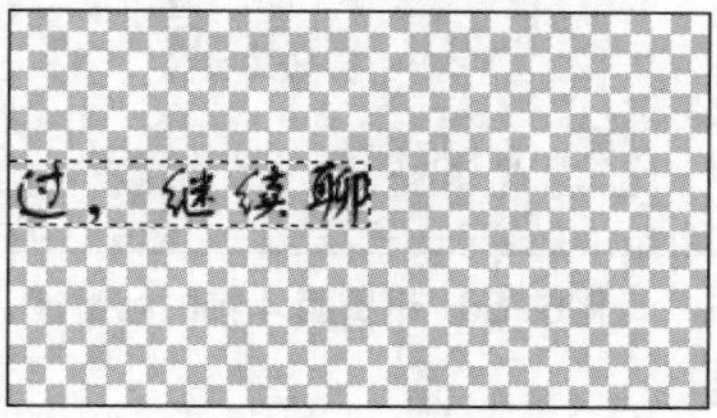

图6-63 第 6 帧的文字位置

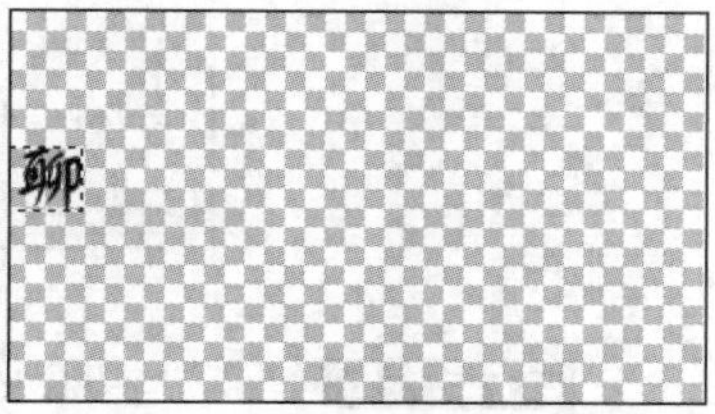

图6-64 第 7 帧的文字位置

STEP 5 设置帧属性。

（1） 设置所有帧的帧属性。

① 选中第 1 帧，然后按住 Shift 键选中第 7 帧，从而选中所有的帧。

② 右键单击选中的帧，在弹出的下拉菜单中选择【画面帧属性】命令，弹出【画面帧属性】对话框。

③ 设置【延迟】为“25”。

④ 单击 确定 按钮，完成设置，最终的操作效果如图 6-65 所示。

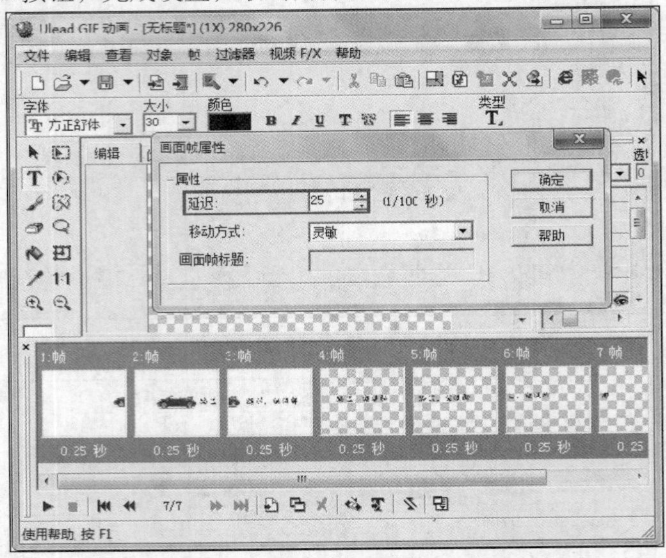

图6-65 设置所有帧的帧属性

（2） 在【帧】面板中双击第 4 帧，弹出【画面帧属性】对话框，设置【延迟】为“100”，效果如图 6-66 所示。

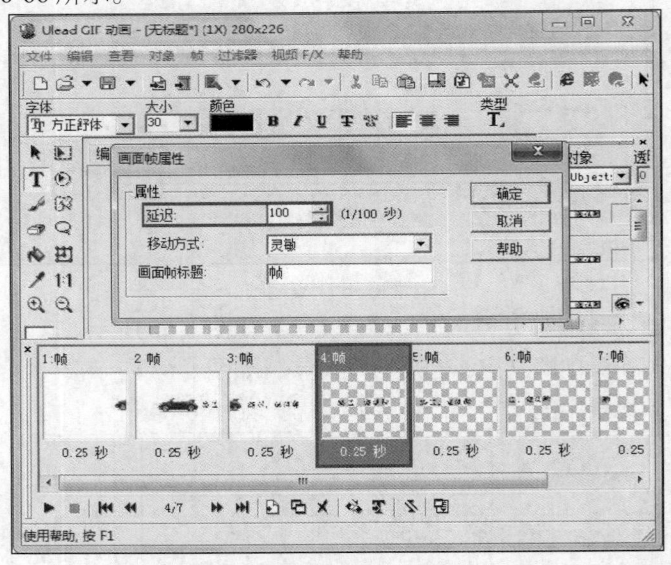

图6-66 设置第 4 帧的帧属性

STEP 6 添加动态边框。

（1） 在【帧】面板上选中第 7 帧，单击按钮，添加一个空白帧，并设置【延迟】为“25”。

（2）　选中第 1 帧。

（3）　单击标准工具栏上的 按钮，弹出【添加图像】对话框。

（4）　选中本书素材文件“素材\第 6 章\6.3\边框.gif”的图像文件。

（5）　单击 打开(O) 按钮，将动态边框添加到舞台中，最终的操作效果如图 6-67 所示。

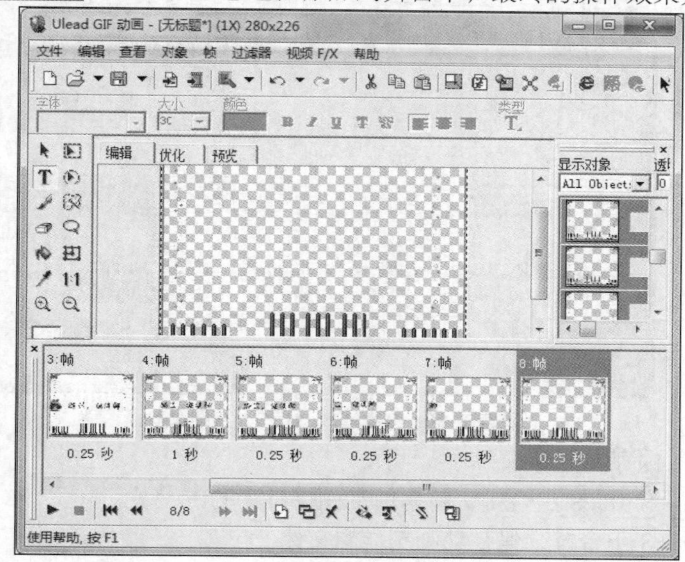

图6-67　添加动态边框

STEP 7　显示白色背景。

（1）　设置第 4 帧的背景。

① 选中第 4 帧。

② 在【对象管理器】面板中单击最底层对象缩略图后面的小框，显示眼睛图形，代表该层对象在场面中可见，最终操作效果如图 6-68 所示。

图6-68　设置第 4 帧的背景

（2）　用同样的方法设置第 5、6、7、8 帧的背景，最终的效果如图 6-69 所示。

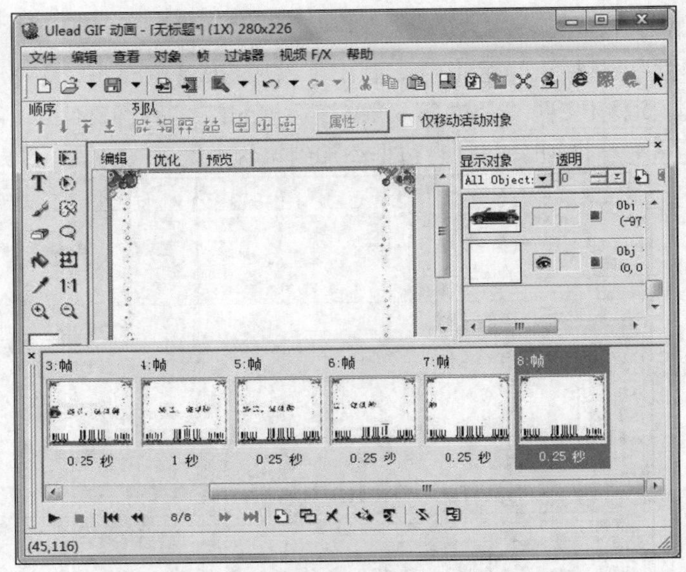

图6-69 设置第 5、6、7、8 帧背景

STEP 8 保存文件。

（1） 按 Ctrl+Shift+S 组合键，将当前动画保存为 GIF 格式。

（2） 按 Ctrl+S 组合键，保存动画制作源文件。

项目小结

本项目主要介绍了两款图形处理软件的用法。光影魔术手是一款针对图像画质进行改善提升及效果处理的软件，不需要任何专业的图像技术，就可以制作出专业胶片摄影的色彩效果，且其批量处理功能非常强大，是摄影作品后期处理、图片快速美容、数码照片冲印整理时必备的图像处理软件，能够满足绝大部分人照片后期处理的需要。GIF 文件的数据，是一种基于LZW 算法的连续色调的无损压缩格式。其压缩率一般在 50%左右，不属于任何应用程序。目前几乎所有相关软件都支持它，公共领域有大量的软件在使用 GIF 图像文件。使用 Ulead GIF Animator 可以方便制作 GIF 动画。

思考与练习

操作题

1. 练习使用光影魔术手为你的照片添加花样边框效果。
2. 练习使用光影魔术手调整你的照片的曝光效果。
3. 自定义主题，使用 Ulead GIF Animator 制作一个 GIF 格式小动画。

PART 7 项目七 光盘管理工具

随着多媒体技术的迅猛发展和应用的逐步推广，光盘（Compact Disk，CD）存储器的作用越来越大。相对硬盘而言，光盘具有制作成本低、容量大以及便于携带和发行等优点。虽然目前计算机网络的发展使人们对光盘的依赖程度有所减少，但在网络还不发达的地区，光盘仍然是发行软件、发布信息及承载多媒体节目的主要介质。本项目将向读者介绍两款流行的光盘工具。

学习目标

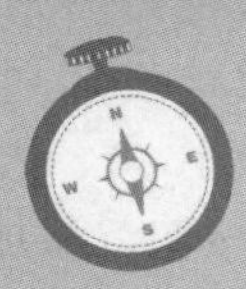

- 掌握虚拟光驱软件 Daemon Tools 的使用方法。
- 掌握数据刻录软件 Nero Burning ROM 的使用方法。

任务一　掌握 Daemon Tools 的使用方法

虚拟光驱是一种模拟（CD-COM）光驱的工具软件，可以生成和计算机上所安装的光驱功能一模一样的虚拟光驱，一般光驱能做的事虚拟光驱也可以做。它的工作原理是先虚拟出一部或多部虚拟光驱，然后将光盘上的应用软件映像存放在硬盘上，并生成一个虚拟光驱的映像文件，最后就可以在 Windows 操作系统中将此映像文件放入虚拟光驱中使用了。

Daemon Tools 是一款免费软件，其较新版本为 4.49.1。下面就来接触这个神奇的虚拟光驱软件吧。

（一）认识 Daemon Tools

在日常的工作、学习中，很多时候用户在网上下载的 ISO、CCD、CUE、MDS 等文件无法打开，当了解了 Daemon Tools 后，这些问题都会迎刃而解了。下面将对 Daemon Tools 这款软件的界面和基本用法进行介绍。

【操作思路】

- 打开 Daemon Tools。
- 了解软件的基本用法。

【操作步骤】

STEP 1 认识 Daemon Tools 的界面。

（1） 启动 Daemon Tools（如果是第一次安装完成，系统重新启动后会自动加载），在屏幕右下角的任务栏中会有一个 Daemon Tools 的图标，如图 7-1 所示。

（2） 右键单击任务栏中的图标，弹出一个快捷菜单，其中有 7 个子菜单，如图 7-2 所示。

图7-1 任务栏图标

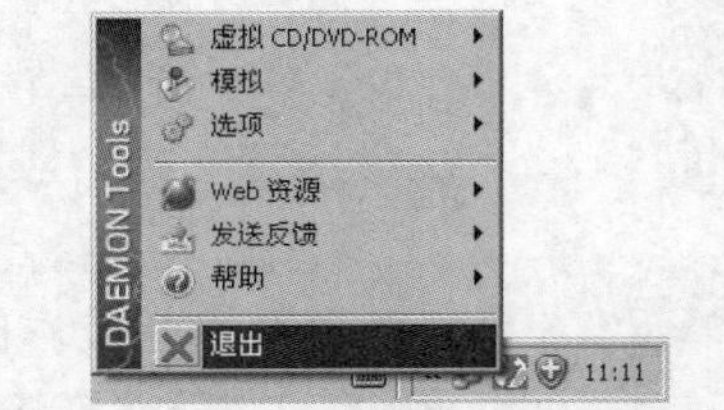

图7-2 Daemon Tools 的快捷菜单

【知识链接】

Daemon Tools 快捷菜单中的命令功能如下。

- 退出：退出 Daemon Tools，退出后图标会从任务栏中消失。如果想再次使用 Daemon Tools，可以双击桌面上的 Daemon Tools 图标。
- 帮助：开发人员介绍 Daemon Tools 与邮件支持等功能，与使用映像文件关系不大，有兴趣的读者可以尝试操作、体验此项功能。
- 发送反馈：主要用于用户对软件的一些错误、意见等进行反馈。
- Web 资源：主要为用户提供软件信息、网上搜索该软件主页和论坛等功能。

STEP 2 虚拟 CD/DVD-ROM 菜单。

（1） 首先设定虚拟光驱的数量，单击按钮，添加 DT 虚拟光驱，单击按钮，添加 SCSI 虚拟光驱。Daemon Tools 最多可以支持 4 个虚拟光驱，一般设置一个就够用。在特殊情况下，如安装游戏时，安装程序中共有 4 个映像文件，那么用户可以设定虚拟光驱的数目为 4，这样就避免了在安装时要调入光盘映像文件，如图 7-3 所示。

DT 虚拟光驱与 SCSI 虚拟光驱的区别：部分软件对光盘有防拷贝检测，DT 虚拟光驱如果没有 SPTD，则通不过检测，而 SCSI 是使用 SPTD 功能的，所有可以通过低版本的防拷贝检测。

（2） 设置完虚拟光驱的数量后，在【我的电脑】窗口中可以看到新的光驱图标，如图 7-4 所示。

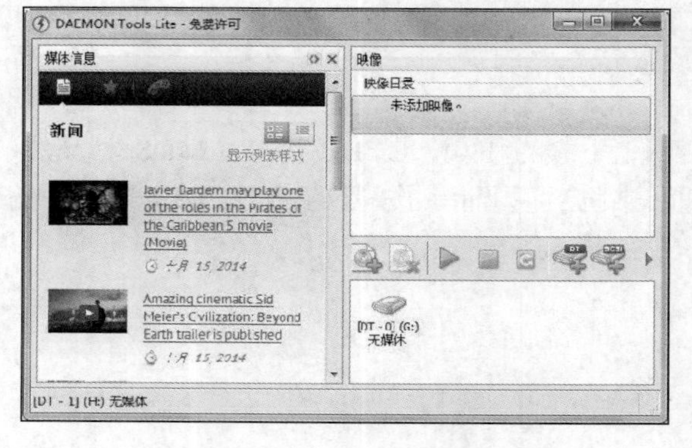

图7-3 设置虚拟光驱数目

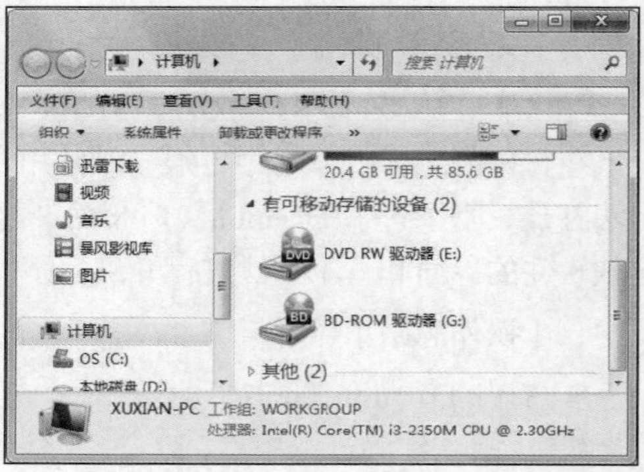

图7-4 虚拟光驱图标

“DVD 驱动器（E:）”是本机的物理光驱，也就是安装在计算机上的真实光驱，“BD 驱动器（G:）”是新生成的虚拟光驱。

（二） 加载和卸载映像文件

上面对虚拟光驱的数目进行了设置，下面介绍虚拟光驱的主要功能——加载映像文件。

【操作思路】

- 启动 Daemon Tools。
- 装载映像文件。
- 对装载的映像文件进行操作。
- 卸载映像文件。

【操作步骤】

STEP 1 启动 Daemon Tools 软件。

启动 Daemon Tools 软件。

STEP 2 装载映像文件。

（1） 添加映像有以下两种方式。

- 右键单击【未添加映像】选项，在其下拉菜单中选择【添加映像】命令，在弹出的【打开】对话框中选择映像文件，然后单击打开(O)按钮，如图 7-5 所示。
- 单击按钮，在弹出的【打开】对话框中选择映像文件，然后单击打开(O)按钮，即可添加映像，如图 7-6 所示。

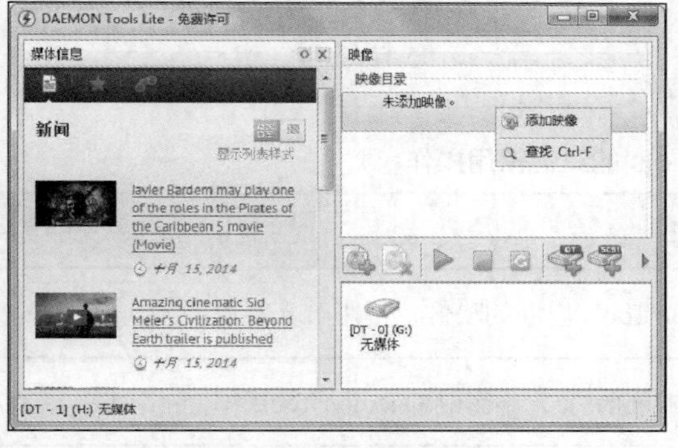

图7-5 【添加映像】方式 1

图7-6 【添加映像】方式 2

（2） 选中添加的映像，单击虚拟光驱，再单击按钮把映像添加到虚拟光驱，如图 7-7 所示。

（3） 在【我的电脑】窗口中可以看到，虚拟光驱产生的效果和真实光驱产生的效果完全一样，用户可以查看里面的文件，如图 7-8 所示，也可以对虚拟光驱中的文件进行复制和粘贴操作，还可以双击自动运行虚拟光驱中的文件。

STEP 3 卸载映像文件。

如果想更换光盘中的映像文件，可以选中虚拟光驱，单击鼠标右键，选择【卸载】命令即可卸载此光驱里面的映像，但此映像依然在 Daemon Tools 里面，用户可以根据需要把此映像加载到另外的光驱里面去，如图 7-9 所示。

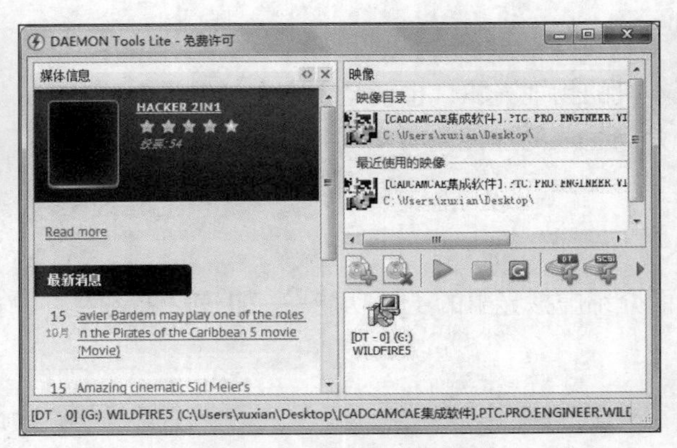

图7-7 虚拟光驱的显示

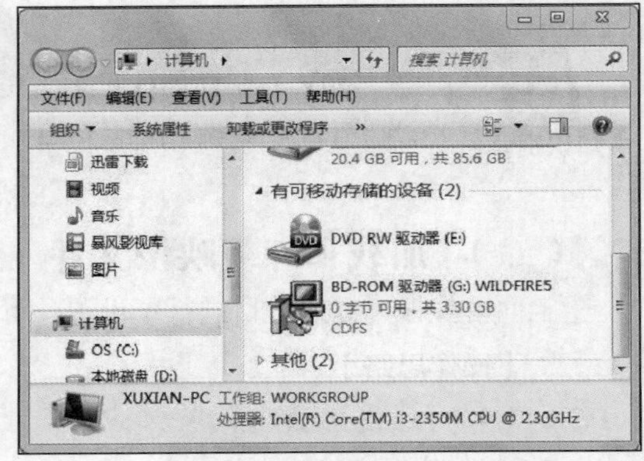

图7-8 光盘中显示的内容

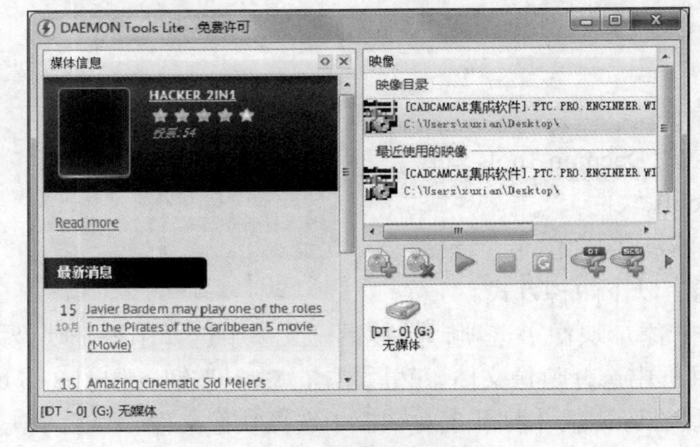

图7-9 卸载映像文件

【知识拓展】——熟悉其他选项。

Daemon Tools 的其他常用操作如表 7-1 所示。

表 7-1 Daemon Tools 的其他常用操作

按钮	名称	含义
	移除项目	移除 Daemon Tools 里面的映像，不影响光驱里面的映像
	卸载	卸载光驱里面的映像，不影响 Daemon Tools 里面的映像
	卸载所有光驱	卸载 Daemon Tools 里面的所有虚拟光驱
	移除虚拟光驱	手动卸载虚拟光驱
	制作光盘映像	根据用户需要制作光盘映像
	使用 Astroburn 刻录映像	此选项需要安装 Astroburn 软件
	参数选择	设置 Daemon Tools 的常规、快捷键等参数

任务二 掌握 Nero Burning ROM 的使用方法

如果硬盘中东西太多，空间又不够用，或者借到一张好光盘，自己也想有一张，这就需要有光盘刻录机。但是光有光盘刻录机还不行，还得有一款优秀的光盘刻录软件。Nero 可以以轻松、快速的方式制作专属的 CD 和 DVD。不论所要刻录的是资料 CD、音乐 CD、Video CD、Super Video CD、DDCD，还是 DVD，所有的程序都是一样的，即使用鼠标将档案从档案浏览器拖曳至编辑窗口中，开启刻录对话框，然后激活刻录作业。

该软件几乎不可能出错。比如，想要制作一张音乐光盘，却误将数据文件拖曳至编辑窗口中，Nero 会自动侦测该档案的资料格式不正确（无法辨识该档案的资料格式），因此就不会将这个档案加入音乐光盘中。它具有高速、稳定的刻录核心，再加上友善的操作接口，Nero 绝对是用户刻录机的绝佳搭档。下面以 Nero 8.3 为例来介绍该软件的使用方法。

（一） 制作 CD/DVD

下面主要介绍使用 Nero Burning ROM 制作出自己的 CD 和 DVD，从而认识软件的界面和基本功能的应用。

【操作思路】

- 启动 Nero Burning ROM 的方法。
- 认识 Nero Burning ROM 的基本界面。
- 制作多重区段 CD。

【操作步骤】

STEP 1 启动 Nero Burning ROM。

Nero 8.3.2.1 集成了包括 Nero Burning ROM 软件在内的 20 多种软件，这里主要以 Nero Burning ROM 这项功能为例进行详细介绍。启动 Nero-Burning ROM 有几种方法，下面介绍两种常用的启动方式。

（1） 安装完 Nero 8.3.2.1 后，选择【开始】/【所有程序】/【Nero 8】/【Nero Burning ROM】命令，打开 Nero Burning ROM。

（2） 双击桌面上的 Nero StartSmart 图标，打开 Nero 8 的主界面，在主界面的左侧，选择用户需要的应用程序。本例选择 Nero Burning ROM 选项，如图 7-10 所示。

图7-10 Nero StartSmart 主界面

STEP 2 制作 CD/DVD。

（1） 首次打开 Nero Burning ROM 会弹出【新编辑】对话框，在左侧选择需要刻录的类别，这里选择【CD-ROM（ISO）】选项，然后分别对信息、ISO、标签、日期、其他、刻录等内容进行编辑，如图 7-11 所示。

（2） 切换到【ISO】选项卡，如图 7-12 所示，设置 ISO 格式的一些参数，重要的是设置文件名长度和字符集。这里选择 31 个字符文件名和多字节字符集，这样可以支持汉字文件名。

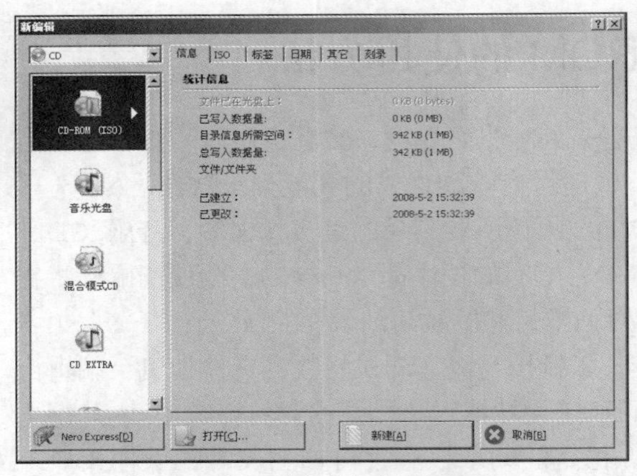

图7-11 【新编辑】对话框

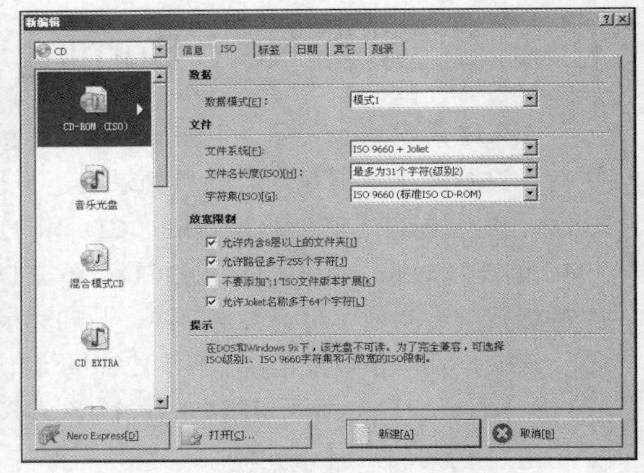

图7-12 【ISO】选项卡

（3） 切换到【标签】选项卡，如图 7-13 所示，从中可以设置 CD 的名称，更改默认的标签名为“新建”，如果需要更改更多的信息，可以单击 更多标签[G] 按钮进行设置。

（4） 切换到【刻录】选项卡，如图 7-14 所示，根据图 7-14 对相关参数进行设置。

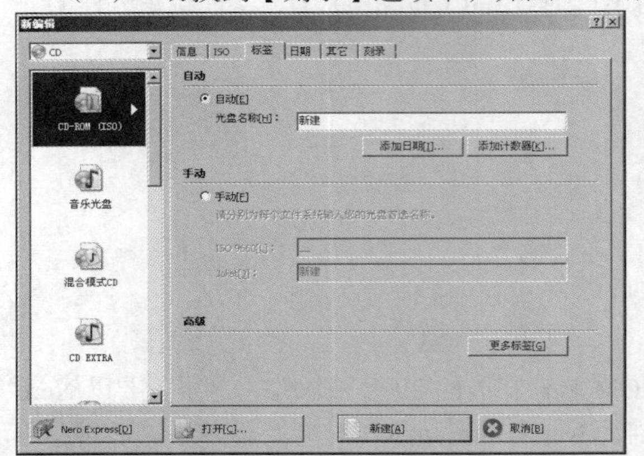

图7-13 【标签】选项卡

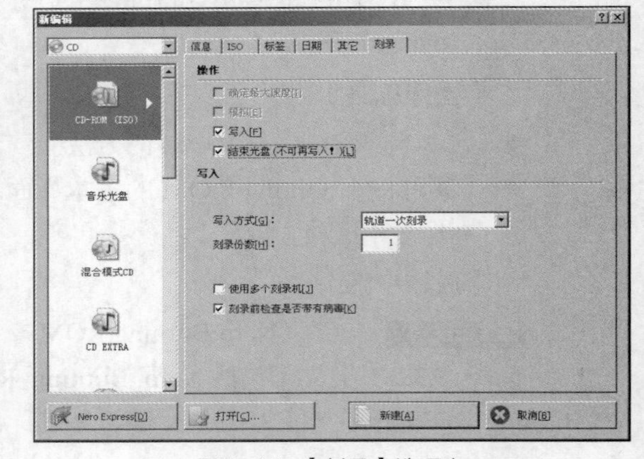

图7-14 【刻录】选项卡

（5） 单击图 7-14 所示界面中的 新建[A] 按钮，弹出 Nero Burning ROM 的主界面，如图 7-15 所示。

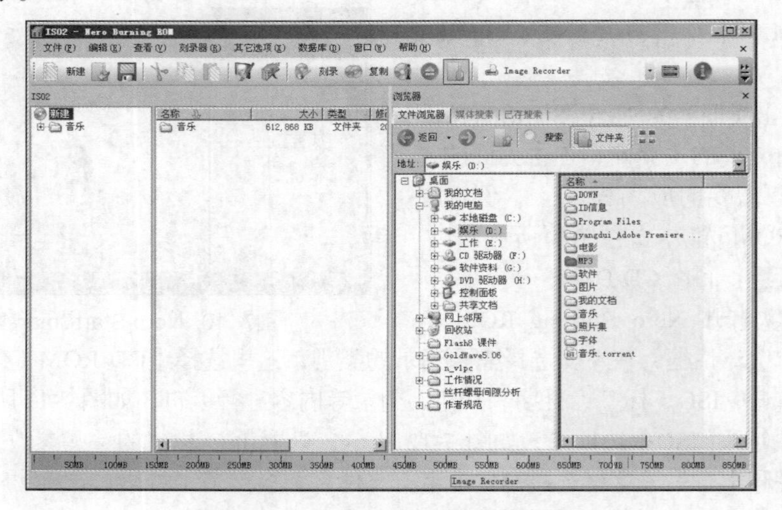

图7-15 Nero Burning ROM 的主界面

（6） 从本地资源管理器中，以拖放的方式拖放文件或文件夹到光盘虚拟管理器中进行编辑。

如果拖动的是许多单个文件，则可能会影响 CD 内容的整齐性。要避免这种情况，可以选择菜单栏中的【编辑】/【建立新数据夹】命令，或者单击鼠标右键并从快捷菜单中选择该命令新建文件夹。刚创建的文件夹会使用默认的名称“新建”，用户可以立即将它重命名。用户也可以根据需要创建任意数量的文件夹，并利用拖放方式来拖动现有的文件。当然，也可以将其他文件从档案浏览器拖至编辑窗口中。

（7） 编辑完成后，单击 Nero Burning ROM 主界面工具栏上的 刻录 按钮，弹出如图 7-16 所示的【刻录编译】对话框。

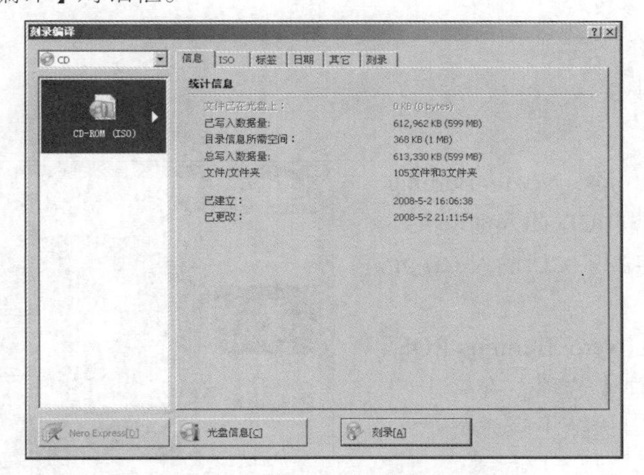

图7-16 【刻录编译】对话框

该对话框类似于【新编辑】对话框，其中的选项卡一样，只是左侧没有刻录 CD 类型选择，其作用是让用户再次确认刻录 CD 的设置，以免万一失误造成损失。

（8） 确认设置无误之后，单击 刻录[A] 按钮，进入刻录过程（或者是模拟刻录过程，视所选刻录机类型而定），如图 7-17 所示。

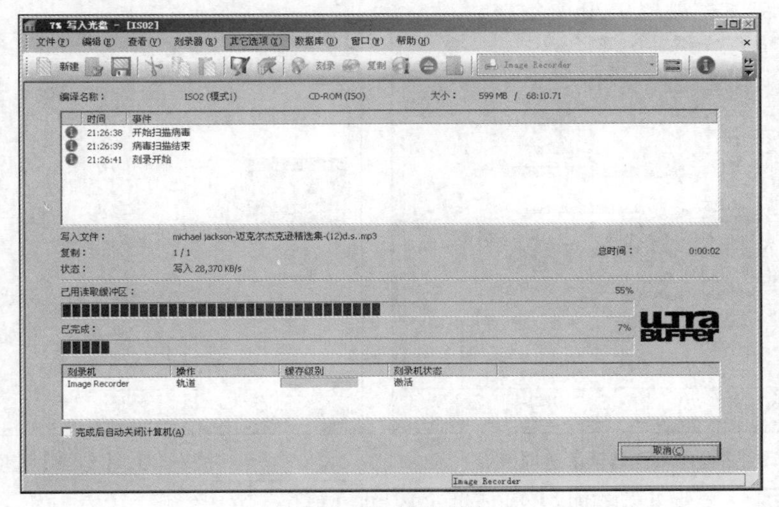

图7-17 刻录过程

用户可以在如图 7-17 所示的状态窗口中监视进度，该窗口会显示执行刻录时记录下来的各个步骤。刻录完成之后，CD 会被弹出，这时可以保存、打印或放弃屏幕上显示的信息。

（9） 再次插入刚刻录的 CD 并双击 CD 信息图标，检查其中刻录的内容。

（二） 刻录 CD 光盘

选择一张 CD 光盘，如果想将里面的内容复制到另一张光盘上，只要拥有光驱和刻录机，Nero Burning ROM 就可以派上大用场。下面将介绍用它来刻录 CD 音乐的方法。

【操作思路】

- 启动 Nero Burning ROM。
- 选择音乐光盘选项。
- 设置里面的参数。
- 选择要刻录的内容。
- 进行刻录操作。

【操作步骤】

STEP 1 启动 Nero Burning ROM，将可刻录的空白 CD 插入刻录机。

STEP 2 将音乐 CD 插入 CD 光驱中。

STEP 3 在 Nero Burning ROM 主界面中选择【新建】选项，在弹出的【新编辑】对话框中选择【音乐光盘】选项，如图 7-18 所示。

STEP 4 切换到【音乐 CD 选项】选项卡，设置 Nero 处理音乐 CD 上 CDA 文件的策略，如图 7-19 所示。

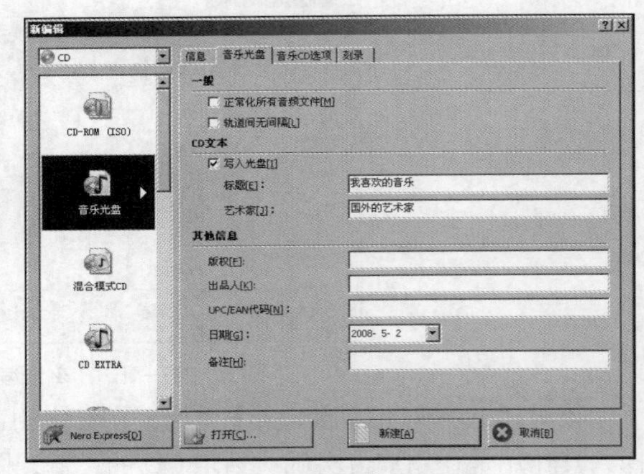

图7-18 【新编辑】对话框

STEP 5 切换到【刻录】选项卡，设置写入方式，同时可以设置刻录份数，即一次可以刻录多个副本，如图 7-20 所示。

图7-19 【音乐 CD 选项】选项卡

图7-20 【刻录】选项卡

STEP 6 单击【新编辑】对话框下边的 新建[A] 按钮，进入音乐 CD 的编辑窗口，如图 7-21 所示。

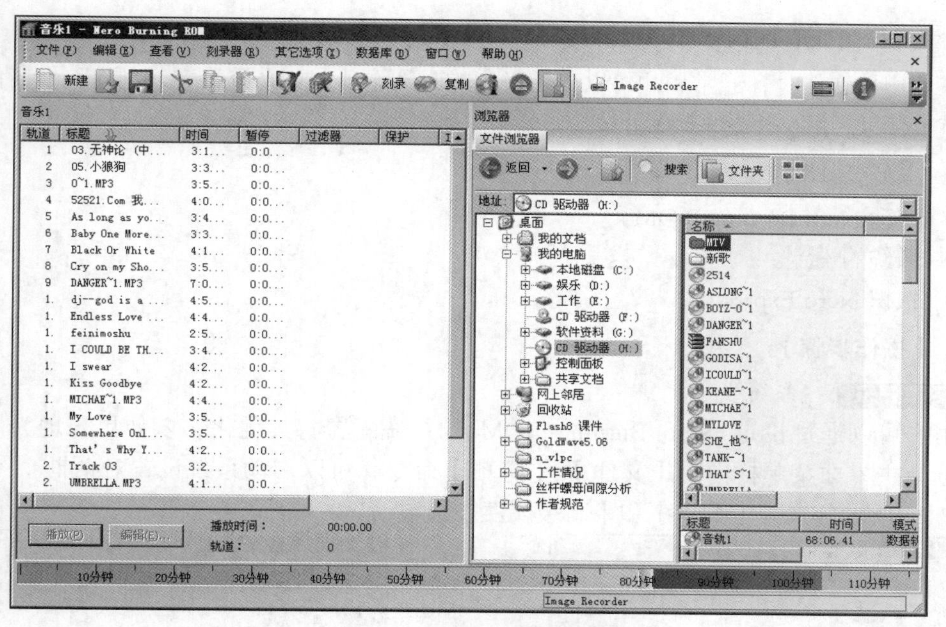

图7-21 音乐 CD 的编辑窗口

STEP 7 通过本地资源管理器打开音乐 CD，然后从中拖曳要刻录的音乐文件到音乐 CD 的编辑窗口中。

STEP 8 双击一个（或多个）音频文件，就会打开【音频轨道属性】对话框，在此可设置音频信息，如图 7-22 所示。

STEP 9 设置完成之后，单击 Nero Burning ROM 主界面工具栏上的 刻录 按钮，弹出如图 7-23 所示的【刻录编译】对话框。

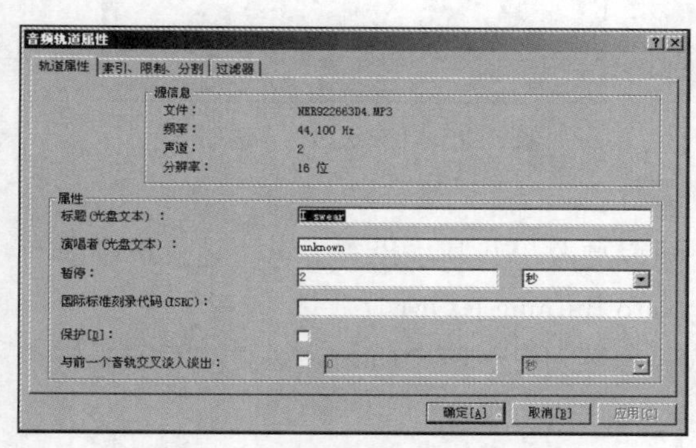

图7-22 【音频轨道属性】对话框

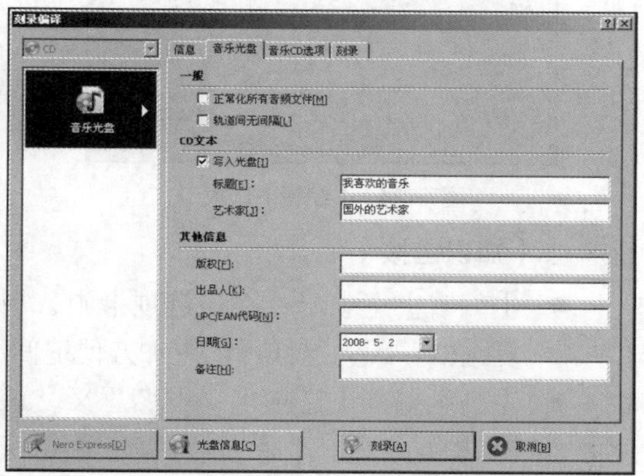

图7-23 【刻录编译】对话框

STEP 10 确认设置无误之后，单击 刻录(A) 按钮进入刻录过程（或者是模拟刻录进程，视所选选项而定），刻录过程和上面的制作一样。

STEP 11 刻录完成后，再次插入刚刻录的 CD 并双击 CD 信息图标，检查其中刻录的内容。

如果在刻录的音乐 CD 中有噼啪声、嗡嗡声或嘶嘶声，这是由读取音频数据时硬件所具有的基本问题造成的，与 Nero Burning ROM 软件无关。

（三） 了解 Nero Burning ROM 的高级设置

在使用该软件时，通常用户可以自定义它的默认选项，如系统设定、创建映像文件等，下面就具体来了解一下这些设置。

【操作思路】

- 启动 Nero Burning ROM。
- 系统的设定。
- 认识 Nero Express。

【操作步骤】

STEP 1 系统设定。

用户可以通过设定 Nero Burning ROM 的系统配置将其优化，以便更好地为用户工作。选择主界面菜单栏中的【文件】/【选项】命令，可以启动系统设置对话框。图 7-24 和图 7-25 所示分别为【编辑】和【高级属性】选项卡。

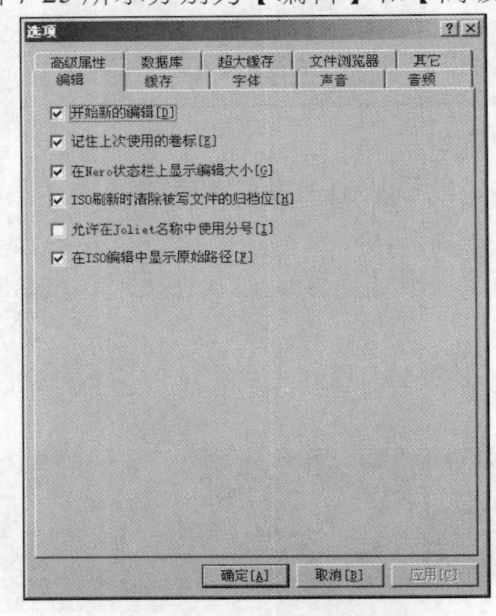

图7-24 【编辑】选项卡

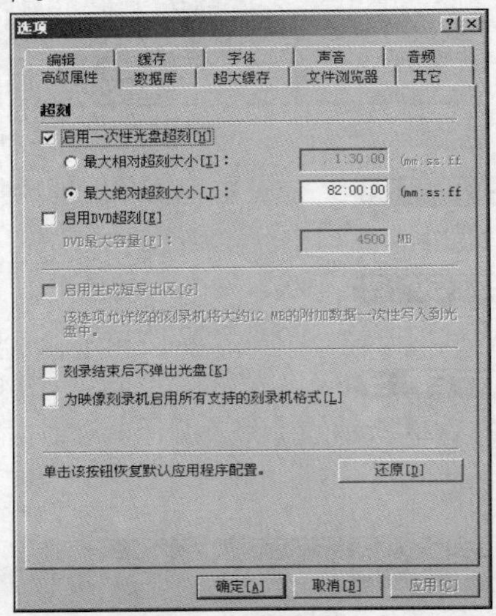

图7-25 【高级属性】选项卡

【知识链接】

- 【编辑】选项卡：在该选项卡中，用户可以更改一些基本设置。这里建议选中所有复选框，因为这样可以更加方便地使用 Nero Burning ROM。
- 【高级属性】选项卡：顾名思义，该选项卡是为有一些介质刻录经验的专家级用户提供的。

其他选项卡的使用可参见软件的帮助文件。

STEP 2 创建映像文件。

与 Daemon Tools 一样，Nero Burning ROM 也可以创建映像文件。

其实创建映像文件和刻录光盘过程一样，不同的是，前者是通过 Nero Burning ROM 提供的特殊刻录机——虚拟映像刻录机来实现的。用户可以通过单击主界面工具栏中的按钮来选择不同的刻录机。

创建映像文件之后，用户随时都可以把它刻录到物理 CD 上。

STEP 3 Nero Express 快速刻录。

（1） 单击主界面工具栏上的按钮，可以进入 Nero Express 操作主界面，如图 7-26 所示。

图7-26 Nero Express 主界面

通过比较图 7-26 和图 7-15 可以发现，Nero Express 就是 Nero Burning ROM 的简化版，前者只是集中了后者的主要功能。用户可以通过 Nero Express 快速、简便地制作 CD。

（2） 单击 Nero Express 主界面左侧的按钮可以展开设置面板，如图 7-27 所示。

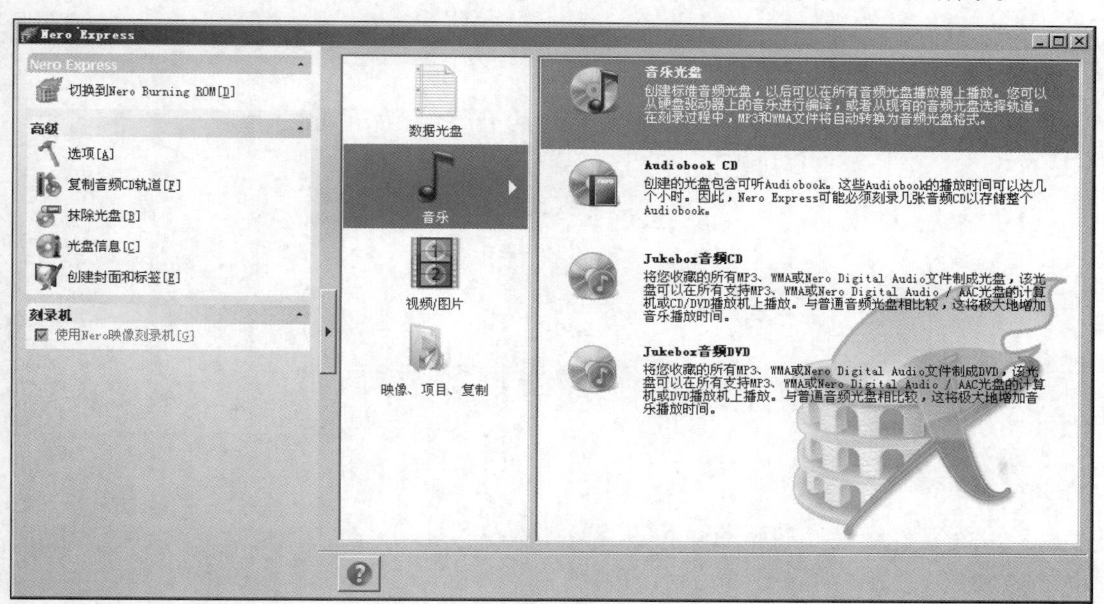

图7-27 Nero Express 设置面板

（3） 单击按钮则可关闭设置面板。

（4） 单击 Nero Express 中的 切换到Nero Burning ROM[F] 链接可以切换到 Nero Burning ROM 主界面。

项目小结

本项目介绍了两个与光盘相关的工具软件，分别是虚拟光驱软件 Daemon Tools 和数据光盘制作软件 Nero Burning ROM。通过学习虚拟光驱软件 Daemon Tools，读者可以掌握建立和管理虚拟光盘的方法；通过学习数据光盘制作软件 Nero Burning ROM，读者可以掌握使用 Nero Burning ROM 刻录数据光盘的方法。

思考与练习

一、操作题

1. 下载并安装 Daemon Tools 软件。
2. 使用 Nero Burning ROM 将自己喜欢的视频文件刻录到光盘中。

二、思考题

1. 在使用 Daemon Tools 过程中，如果虚拟光驱中已有映像文件，而想加载另一个映像文件，是直接加载映像文件，还是先卸载已有的映像文件，再加载新的映像文件？这样做有什么区别？
2. 在 Nero Burning ROM 中刻录音乐光盘和刻录数据光盘的操作有什么异同点？

PART 8

项目八 磁盘维护工具

在计算机中，硬盘是最重要且使用最频繁的存储设备，用于存放用户所需的软件和数据。目前，软件的界面和功能日趋丰富和完善，对硬盘容量的需求也越来越大。随着硬盘价格的不断下降，当前个人计算机中几百GB 甚至更大容量的硬盘已成为主流配置。虽然硬盘的容量、速度、可靠性都不断得到提高，但在实际使用中仍会因各种误操作、病毒等因素造成硬盘损伤。同时，由于频繁地写入、删除等操作而产生大量的磁盘碎片，轻则导致计算机软件运行速度下降或数据丢失，重则使计算机无法启动，甚至影响磁盘的使用寿命。因此，许多优秀的磁盘工具软件应运而生，为硬盘提供了各方面的维护。本项目将介绍几款流行的磁盘工具。

学习目标

- 掌握使用 Symantec Ghost 对磁盘进行备份和还原的方法。
- 掌握使用 FinalData 恢复被删除数据的方法。
- 掌握使用 PartitionMagic 对硬盘进行分区。

任务一　使用 Symantec Ghost 对磁盘进行备份和还原

许多使用计算机的用户可能都有过由于病毒或者操作的失误而导致硬盘上的数据丢失和系统崩溃的经历，如果事先未做好备份工作，这会带来无法弥补的损失。因此，用户最好经常对计算机进行备份，以便提高系统的安全性。这里向读者推荐一款操作方便、功能强大的工具软件——Symantec Ghost。

Symantec Ghost 是 Symantec（赛门铁克）公司出品的一款极为优秀的系统备份软件。Ghost（General Hardware Oriented Software Transfer）意思是“面向通用型硬件传送软件”。作为最著名的硬盘复制备份工具，Symantec Ghost 不但具有将一个硬盘中的数据完全相同地复制到另一个硬盘中的硬盘“克隆”功能，还附带有硬盘分区、硬盘备份、系统安装、网络安装、升级系统等功能。其全面的功能介绍如下。

- 可以创建硬盘分区备份文件。

- 可以将备份文件还原到原硬盘分区上。
- 磁盘备份可以在各种不同的存储系统间进行。
- 支持 FAT16/32、NTFS、OS/2 等多种分区的硬盘备份。
- 支持 Windows 9x/NT、UNIX、Novell 等系统下的硬盘备份。
- 可以对硬盘进行备份和还原。
- 可以实现系统的网络安装。

（一） 备份磁盘分区

只有事先做好应对数据丢失的准备，才能在数据丢失时将损失降到最小。下面将介绍使用 Symantec Ghost 对磁盘分区进行备份。

【操作思路】

- 选择备份菜单项。
- 选择备份分区。
- 确定备份文件的存放位置和名称。
- 选择压缩方式。

【操作步骤】

STEP 1 运行 Symantec Ghost。

Symantec Ghost 要求运行在 DOS 环境下，这样才能正确地对任何分区进行备份操作。一般使用 Windows 启动盘进入 DOS 环境，运行 ghost.exe 后进入 Symantec Ghost 界面，如图 8-1 所示。

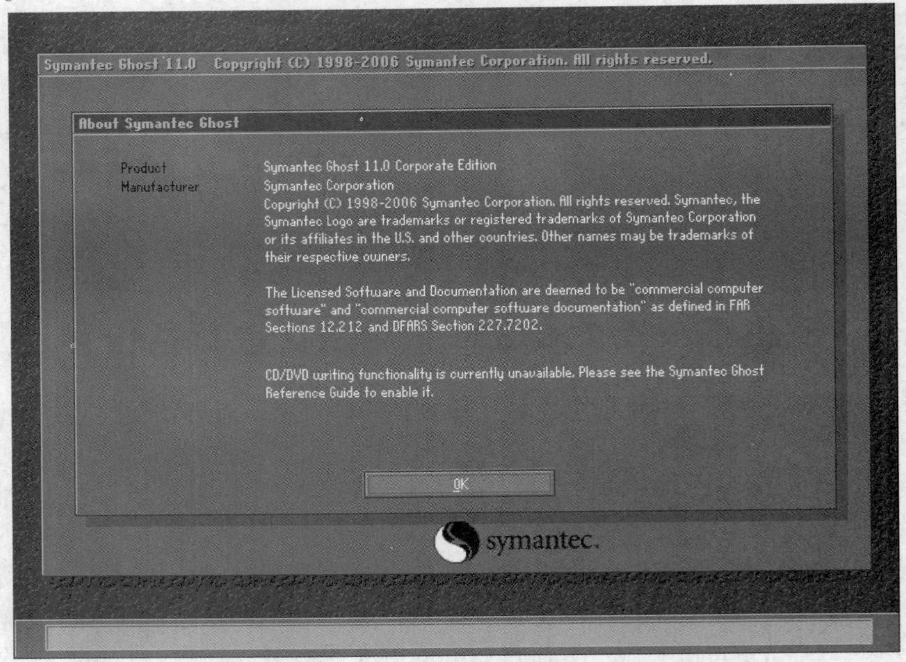

图8-1 Symantec Ghost 界面

STEP 2 选择备份菜单项。

这里对单个硬盘上的单个分区进行备份。选择【Local】/【Partition】/【To Image】命令，如图 8-2 所示。

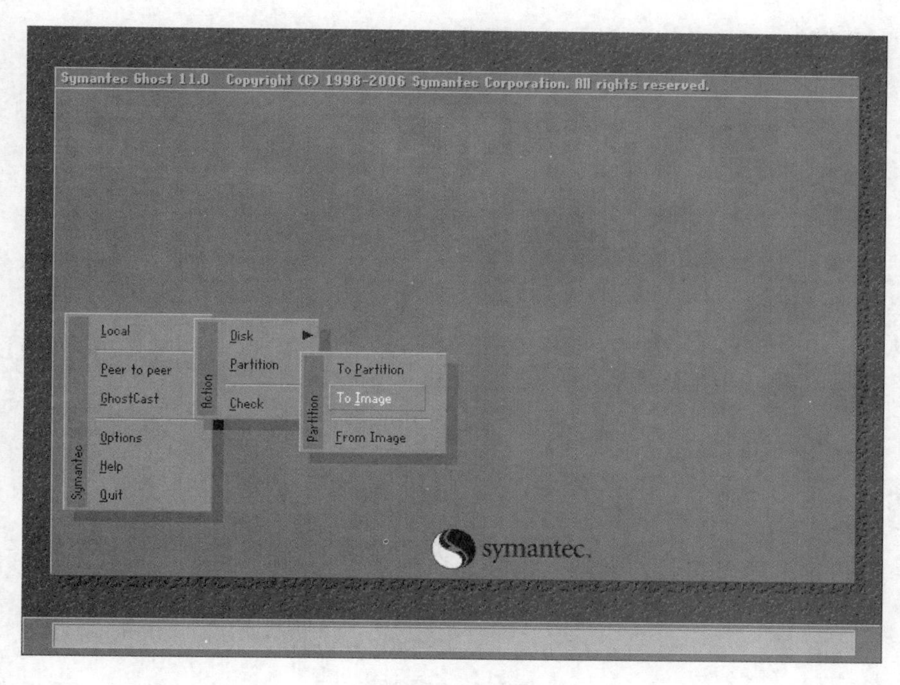

图8-2　备份菜单项

STEP 3　选择备份分区。

（1）　选择该命令后，出现硬盘选择界面，如图 8-3 所示。如果计算机上有多个硬盘，则这里将列出所有硬盘。

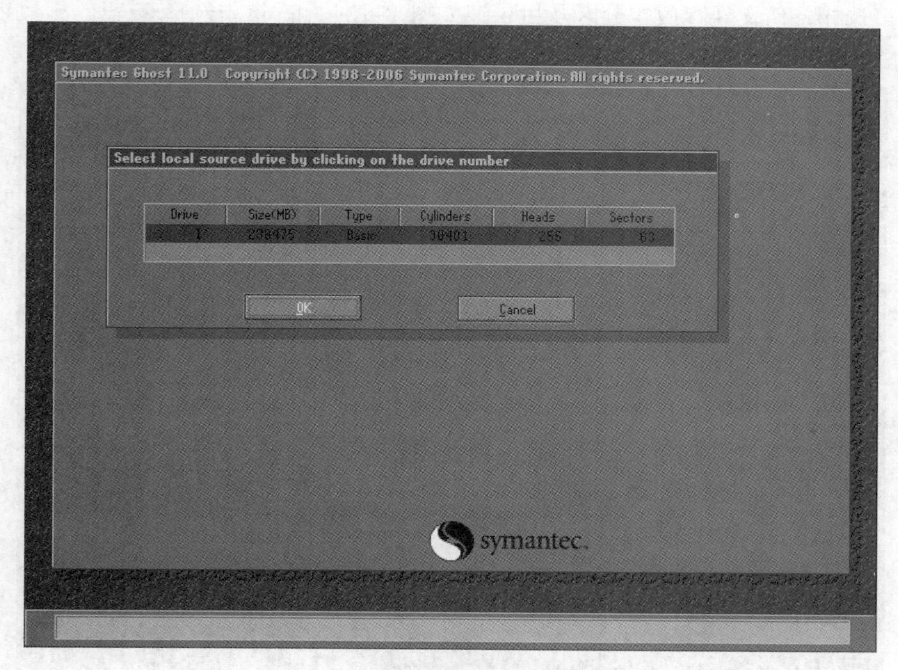

图8-3　选择硬盘

（2）　选择备份分区所在的硬盘，单击 OK 按钮，进入分区选择界面，如图 8-4 所示。

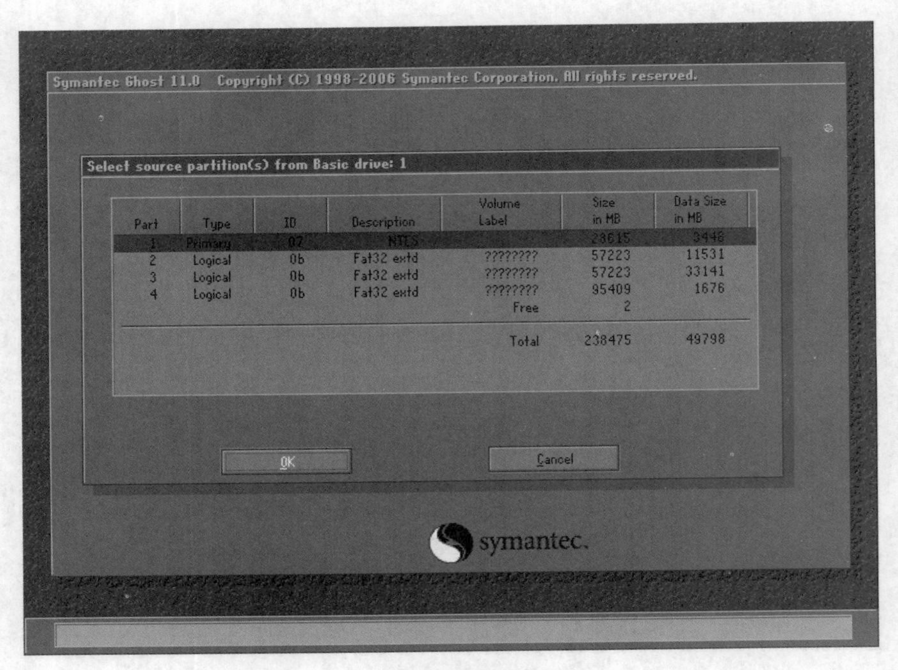

图8-4 选择分区

（3） 在分区选择界面中选择将做备份的分区，可以多选，但为了方便和安全，一般一个备份只选择一个分区。这里选择系统所在的 C 盘，选择好分区后单击 OK 按钮。

STEP 4 确定备份文件的存放目录和名称。

（1） 选择备份文件存放的分区及目录，如图 8-5 所示。这里选择 F 盘的根目录作为备份文件的存放目录。

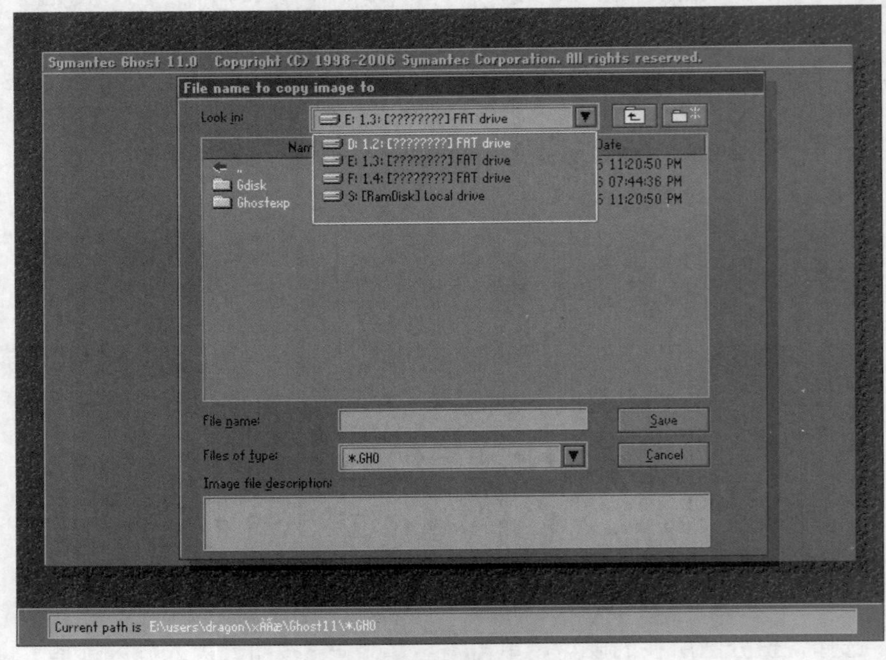

图8-5 选择存放位置

（2） 在【File name】文本框中输入备份文件名称，这里输入“bak_C”，然后单击

Save按钮，如图 8-6 所示。

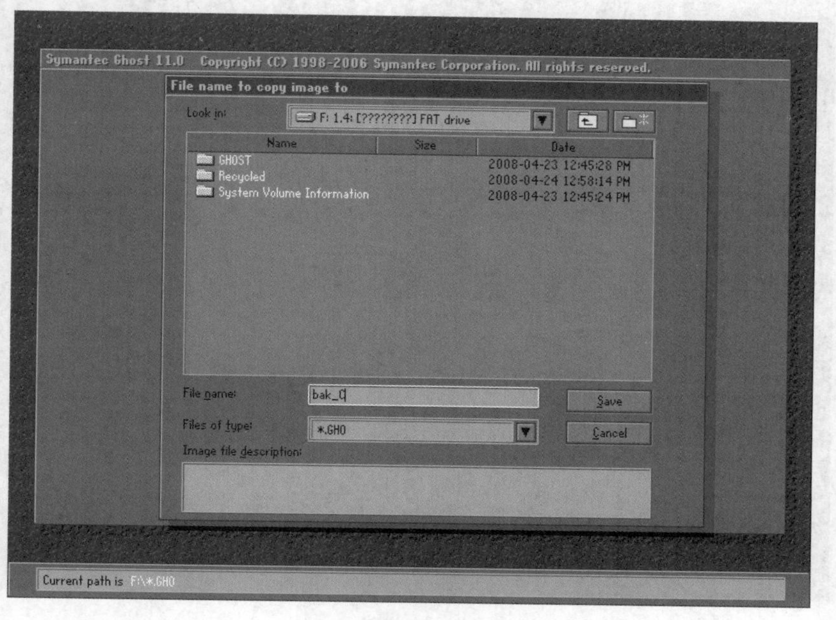

图8-6 输入名称

STEP 5 选择压缩方式并开始备份。

（1） 开始备份之前要选择备份文件的压缩方式，如图 8-7 所示。单击No按钮表示不压缩，单击Fast按钮表示进行快速压缩，单击High按钮表示进行高比例压缩。一般在磁盘空间充足的情况下单击No按钮，选择不压缩方式，这样可以大大节省备份和还原的时间。

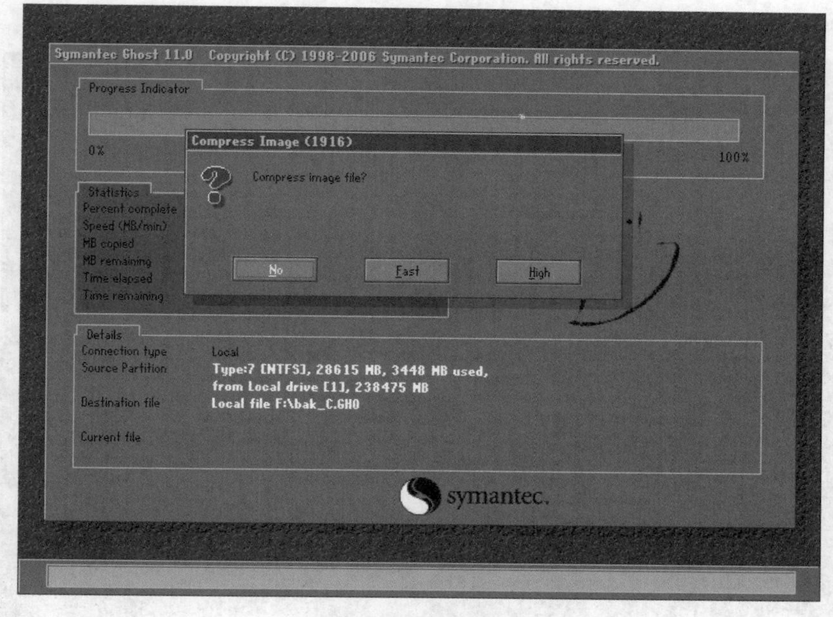

图8-7 选择压缩方式

（2） 选择压缩方式后，弹出备份确认对话框，单击Yes按钮开始备份，如图 8-8 所示。

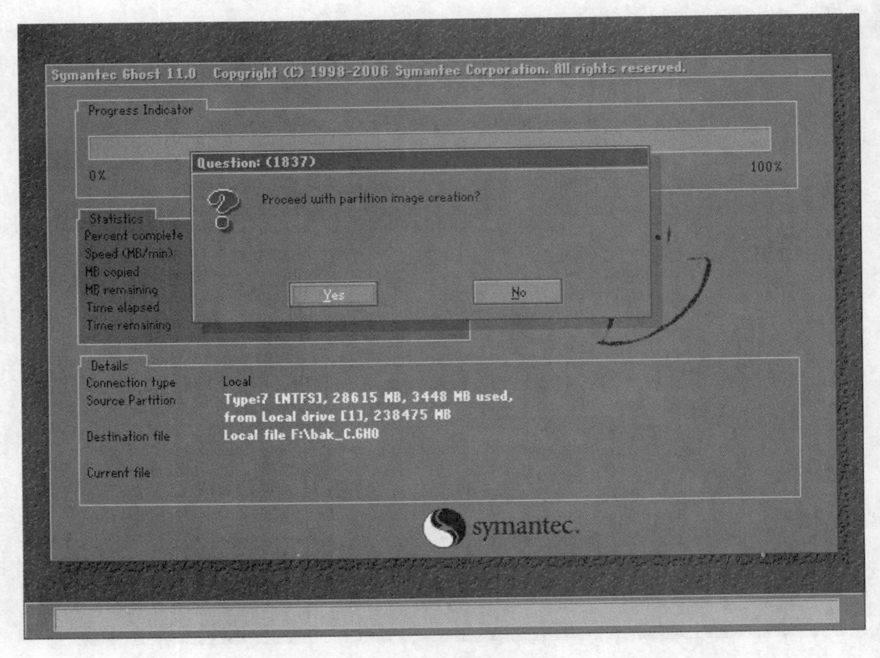

图8-8 确认备份

（3） 进入备份过程，如图 8-9 所示，一般需要几分钟到十几分钟的时间完成备份。

- Speed(MB/min)：表示每秒钟复制的字节数。
- MB copied：表示已经完成的字节数。
- MB remaining：表示需要复制的字节数。
- Time elapsed：表示已经进行的时间。
- Time remaining：表示还需要的时间。

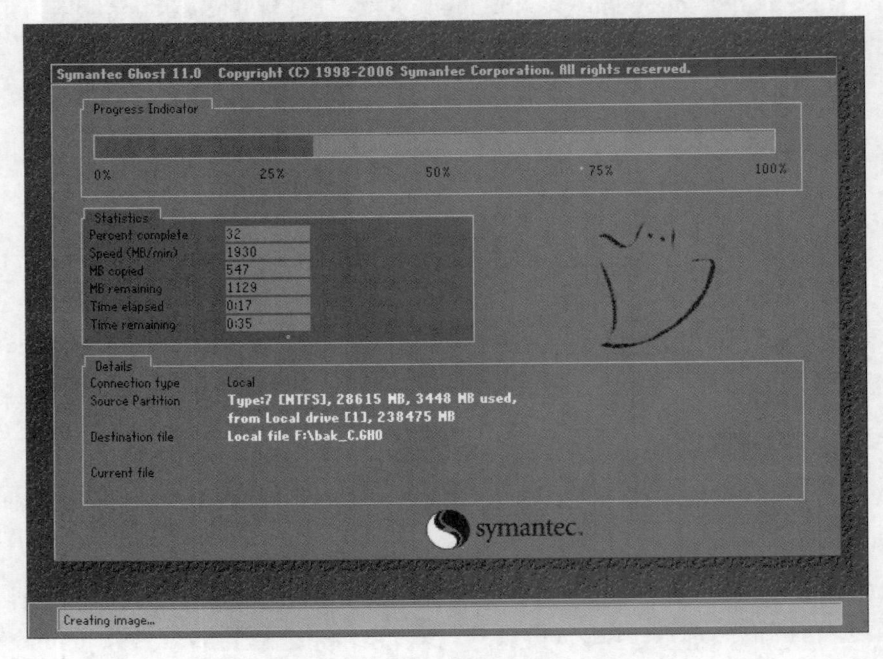

图8-9 备份过程

STEP 6 完成备份。

完成备份后，重新启动系统，进入系统后就会看到存放目录中有一个 GHO 文件，这个就是备份文件。用户要妥善保存好这个文件，以便在系统出现问题的时候用这个文件来还原系统。

（二） 还原磁盘分区

尽管很小心地使用计算机，但系统还是可能会出现问题。如果之前做好了备份，就不会因为系统问题而一筹莫展了。下面将介绍如何使用备份文件对分区进行还原。

【操作思路】

- 选择还原菜单项。
- 选择备份文件。
- 选择还原分区。

【操作步骤】

STEP 1 选择还原菜单项。

在 DOS 环境下运行 Symantec Ghost，选择【Local】/【Partition】/【From Image】命令，如图 8-10 所示。

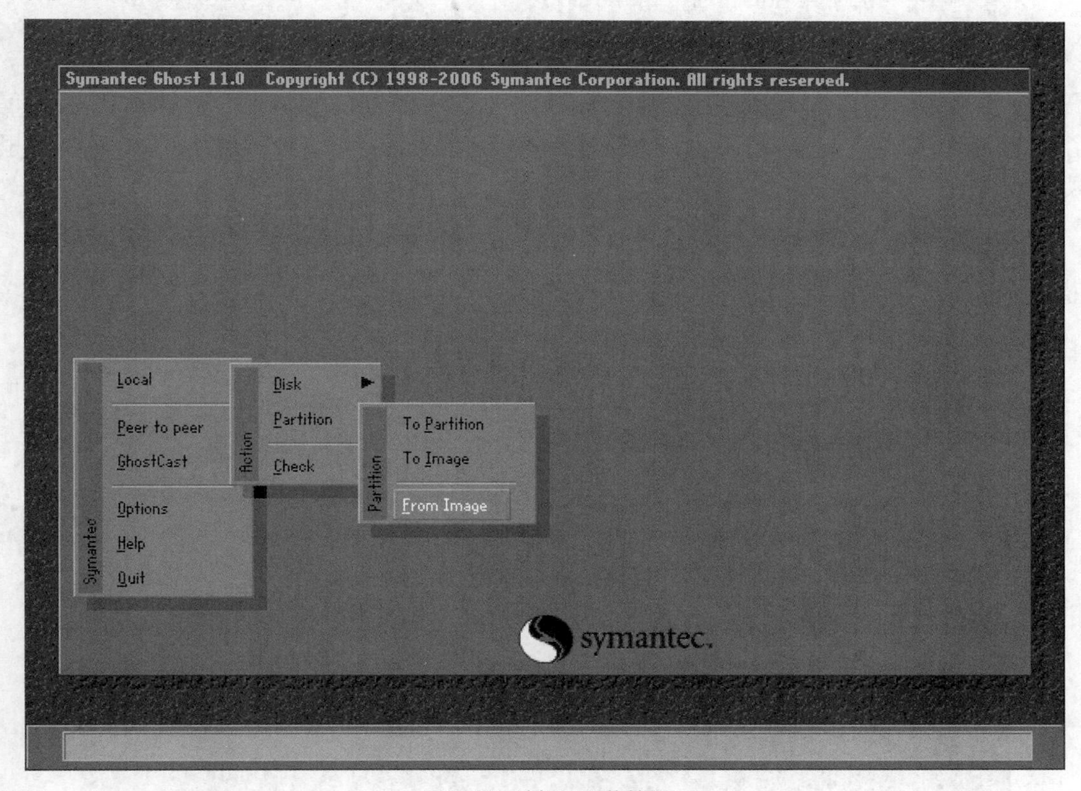

图8-10 选择还原菜单项

STEP 2 选择备份文件。

（1） 找到并选择备份文件，单击 Open 按钮将其打开，如图 8-11 所示。

Symantec Ghost 11.0 Copyright (C) 1998-2006 Symantec Corporation. All rights reserved.
Image file name to restore from
Look in:
F: 1.4: [DISK1_VOL4] FAT drive
Name
Size
Date
GHOST 2008-04-23 12:45:28 PM
Recycled 2008-04-24 12:58:14 PM
System Volume Information 2008-04-23 12:45:24 PM
bak_C.GHO 659,766,422 2008-04-24 04:28:48 PM
File name:
bak_C.GHO
Open
Files of type:
*.GHO
Cancel
Image file description:
Current path is F:*.GHO

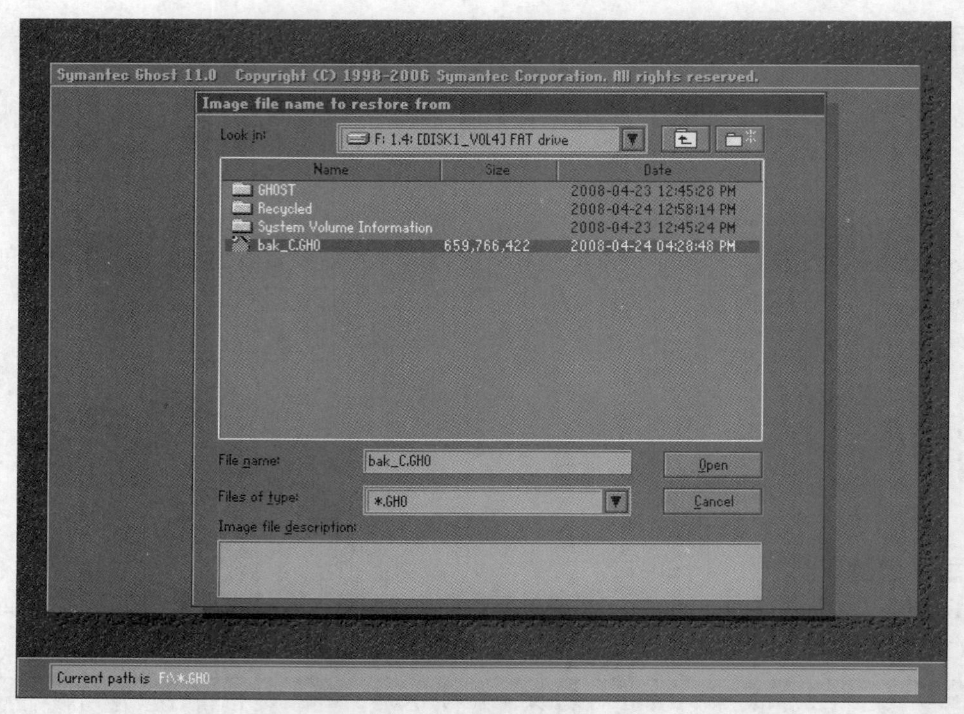

图8-11 选择备份文件

（2） 在弹出的界面中选择备份文件所包含的分区，如图 8-12 所示。如果在备份时选择了多个分区，则这里就有多个分区提供选择。由于前面只选择一个分区进行备份，所以这里只有一个分区供选择。

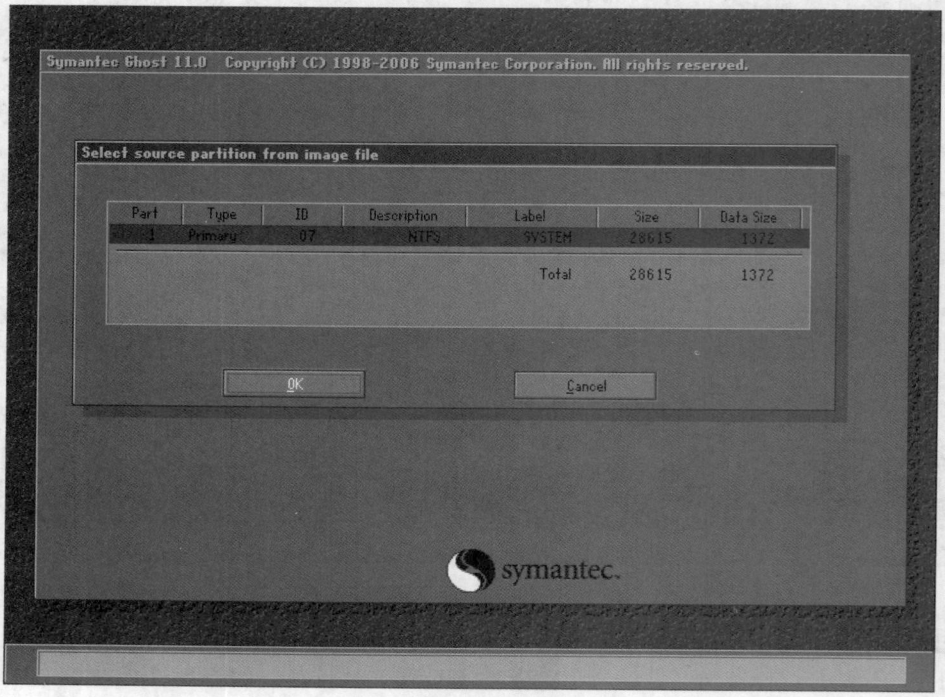

Symantec Ghost 11.0 Copyright (C) 1998-2006 Symantec Corporation. All rights reserved.
Select source partition from image file
Part Type ID Description Label Size Data Size
1 Primary 07 NTFS SYSTEM 28615 1372
Total 28615 1372
OK
Cancel
symantec.

图8-12 选择分区

STEP 3 选择还原分区。

（1） 选择还原分区所在的硬盘，这里是单硬盘，只有一个选择，单击 OK 按钮，如图 8-13 所示。

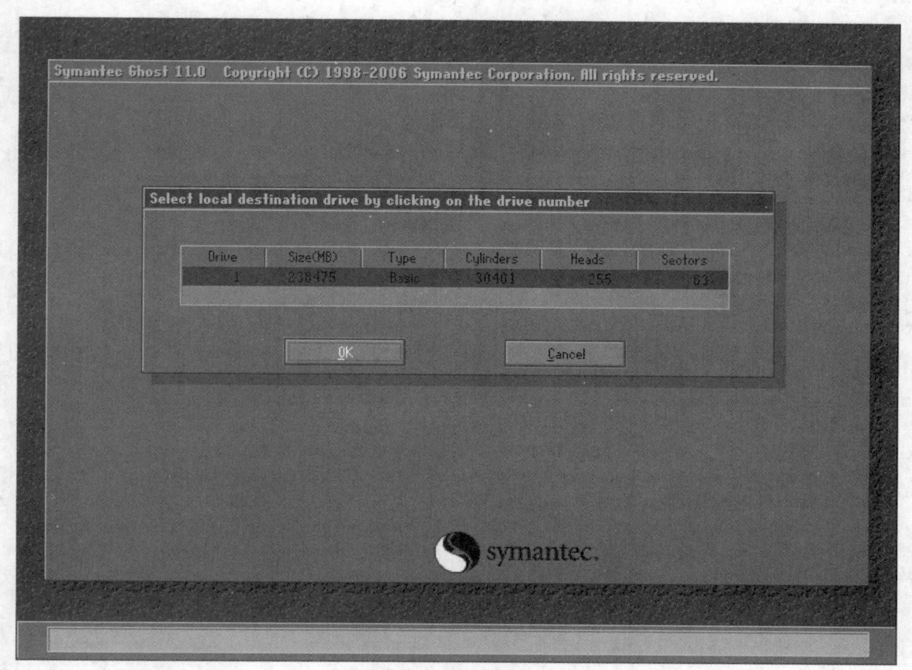

图8-13 选择硬盘

（2） 选择将被还原的分区，前面的备份文件是为系统 C 盘做的备份，所以在这里选择第一个分区，如图 8-14 所示。

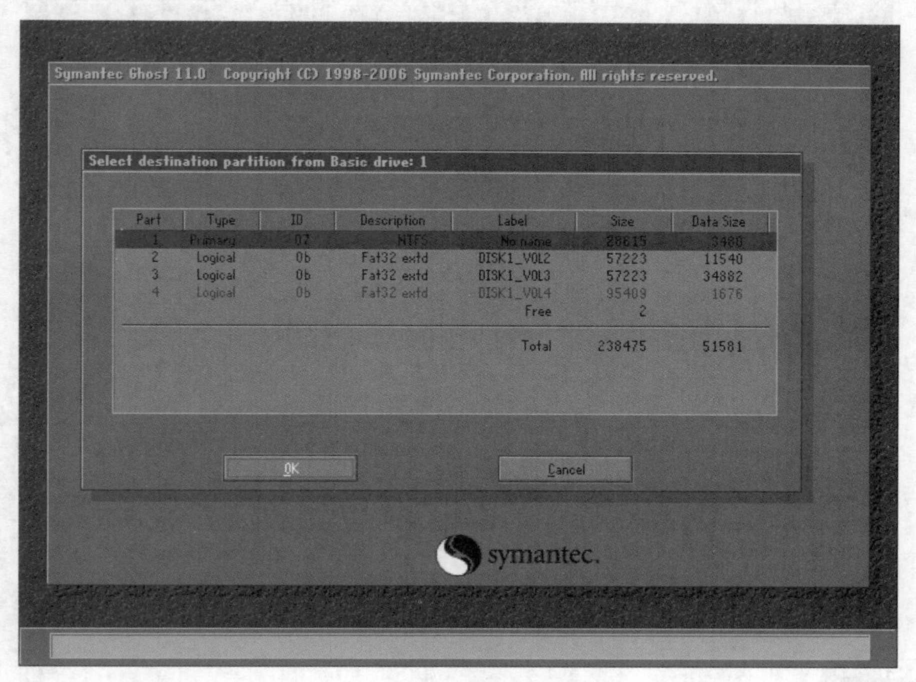

图8-14 选择还原分区

STEP 4 确认并进行还原。

（1） 在弹出的确认对话框中单击 Yes 按钮进行还原，同时还原分区上的原内容将被全部删除，如图 8-15 所示。

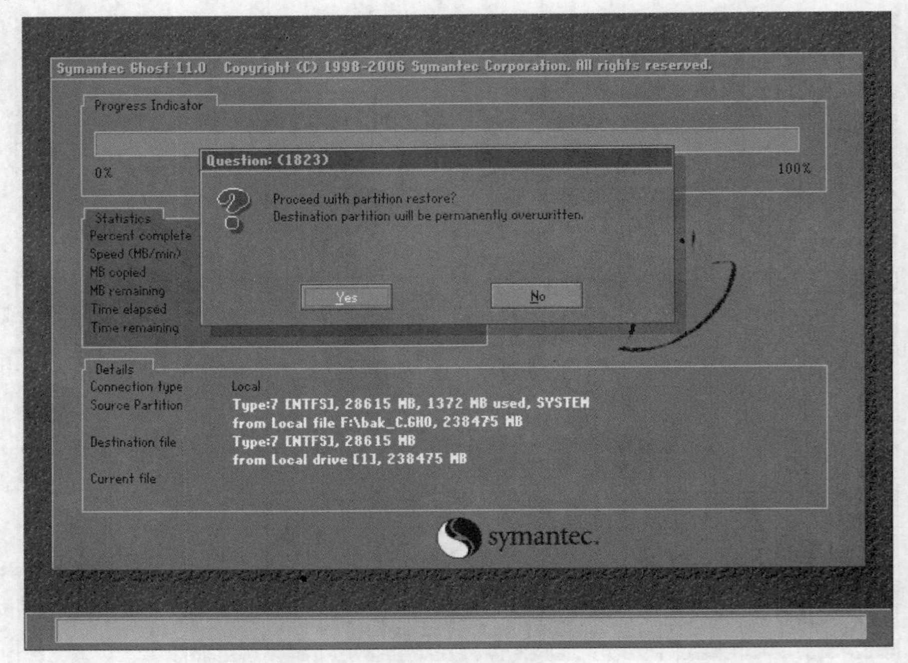

图8-15 删除原内容

（2） 系统开始进行还原，此过程也需要几分钟到十几分钟的时间，如图 8-16 所示。

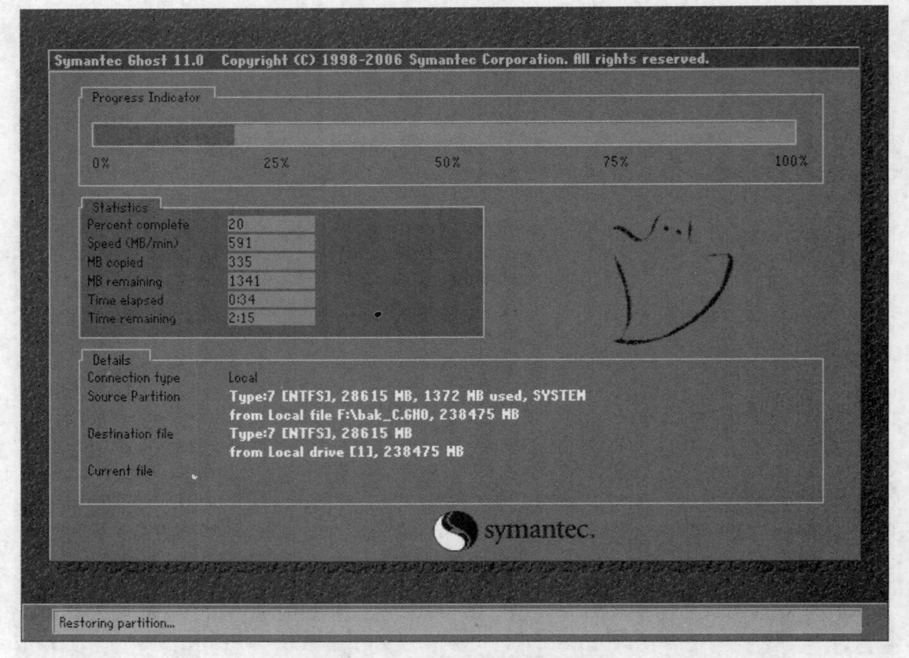

图8-16 还原过程

STEP 5 完成还原。

还原过程完成后，将弹出一个对话框，用户可以选择继续或重新启动计算机，如图 8-17 所示。

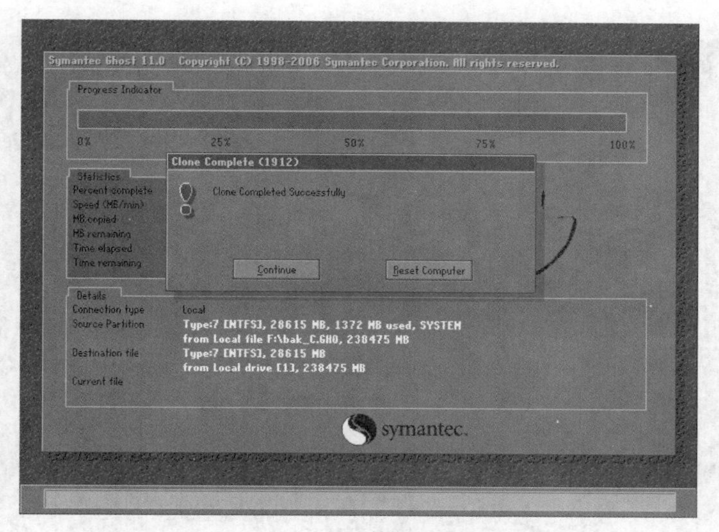

图8-17　完成还原

（三） 校验 GHO 备份文件

如果备份文件被意外地损坏，则还原过程中可能会发生意想不到的后果，所以在不确定备份文件是否完好的情况下，对备份文件进行校验就显得非常重要。下面将介绍如何对备份文件进行校验检查。

【操作思路】

- 选择校验菜单项。
- 选择备份文件进行校验。

【操作步骤】

STEP 1　进入 Symantec Ghost 软件界面，选择【Local】/【Check】/【Image File】命令，如图 8-18 所示。

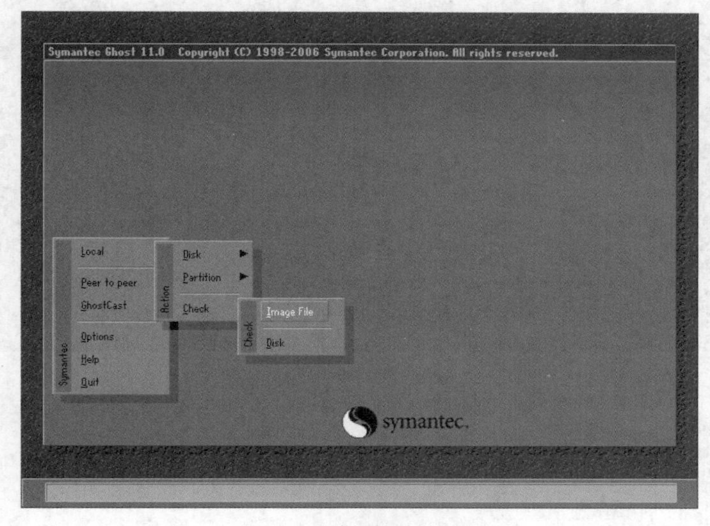

图8-18　选择校验菜单项

STEP 2　在打开的对话框中选择需要进行校验的备份文件，单击 Open 按钮将其打开，如图 8-19 所示。

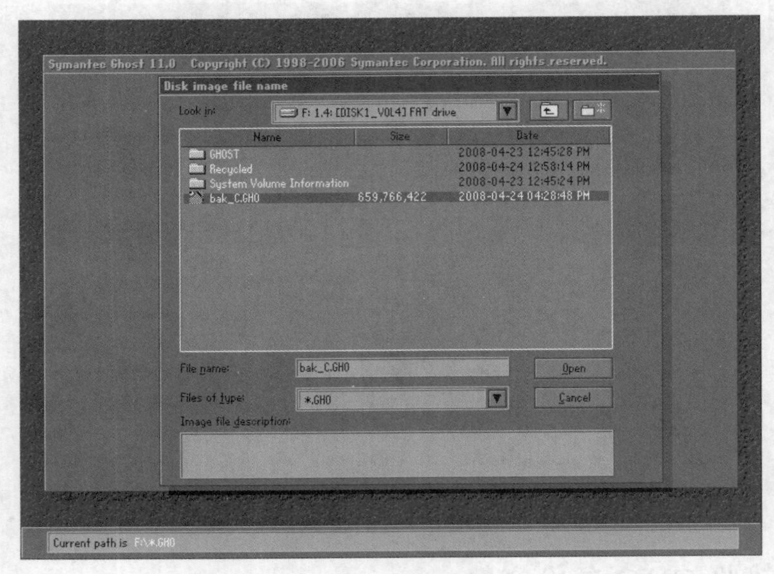

图8-19 打开备份文件

STEP 3 在弹出的确认对话框中单击 Yes 按钮即可开始校验备份文件。

STEP 4 校验过程一般比较快，如果校验过程中发现备份文件有问题，则会弹出对话框提示出错，这样此备份文件就不能再使用了。如果备份文件没有问题，则校验完成后会弹出对话框提示校验通过，如图 8-20 所示。

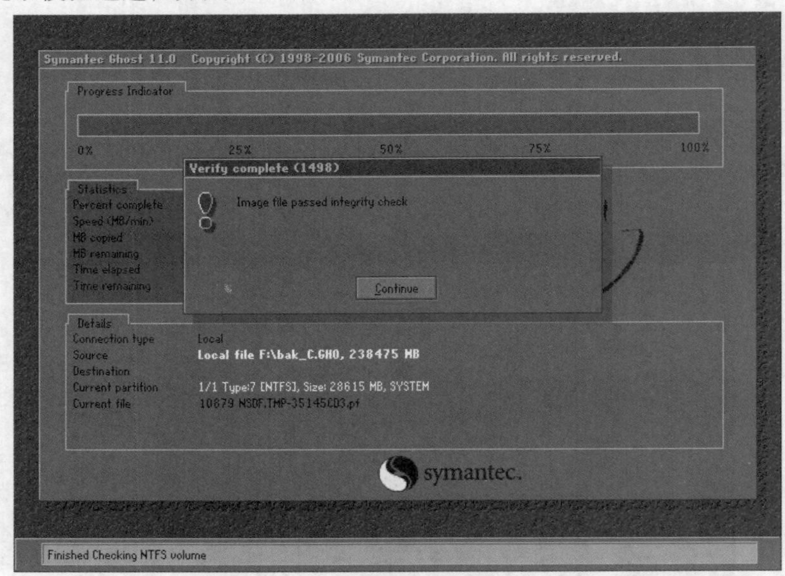

图8-20 校验通过

【知识链接】

Symantec Ghost 除了可以对磁盘分区进行备份、还原操作外，还可以实现以下操作。

- 对整个硬盘进行备份和还原。
- 通过网络对其他计算机进行备份和还原。
- 使用命令行操作的形式进行备份和还原。

任务二 使用 FinalData 恢复被删除数据

有时用户会因为错误的操作误删除一些重要的数据，或者因为磁盘的问题造成不能正常读取磁盘上的数据，这时就希望能从磁盘上把删除或丢失的数据恢复过来。在 Windows 环境下，删除一个文件只是将目录信息从 FAT 或者 MFT（NTFS）上删除，这意味着文件数据仍然留在用户的磁盘上。所以，从技术角度来讲，这个文件是可以恢复的。FinalData 就是通过这个机制来恢复丢失的数据的，即使在清空回收站以后也不例外。FinalData 可以很容易地从格式化后的磁盘和被病毒破坏的磁盘上恢复数据，甚至在极端的情况下，只要数据仍然保存在硬盘上，即使目录结构被部分破坏也可以恢复。

本任务将介绍利用 FinalData 恢复被删除数据的方法。

（一） 查找被彻底删除的数据

在恢复被删除的数据之前，首先要找到其所在的位置。下面将介绍使用 FinalData 查找被彻底删除的数据。

【操作思路】

- 确定被删除数据所在的磁盘。
- 对磁盘进行簇搜索。

【操作步骤】

STEP 1 启动 FinalData。

运行 FinalData，进入其操作界面，如图 8-21 所示。刚启动的软件界面没有多少内容，通过后面的操作，读者可以了解到各个区域的用途。

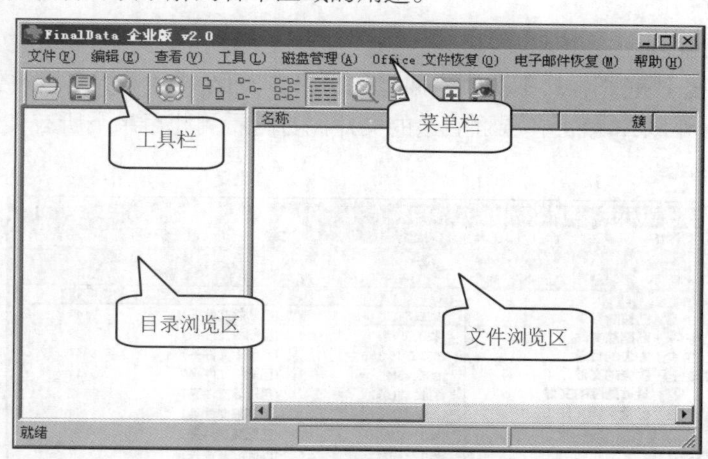

图8-21 FinalData 软件界面

STEP 2 查找已被删除的目录及文件。

（1） 选择菜单栏中的【文件】/【打开】命令，打开【选择驱动器】对话框，如图 8-22 所示。

（2） 选择数据所在的磁盘，这里选择 D 盘，单击 确定(O) 按钮。在对磁盘现有文件系统进行扫描之后会弹出【选择要搜索的簇范围】对话框，如图 8-23 所示。如果不确定数据的具体存放位置，可以使用默认的设置，即搜索整个磁盘。

（3） 单击确定按钮即开始进行簇搜索，如图 8-24 所示。此过程需要几分钟到几个小时的时间，根据计算机性能、磁盘文件的多少和硬盘的读取速度而定。一般使用 FinalData 时应关闭所有应用程序，以便加快搜索速度。

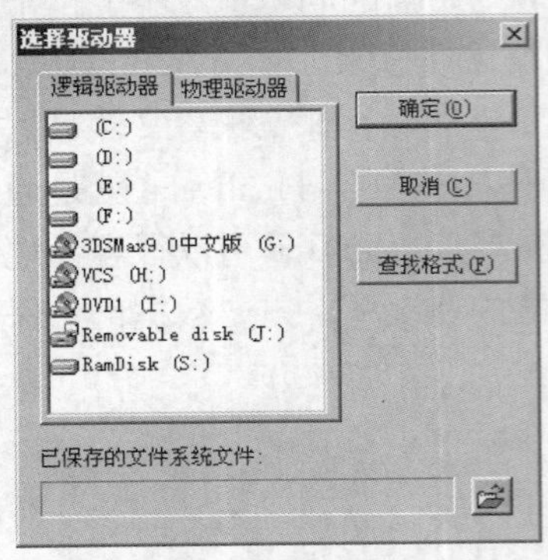

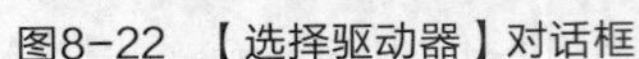
图8-22 【选择驱动器】对话框

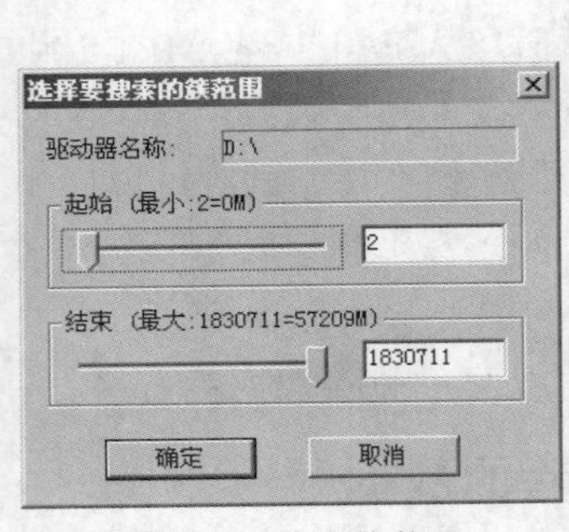

图8-23 确定簇范围

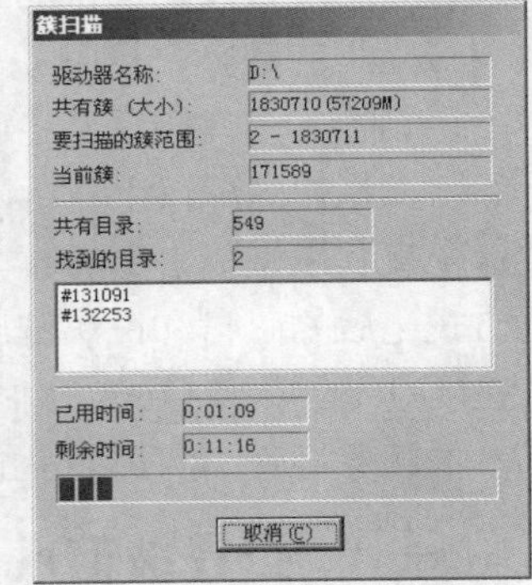

图8-24 开始簇搜索

（二） 恢复数据

上一步操作对磁盘进行搜索的目的就是为了能够找到并恢复所需的数据，下面将介绍如何对查找到的数据进行恢复。

【操作思路】

- 选择可以恢复的数据。
- 选择恢复数据存放的位置。
- 对数据进行恢复。

【操作步骤】

STEP 1 查看目录信息。

对磁盘的簇搜索完成后，在软件界面上的目录浏览区列出了所有搜索到的目录数据信息，选择其中一个目录，就会在界面右边的文件浏览区看到此目录下所有文件系统的详细信息，如图 8-25 所示。

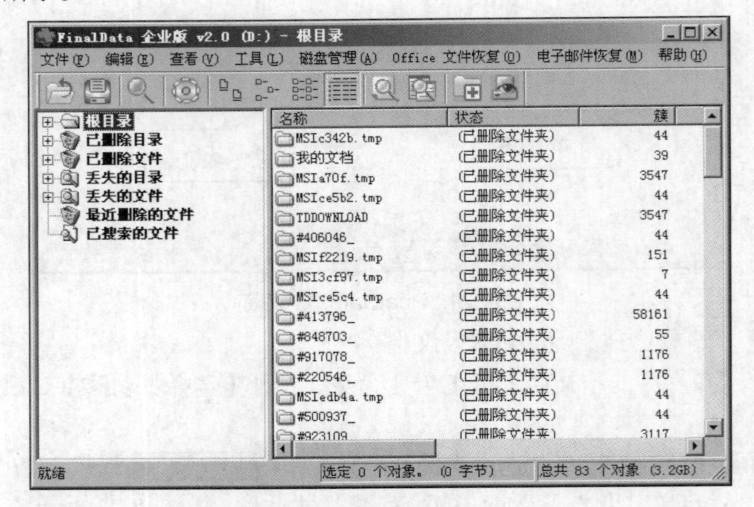

图8-25 目录信息

STEP 2 从根目录下恢复数据。

（1） 根目录下包含了所有的文件系统信息，包括现有的文件系统和已被删除的文件系统。如果知道删除的数据原来的存放目录，则可以展开【根目录】，找到并选择数据所在的目录，右边的文件浏览区中则会列出该目录中所有相关的文件数据信息，如图 8-26 所示。

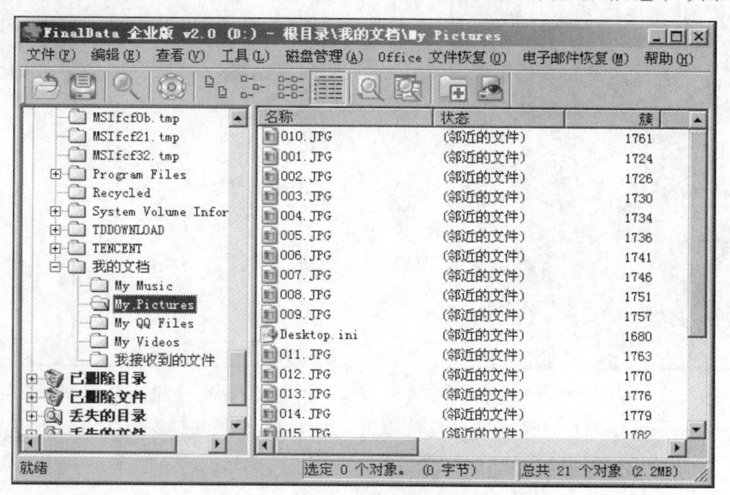

图8-26 文件信息

（2） 在文件浏览区显示了文件的详细信息，其中状态信息对恢复数据起至关重要的作用。状态显示为“正常的文件”，表示该文件可以被正常恢复；状态显示为“邻近的文件”，表示该文件有可能被正常恢复；状态显示为“损坏的文件”，表示该文件不能被正常恢复。

（3） 如果文件是图片或文本文件，则可以在该文件上单击鼠标右键，在弹出的快捷菜单中选择【文件预览】命令，如图 8-27 所示。

图8-27 选择预览

（4） 如果在弹出的预览窗口中看到了图像或文字，则证明该文件可以恢复，如图 8-28 所示。如果是其他类型的文件，则只有先恢复，再查看文件是否正常可用。

（5） 恢复文件只需在文件上单击鼠标右键，在弹出的快捷菜单中选择【恢复】命令，然后在弹出的【选择要保存的文件夹】对话框中选择保存文件的目录，如图 8-29 所示。保存文件时应尽量选择搜索磁盘之外的磁盘目录，以免再次损坏恢复的数据。

图8-28 预览文件

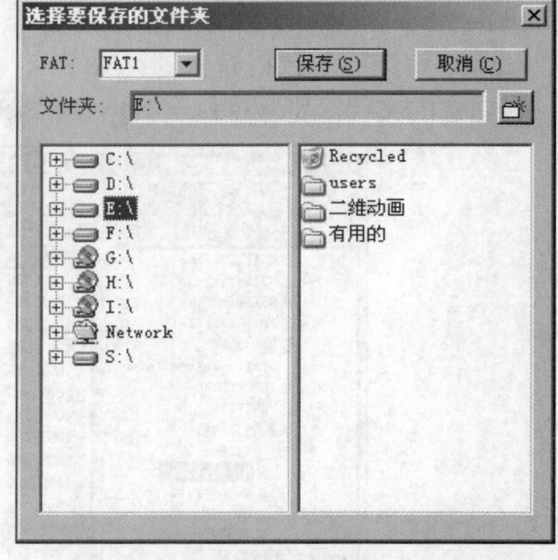

图8-29 【选择要保存的文件夹】对话框

（6） 单击 保存(S) 按钮，完成数据恢复，然后从保存目录中打开恢复的文件，验证其可用性。

STEP 3 从已删除目录下恢复数据。

（1） 已删除目录下包含了搜索到的已经被系统彻底删除了的数据信息。当在根目录下查找删除文件比较麻烦时，可在该目录下查找，如图 8-30 所示。

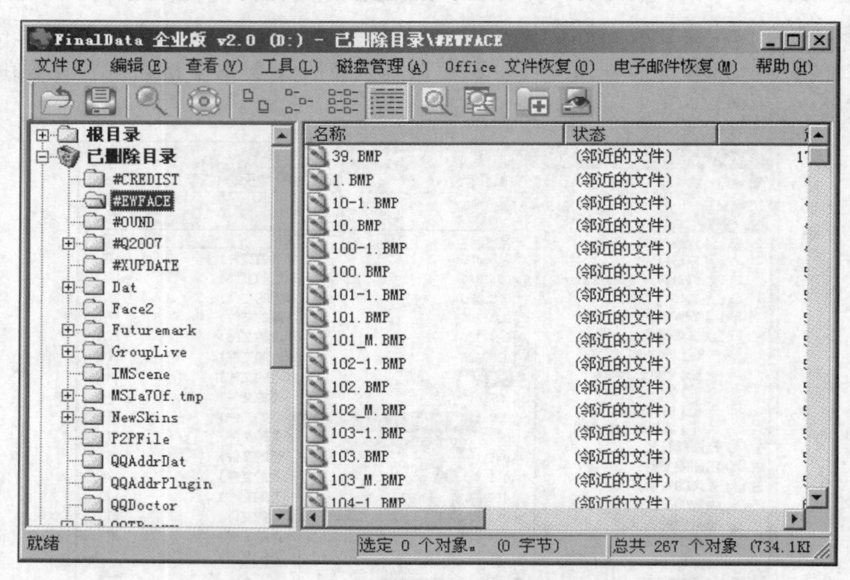

图8-30 已删除目录

（2） 若查找到需要的文件，则可以对其进行预览和恢复，或者先恢复再验证其可用性。

（3） 如果一个文件夹下包含了多个可恢复的目录和文件，则可以对整个文件夹进行恢复。在文件浏览区中，在需要恢复的文件夹上单击鼠标右键，选择【恢复】命令，然后选择目录保存即可，如图 8-31 所示。

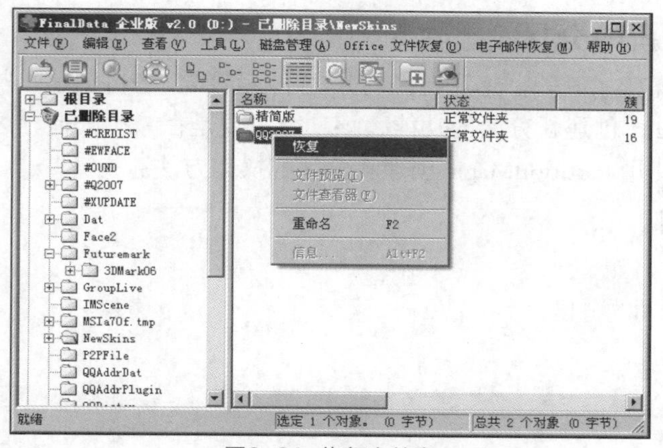

图8-31 恢复文件夹

STEP 4 搜索关键字。

（1） 如果知道被删除数据中包含的关键字，则可以通过搜索的方式查找出包含关键字的数据，以缩小查找范围。

（2） 选择菜单栏中的【文件】/【查找】命令，在弹出的【查找】对话框中输入查找关键字，单击 查找 按钮进行搜索，如图 8-32 所示。

（3） 搜索完成后，会在文件浏览区列出所有包含此关键字的文件夹和文件，如图 8-33 所示。

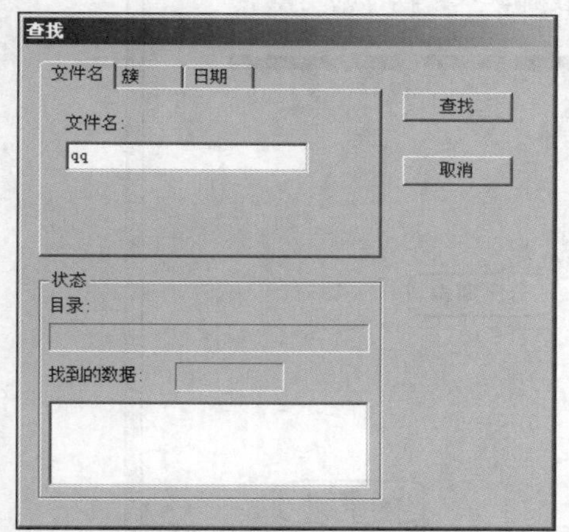

图8-32 【查找】对话框

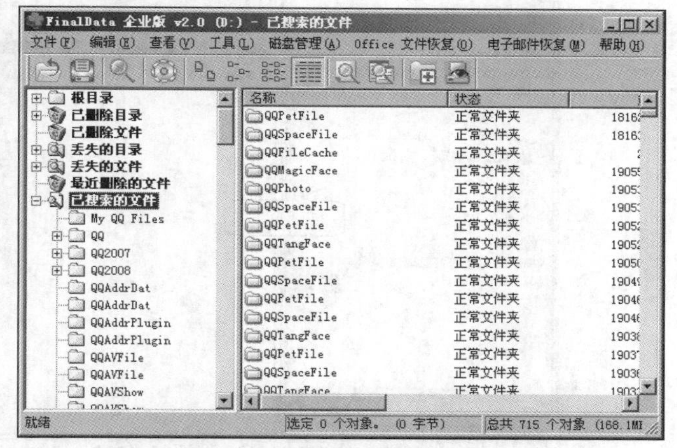

图8-33 查找结果

使用上面介绍的方法可对需要的文件或文件夹进行恢复。

任务三 使用 PartitionMagic 对硬盘进行分区

硬盘分区是操作系统中一个比较重要的概念，但操作分区对许多用户来说却是一件复杂而危险的工作，一不小心就会造成系统崩溃或重要数据丢失等严重后果。PartitionMagic 是一款运行在 Windows 环境下的硬盘分区操作工具，能够在不损失硬盘资料的情况下对硬盘分区做大小调整，能够在 NTFS、FAT、FAT32 文件系统之间转换，支持创建、格式化、删除、复制、隐藏、移动分区，可复制整个硬盘资料到其他分区。本任务将以 PartitionMagic 8.0 版本为例进行详细介绍。

（一） 创建新的分区

当用户在安装操作系统后，感觉自己的分区不够详细，想再创建一些新的分区时，就可以使用 PartitionMagic 创建新分区的功能，该功能主要是在减少其他分区的空间来创建新的分区。下面将介绍使用 PartitionMagic 创建新分区的操作方法。

【操作思路】

- 启动任务。
- 选择提供空间的分区。
- 设置分区属性。
- 执行分区任务。

【操作步骤】

STEP 1 启动任务。

（1） 启动 PartitionMagic，进入其操作界面，如图 8-34 所示。

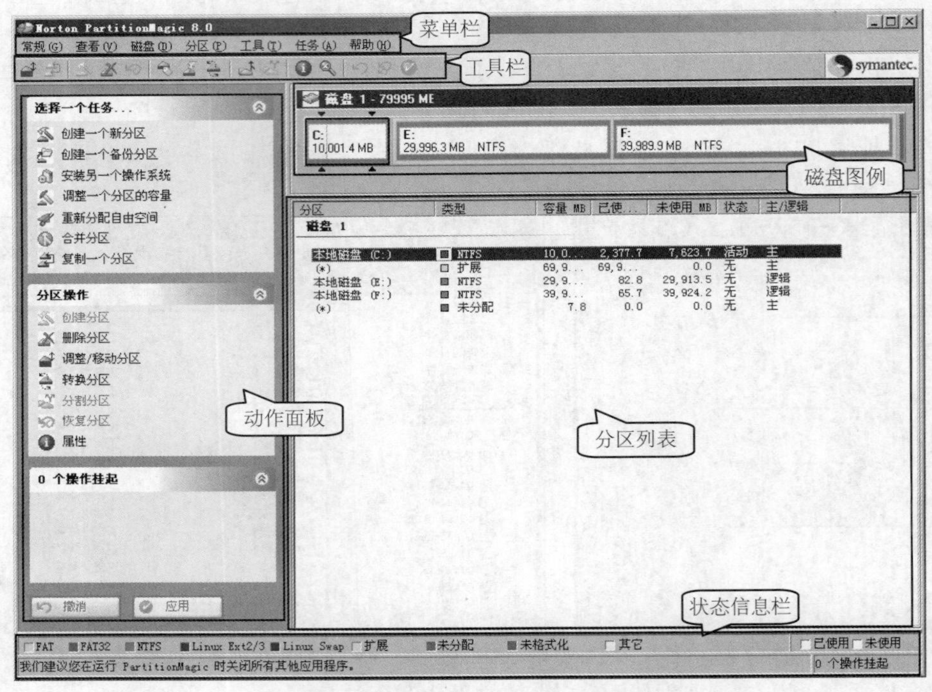

图8-34 PartitionMagic 8.0 操作界面

（2） 在左侧的动作面板中单击 创建一个新分区 链接，弹出【创建新的分区】对话框。

（3） 在【创建新的分区】对话框中单击 下一步> 按钮，如图 8-35 所示。

（4） 在【创建位置】向导页下面的列表中选择创建新分区的位置。

（5） 单击 下一步> 按钮，如图 8-36 所示。

知识提示

新分区的位置最好设置在剩余空间较多的分区之后，这样在执行创建新分区操作时需要移动的数据较少，可以大大缩短创建的时间。

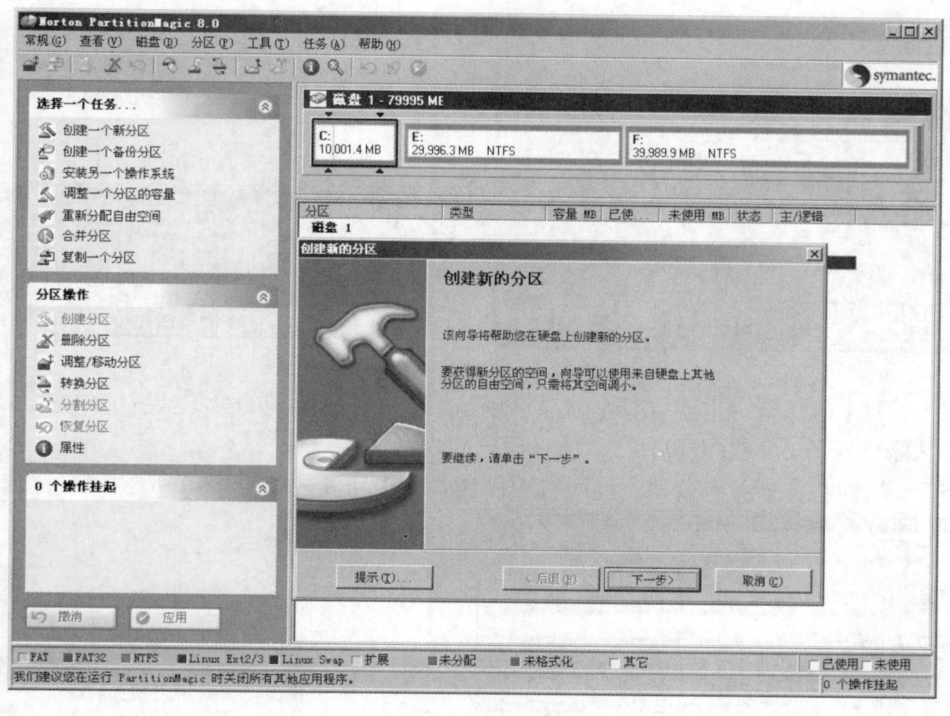

图8-35 启动任务

STEP 2 选择提供空间的分区。

（1） 在【减少哪一个分区的空间】向导页下面的列表中，选择为新分区提供空间的分区（建议选择剩余空间比较多的分区）。

（2） 单击[下一步>]按钮，如图 8-37 所示。

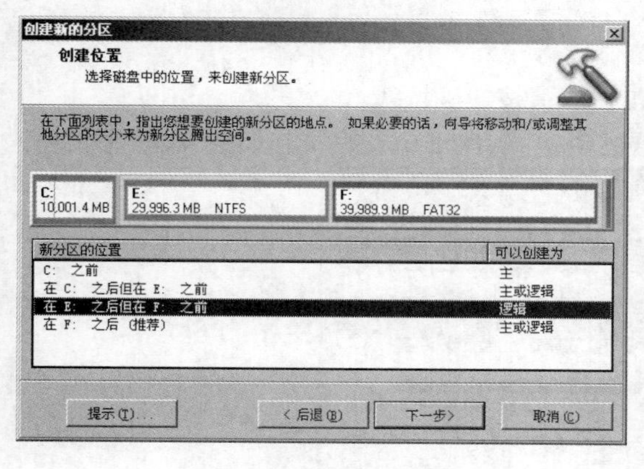

图8-36 选择创建位置

图8-37 选择提供空间的分区

STEP 3 设置分区属性。

（1） 在【分区属性】向导页中设置新分区的大小、卷标、分区类型、文件系统类型、驱动器盘符等参数。

（2） 单击[下一步>]按钮，弹出【Norton PartitionMagic】对话框。

（3） 单击[确定(O)]按钮，如图 8-38 所示。

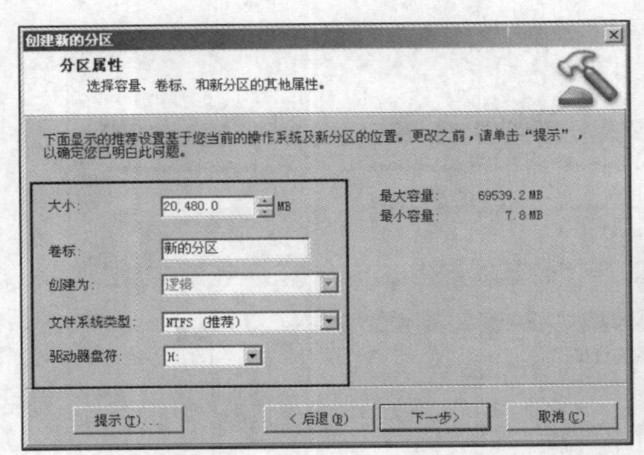
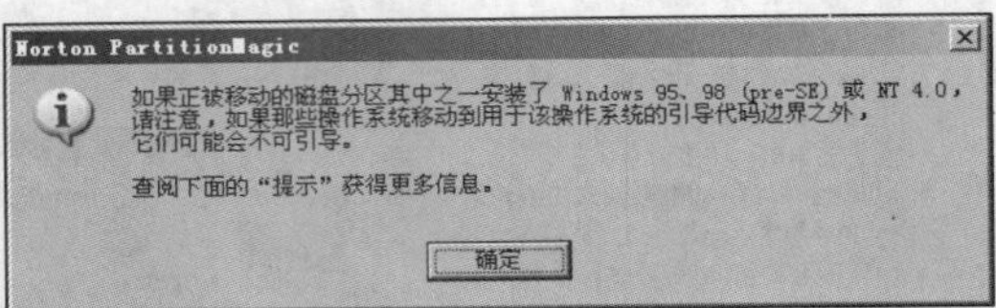

图8-38 设置新分区属性

（4） 在【确认选择】向导页中将显示创建新分区前后空间的分布情况，单击 完成 按钮确认添加任务，如图 8-39 所示。

（5） 软件将此任务所要执行的所有操作加入操作列表，如图 8-40 所示。

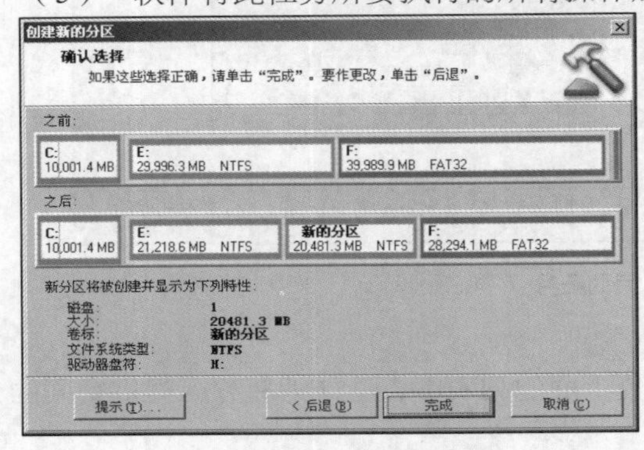

图8-39 硬盘空间的分布情况

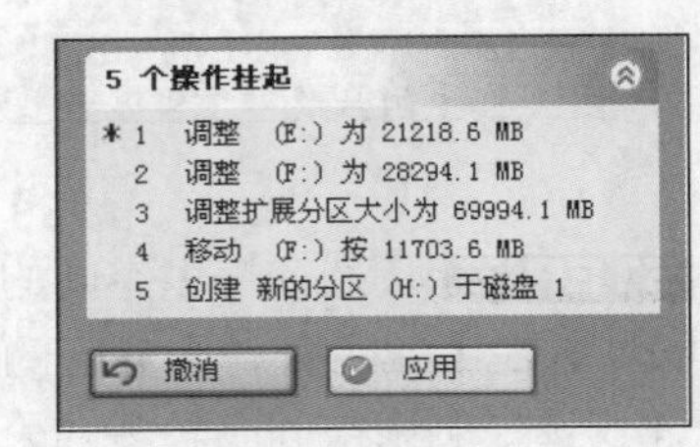

图8-40 操作列表

STEP 4 执行任务。

（1） 在操作列表下方单击 应用 按钮执行任务。

（2） 在弹出的【应用更改】对话框中单击 是(Y) 按钮确认执行。

（3） 在弹出的【警告】对话框中单击 确定(O) 按钮确认重启计算机，如图 8-41 所示。

图8-41 执行任务

（4）　计算机重启后将在登录界面前执行创建新分区的操作。

（5）　任务执行完成后，将提示手动重启计算机。

（6）　重启计算机，进入系统后可确认新的分区已经创建成功，如图 8-42 所示。

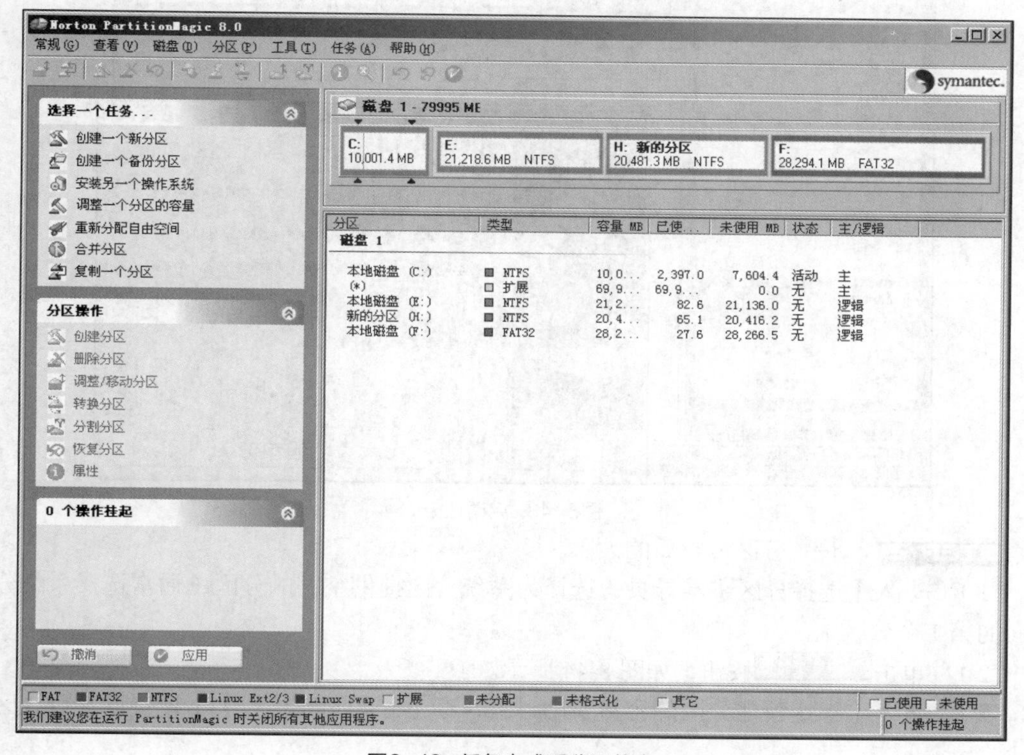

图8-42　任务完成后分区状态

（二）调整分区容量

经常使用计算机的用户也许都遇到过这样的问题，在打开多个应用程序或是网页时，操作系统有时会发出虚拟内存不足的提示，解决这类问题除了对操作系统的虚拟内存进行重新设置外，还可以调整分区容量，增大系统盘空间。下面将介绍使用 PartitionMagic 调整系统分区容量的操作方法。

【操作思路】

- 启动任务。
- 设置分区调整后的大小。
- 指定获得空间的分区。
- 执行调整分区容量任务。

【操作步骤】

STEP 1　启动任务。

（1）　在动作面板中单击 调整一个分区的容量 链接，弹出【调整分区的容量】对话框。

（2）　单击 下一步> 按钮，如图 8-43 所示。

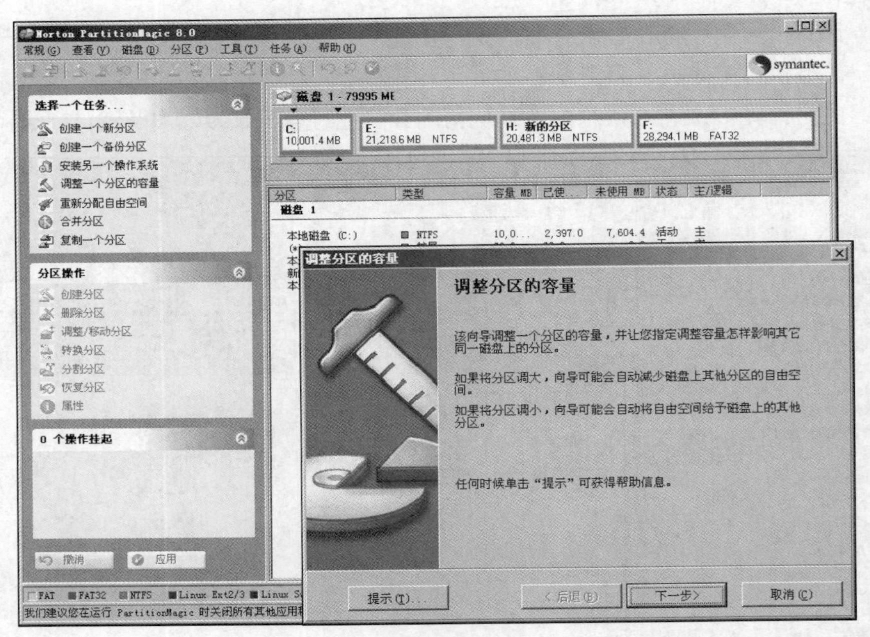

图8-43 启动任务

STEP 2 设置分区调整后的大小。

（1） 进入【选择分区】向导页，选择为系统分区提供空间的分区（通常选择系统分区后面的第1个分区）。

（2） 单击 下一步> 按钮，如图8-44所示。

（3） 进入【指定新建分区的容量】向导页，在【分区的新容量】下设置调整后分区的大小。

（4） 单击 下一步> 按钮，如图8-45所示。

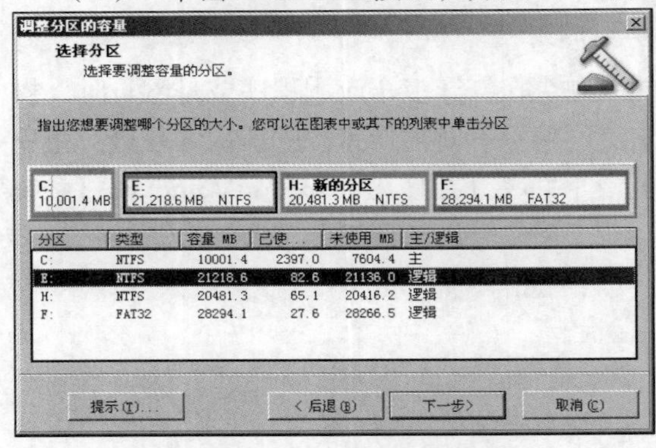

图8-44 选择提供空间的分区

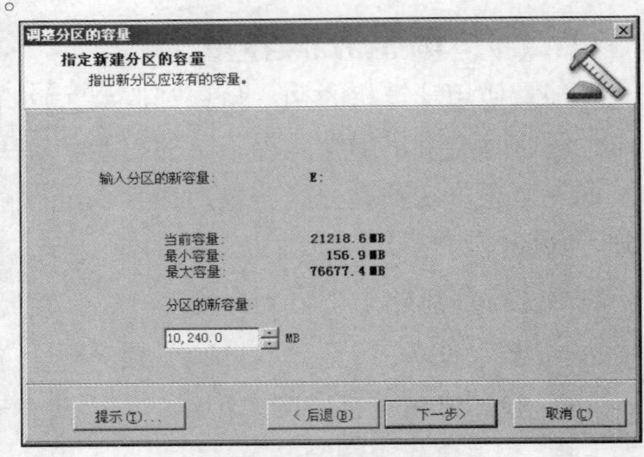

图8-45 设置分区调整后的大小

STEP 3 指定获得空间的分区。

（1） 进入【提供给哪一个分区空间】向导页，选中获得空间的分区（这里选中系统所在的C盘）。

（2） 单击 下一步> 按钮，如图8-46所示。

（3） 进入【确认分区调整容量】向导页，可以直观地看出调整分区容量后各分区的容量大小情况，单击 完成 按钮确认任务，如图8-47所示。

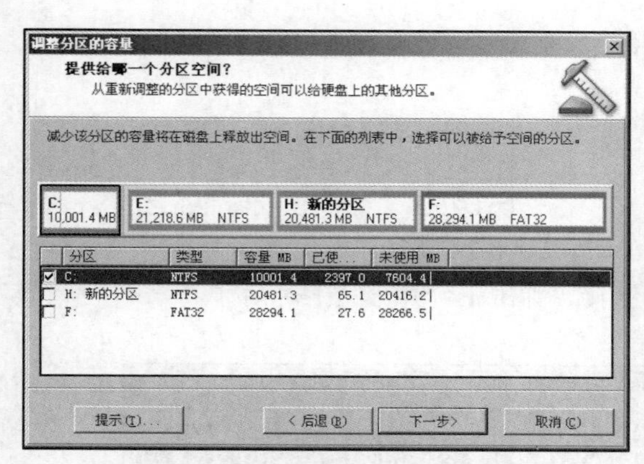

图8-46　指定获得空间的分区

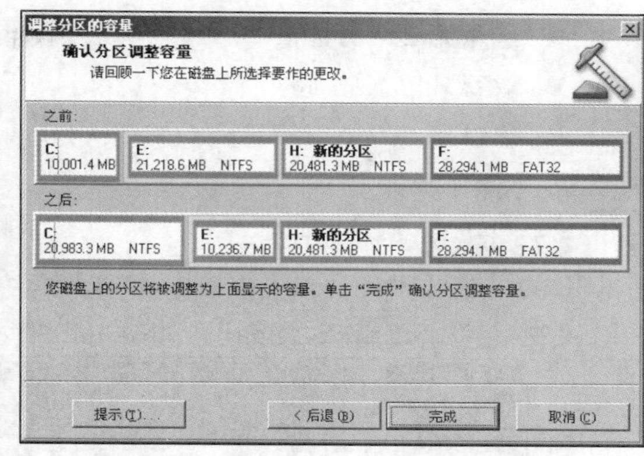

图8-47　确认分区调整

STEP 4　执行任务。

（1）　在操作列表下方单击 应用 按钮执行任务。

（2）　在弹出的【应用更改】对话框中单击 是(Y) 按钮确认执行。

（3）　在弹出的【警告】对话框中单击 确定(O) 按钮确认重启计算机，如图 8-48 所示。

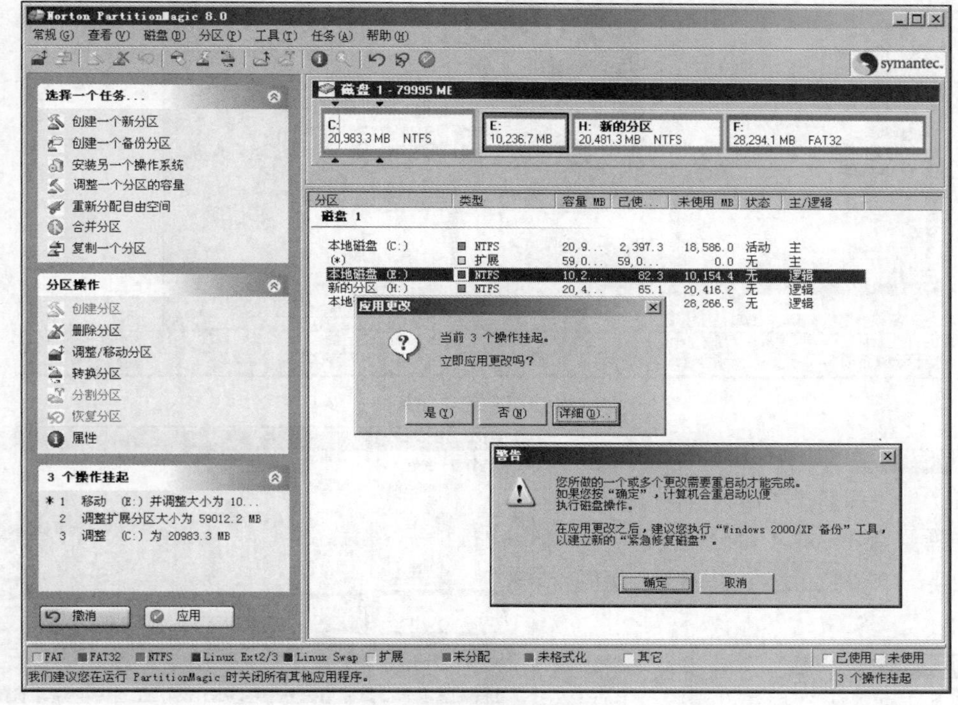

图8-48　执行任务

（三）　合并分区

有时分区太多，但每个分区的剩余空间都不大，这时就需要将分区进行合并以获得更大的磁盘利用率。下面将介绍使用 PartitionMagic 合并两个分区的操作方法。

【操作思路】

- 启动任务。
- 选取第 1 个分区。

- 选取第 2 个分区。
- 设置文件夹名称。
- 执行合并分区容量任务。

【操作步骤】

STEP 1 启动任务。

（1） 在【动作面板】中单击 合并分区 链接，弹出【合并分区】对话框。

（2） 单击 下一步> 按钮，如图 8-49 所示。

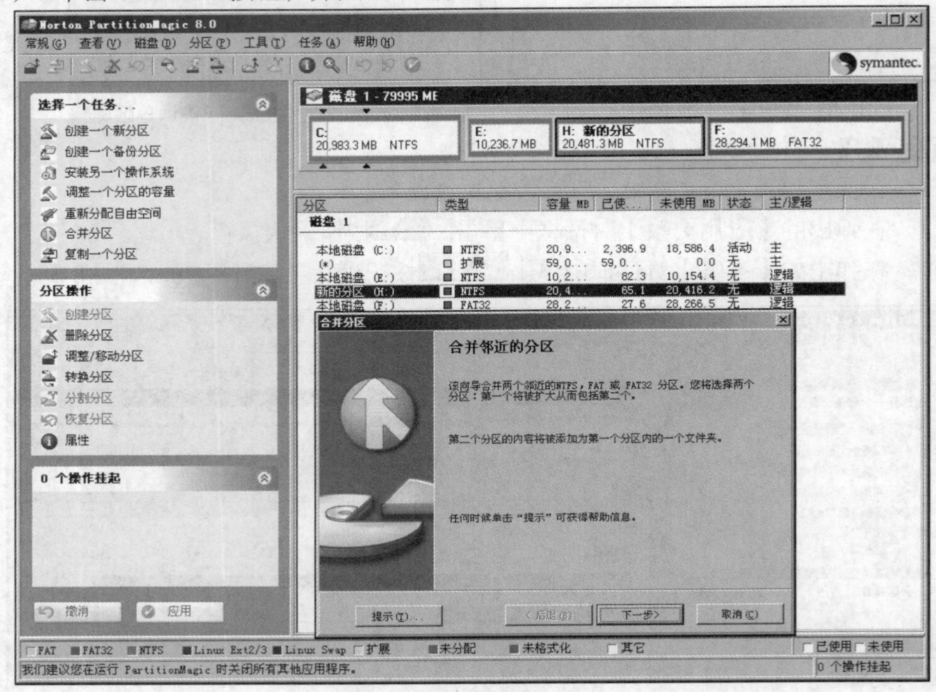

图8-49 启动任务

STEP 2 选择第 1 个分区。

（1） 进入【选择第一分区】向导页，选择要合并的第 1 个分区。

（2） 单击 下一步> 按钮，如图 8-50 所示。

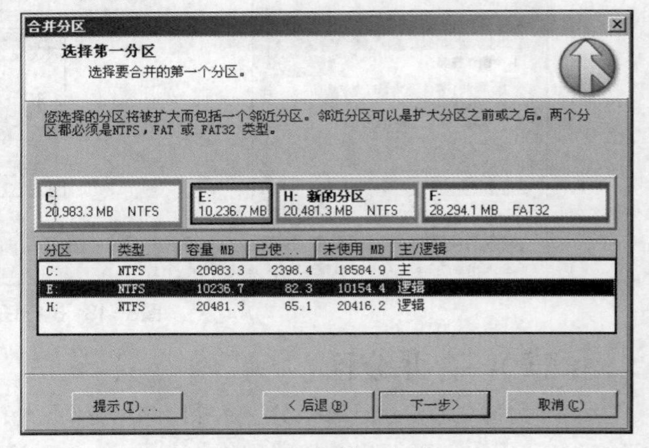

图8-50 选择第 1 个分区

STEP 3 选择第 2 个分区。

（1） 进入【选择第二分区】向导页，选择要合并的第 2 个分区。

（2） 单击 下一步> 按钮，如图 8-51 所示。

需要注意的是合并的两个分区必须是同一类型的，而且必须是相邻的。

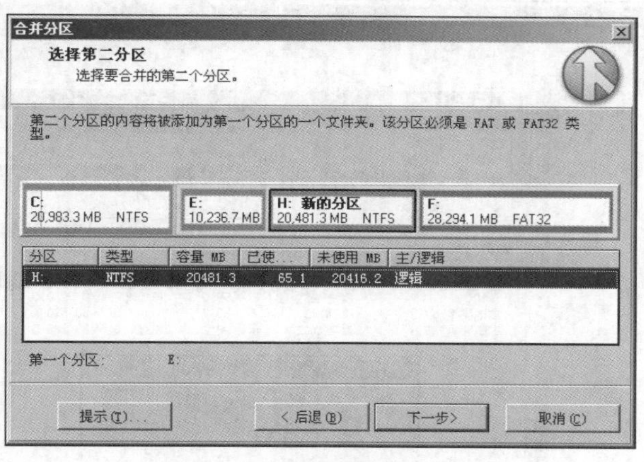

图8-51　选择第 2 个分区

STEP 4　设置文件夹名称。

（1）进入【选择文件夹名称】向导页，在【文件夹名称】设置项中输入文件夹的名称（应使用英文名称），在这个文件夹下将包含被合并掉的分区中的内容。

（2）单击下一步按钮，如图 8-52 所示。

（3）进入【驱动器盘符更改】向导页，提示将搜索相关盘符信息进行修改，单击下一步按钮，如图 8-53 所示。

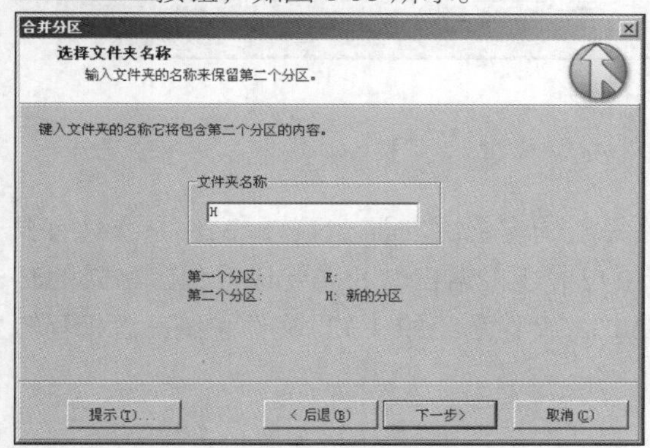

图8-52　设置文件夹名称

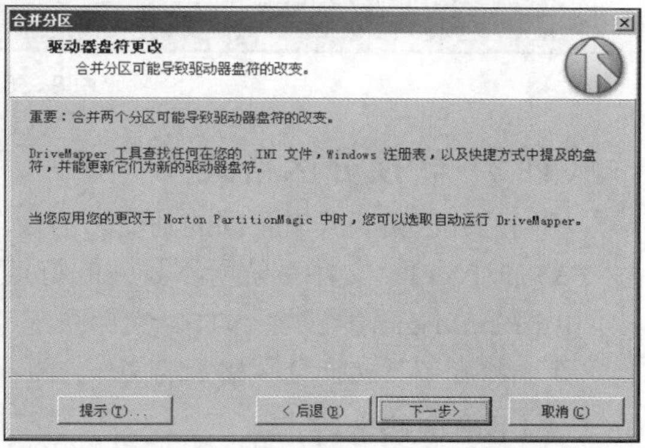

合并分区
驱动器盘符更改
合并分区可能导致驱动器盘符的改变。
重要：合并两个分区可能导致驱动器盘符的改变。
DriveMapper 工具查找任何在您的 INI 文件，Windows 注册表，以及快捷方式中提及的盘符，并能更新它们为新的驱动器盘符。
当您应用您的更改于 Norton PartitionMagic 中时，您可以选取自动运行 DriveMapper。
提示(T)... 〈后退(B) 下一步〉 取消(C)

图8-53　提示信息

（4）进入【确认分区合并】向导页，显示合并后的分区状态，单击完成按钮确认任务，如图 8-54 所示。

STEP 5　执行任务。

（1）在操作列表下方单击应用按钮执行任务。

（2）在弹出的【应用更改】对话框中单击是(Y)按钮确认执行。

（3）在弹出的【警告】对话框中单击确定(O)按钮确认重启计算机，如图 8-55 所示。

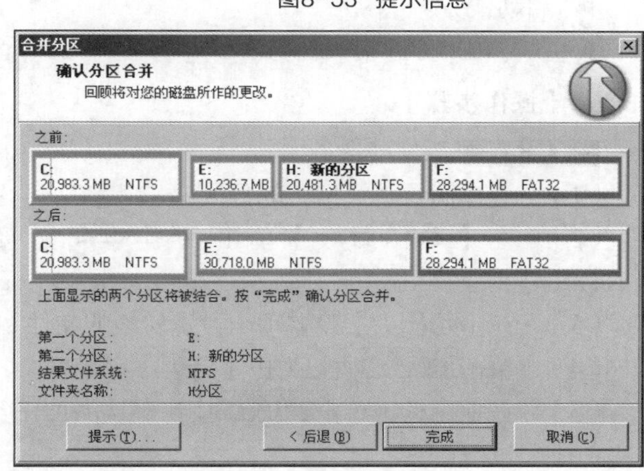

图8-54　合并后分区状态

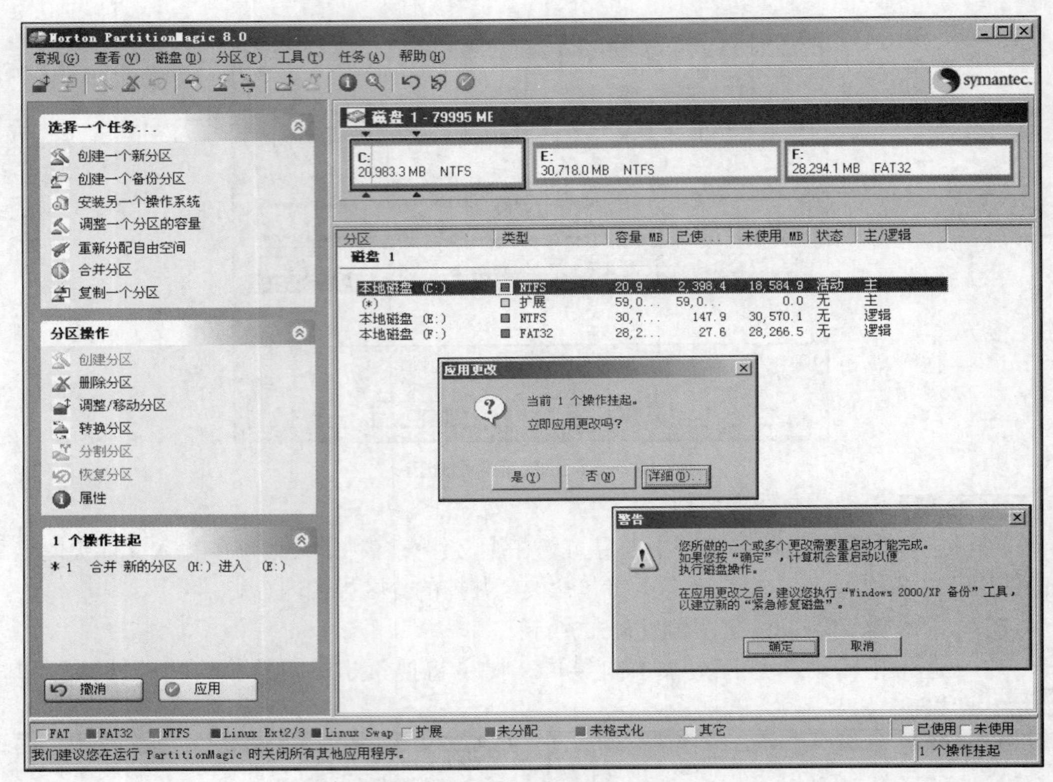

图8-55 执行任务

（四） 转换分区格式

不同的分区格式具有不同的功能。例如，在系统的安全性方面，NTFS 文件系统具有很多 FAT32/FAT16 文件系统所不具备的特点，用户可能根据自己的需要进行分区格式的转换。PartitionMagic 能够将 NTFS 文件系统、FAT32 文件系统和 FAT 文件系统三者相互转换。下面将介绍其转换分区格式的操作方法。

【操作思路】

- 启动任务。
- 执行转换分区格式任务。

【操作步骤】

STEP 1 启动任务。

（1） 选择需要转换格式的分区。

（2） 在【动作面板】单击 转换分区 链接，弹出【转换分区－H：新的分区（NTFS）】对话框。

（3） 在【转换为】设置项中设置转换的文件系统类型。

（4） 单击 确定(O) 按钮弹出【警告】提示框。

（5） 在提示框中单击 确定(O) 按钮确认添加任务，如图 8-56 所示。

图8-56 启动任务

STEP 2 执行转换。

（1） 在左侧任务窗格下方单击【应用】按钮，弹出【应用更改】对话框。

（2） 在对话框中单击【是(Y)】按钮执行转换任务，如图 8-57 所示。

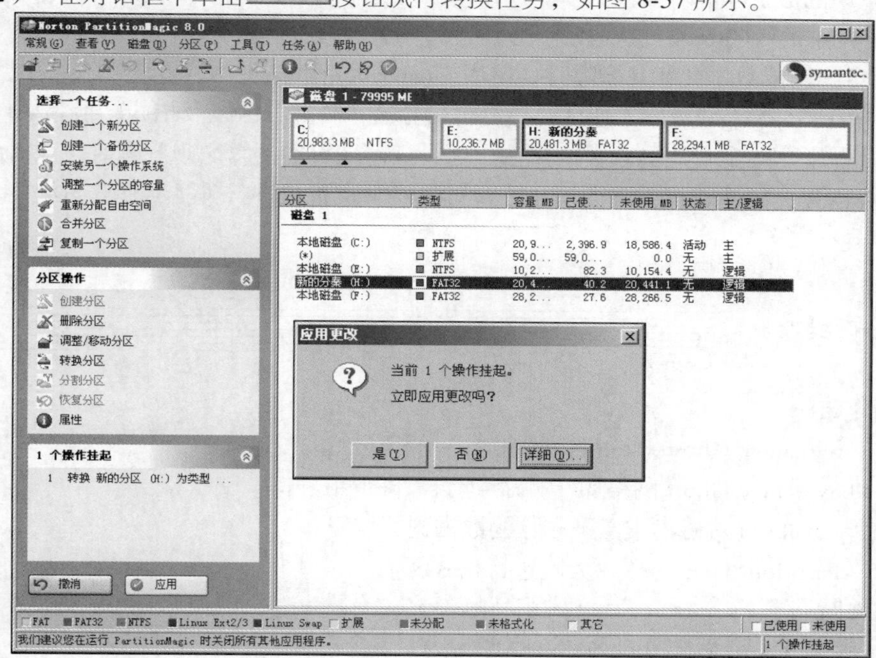

图8-57 执行转换

（3） 分区转换过程如图 8-58 所示。

（4） 转换完成后弹出如图 8-59 所示的对话框，单击【确定(O)】按钮完成操作。

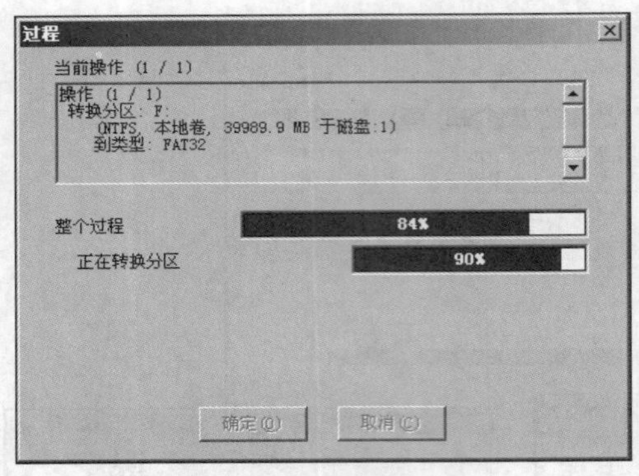

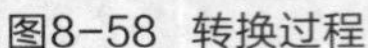
图8-58 转换过程

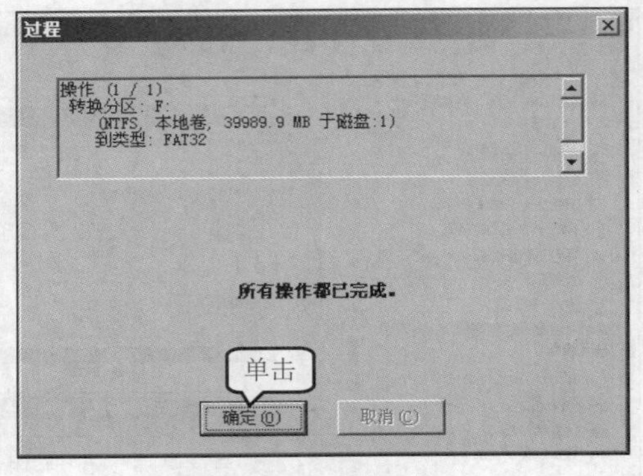

图8-59 完成操作

PartitionMagic 在转换分区时，不能很好地支持中文文件名，为了正确转换分区，除了尽量使用英文文件名外，还可以使用“复制一个分区”任务先将数据复制一份，将原分区删除后再创建成新的分区，然后把原有的数据再复制过去，最后将两个分区合并。

项目小结

磁盘是计算机中的数据储备站，依靠这些数据计算机才能安全、高效地运行，所以保护好磁盘和磁盘中的数据就显得非常重要。通过本项目的学习，读者可以掌握以下技能。

- 使用 Symantec Ghost 对重要数据进行备份，需要时使用备份文件进行还原。
- 在磁盘出错或数据被意外删除时，使用 FinalData 对数据进行恢复。
- 使用 PartitionMagic 可以方便地对磁盘重新分区、合并分区以及格式转换等操作。

熟悉和掌握了这些磁盘工具软件的用法之后，读者即可在磁盘出现问题时自己对磁盘数据进行还原或恢复，以便将损失降到最小，也可以经常对磁盘进行维护，使计算机安全、高效地运行。

思考与练习

一、操作题

1. 使用 Symantec Ghost 对磁盘分区进行备份和还原。
2. 查阅 Symantec Ghost 网络操作和命令行操作的相关知识。
3. 使用 FinalData 对磁盘中已被删除的数据进行恢复。
4. 使用 PartitionMagic 对磁盘分区进行格式转换。

二、思考题

1. Symantec Ghost 有哪几种备份和还原方式？
2. FinalData 中怎样辨别可以被恢复的文件数据？
3. 简要说明 PartitionMagic 的主要功能和用途。

PART 9

项目九 系统维护工具

为了让计算机实现各种功能，满足用户的需求，用户会在计算机硬盘上安装各种各样的应用软件。然而，在实际使用时，人们会因各种误操作、病毒等因素造成硬盘损伤。同时，频繁地使用而产生大量的磁盘碎片，轻则导致计算机软件不能正常运行，运行速度下降，或有用数据丢失，重则使计算机无法启动，甚至影响磁盘的使用寿命，严重影响计算机系统。因此，许多优秀的系统维护工具软件应运而生，为系统提供全面的维护。

学习目标

- 掌握使用 EasyRecovery 恢复数据的方法。
- 掌握系统优化软件 Windows 优化大师的使用方法。
- 掌握 Vopt 的使用方法。

任务一 使用 EasyRecovery 恢复数据

EasyRecovery 是一款很强大的数据恢复软件，可以恢复用户删除或者格式化后的数据。EasyRecovery支持从各种各样的存储介质恢复删除或者丢失的文件，支持的媒体介质包括：硬盘驱动器、光驱、闪存、硬盘、光盘、U 盘/移动硬盘、数码相机、手机以及其他多媒体移动设备，能恢复包括文档、表格、图片、音频、视频等各种数据文件，同时发布了适用于Windows及Mac平台的软件版本，自动化的向导步骤，快速恢复文件。

（一） 恢复被删除后的文件

恢复被删除后的文件是 EasyRecovery 最基本的用法。

【操作思路】

- 下载并安装软件。
- 选择需要恢复的数据。
- 恢复选中的数据。

【操作步骤】

STEP 1 下载并安装 EasyRecovery 软件，双击 EasyRecovery 图标打开，如图 9-1 所示。

STEP 2 弹出 EasyRecovery 主界面，在左侧栏选择【数据恢复】选项，如图 9-2 所示。

图9-1 打开 EasyRecovery

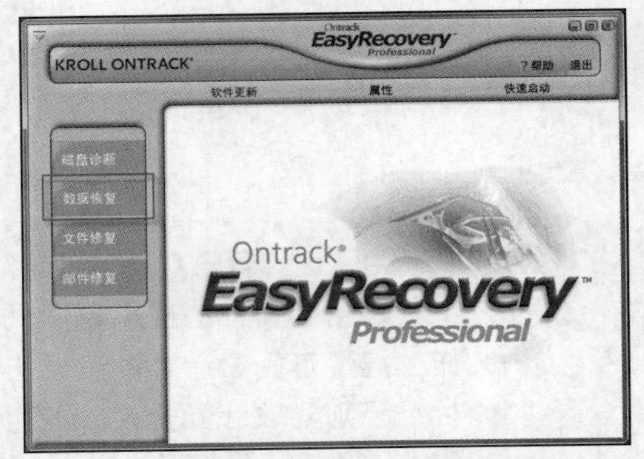

图9-2 EasyRecovery 主界面

STEP 3 在右侧栏出现【数据恢复】选项组，选择【删除恢复】选项，如图 9-3 所示。

STEP 4 弹出【目的地警告】窗口，阅读提示内容并单击 确定 按钮，如图 9-4 所示。

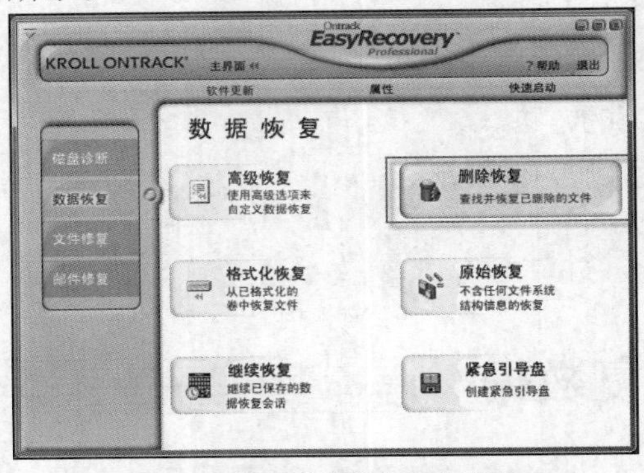

图9-3 选择【删除恢复】选项

目的地警告

Ontrack EasyRecovery 需要将您的文件复制到一个比恢复处安全的地方。如果您正尝试将来源选择为目的地，数据恢复工具将尝试检测，因此您必须选择一个不同于来源的复制目的地才能完成恢复。

警告：如果您的系统有多个损坏的分区，不要将文件从一个分区复制到另一个损坏分区。这种情况下，请始终使用可移动媒体（如 Zip 磁盘），或第二块、未损坏的硬盘驱动器作为目的地。

不再显示该消息　确定

图9-4 【目的地警告】窗口

STEP 5 在左侧选择要恢复的分区盘，然后单击 下一步 按钮，如图 9-5 所示。

STEP 6 恢复程序将扫描该分区上面的文件，如图 9-6 所示。

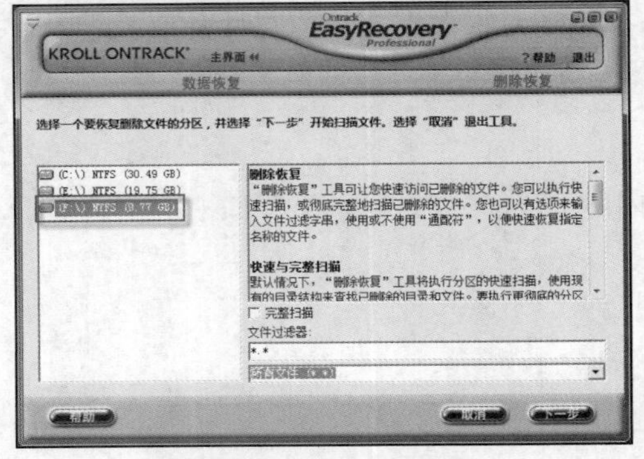

图9-5 选择恢复的分区

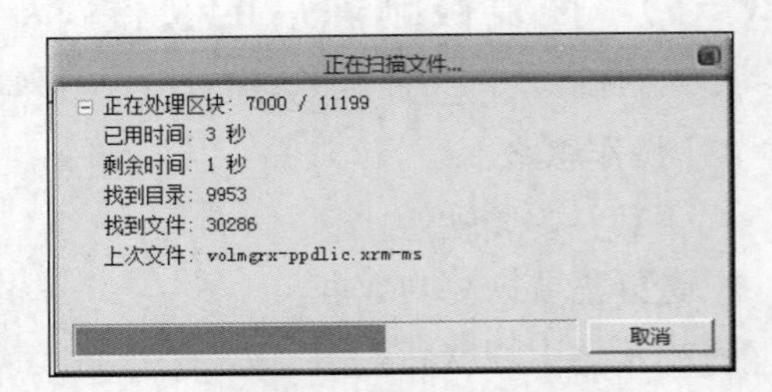

图9-6 扫描分区文件

STEP 7 一段时间后，被删除的文件显示出来，左侧显示被删除文件的目录，右侧显示该目录下的文件，选中要恢复的文件或目录复选框，然后单击【下一步】按钮，如图9-7所示。

STEP 8 在【恢复目的地选项】分组框中单击【浏览】按钮，如图9-8所示。

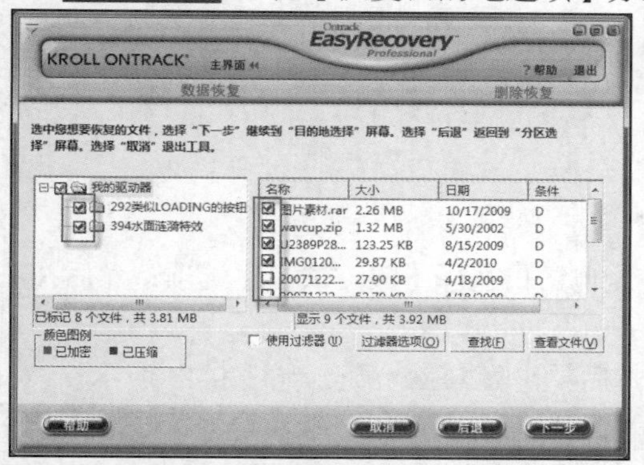

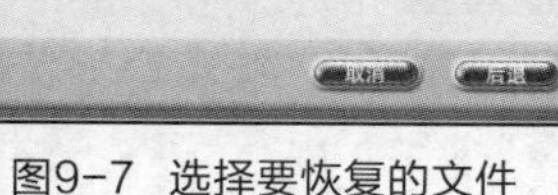

图9-7 选择要恢复的文件

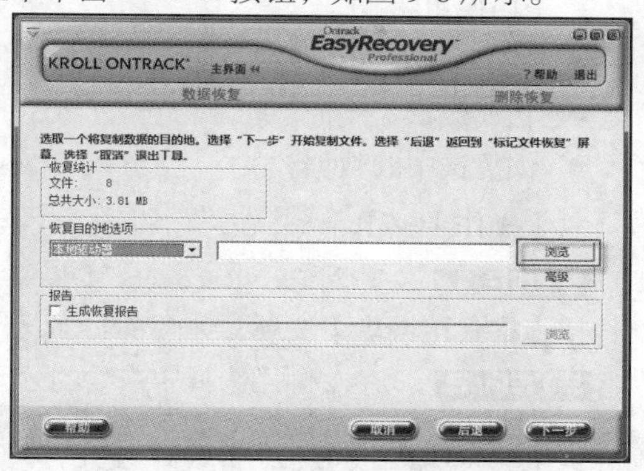

图9-8 选择文件保存位置

STEP 9 弹出【浏览文件夹】对话框，选择要保存的目录，然后单击【确定】按钮，如图9-9所示。

STEP 10 回到EasyRecovery主窗口，单击【下一步】按钮，如图9-10所示。

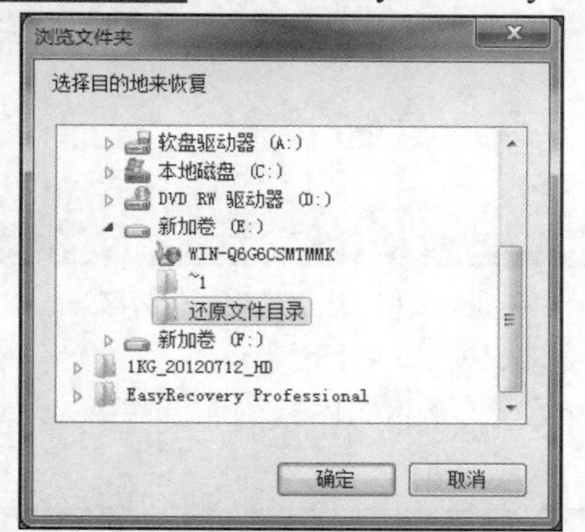

图9-9 选择保存目录

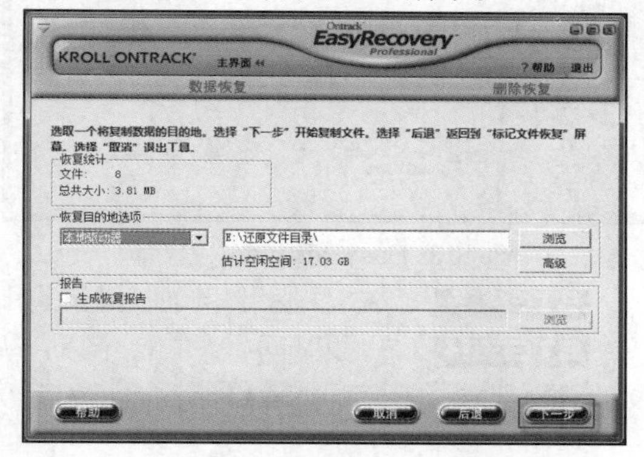

图9-10 完成目录设置

STEP 11 一段时间后，安装向导完成恢复，并弹出数据恢复成功窗口，此时可以在刚刚选择的目录下看到还原的文件，然后单击【完成】按钮，如图9-11所示。

STEP 12 出现【保存恢复】提示窗口，单击【否】按钮完成数据恢复，如图9-12所示。

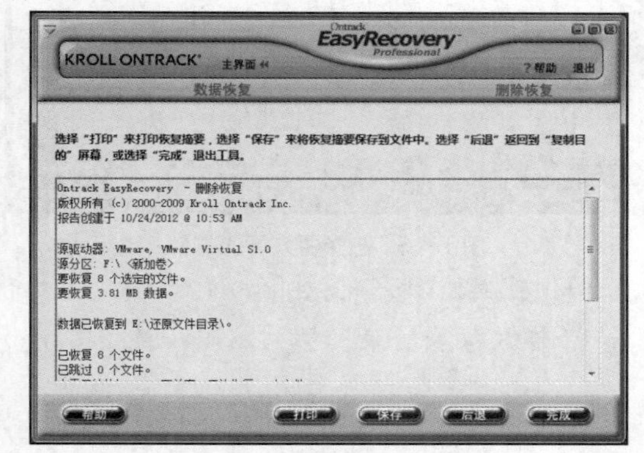

图9-11 完成数据恢复

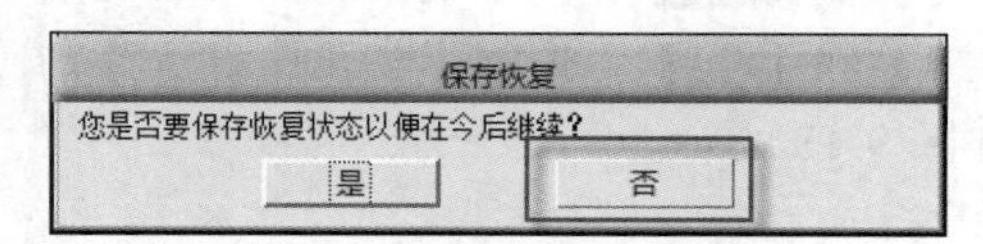

图9-12 保存恢复提示

（二） 恢复被格式化的硬盘

EasyRecovery 还能恢复硬盘上被格式化的数据。

【操作思路】

- 选中“格式化恢复”功能。
- 扫描数据。
- 恢复选中的数据。

【操作步骤】

STEP 1 进入 EasyRecovery 主界面，在左侧窗口选择【数据恢复】选项，然后在右侧选择【格式化恢复】选项，如图 9-13 所示。

STEP 2 在左侧栏选择要恢复的分区，然后单击下一步按钮，如图 9-14 所示。

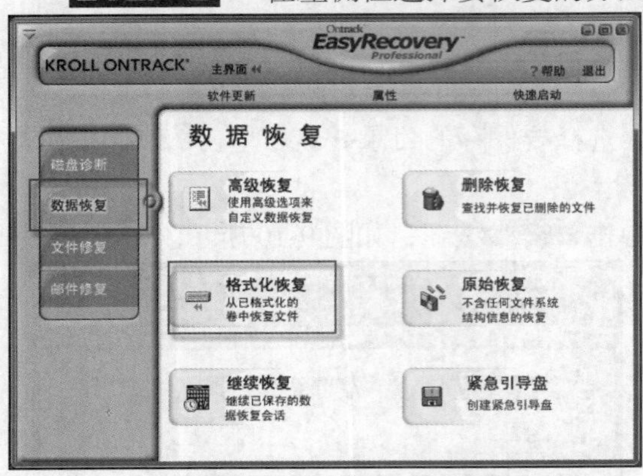

图9-13 EasyRecovery 主界面

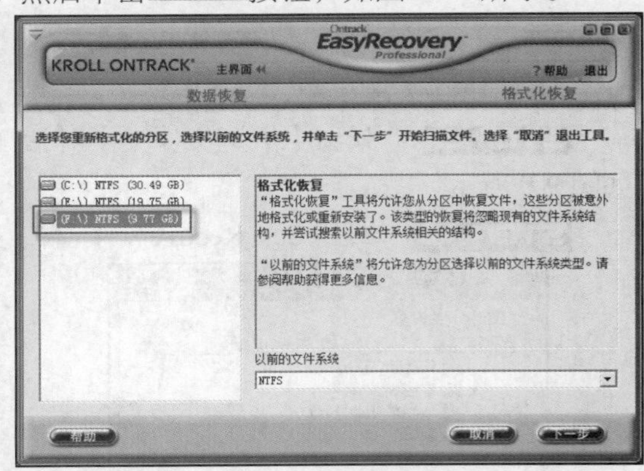

图9-14 选择被格式化分区

STEP 3 恢复程序会自动扫描格式化硬盘的文件，如图 9-15 所示。

STEP 4 一段时间后，扫描结束，所有丢失的文件将全部显示出来，选择要恢复的文件或文件夹，然后单击下一步按钮，如图 9-16 所示。

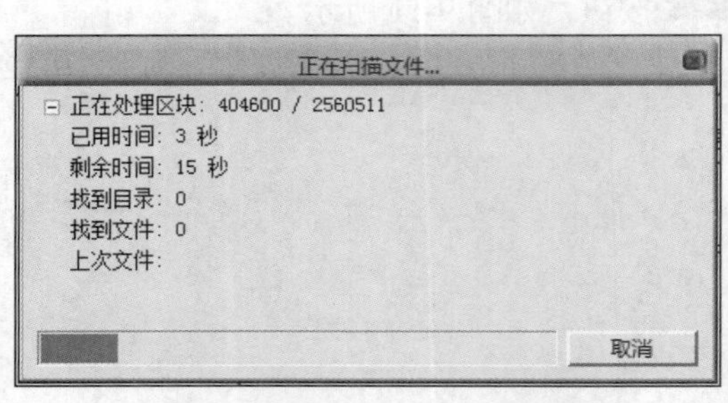

图9-15 扫描格式化分区文件

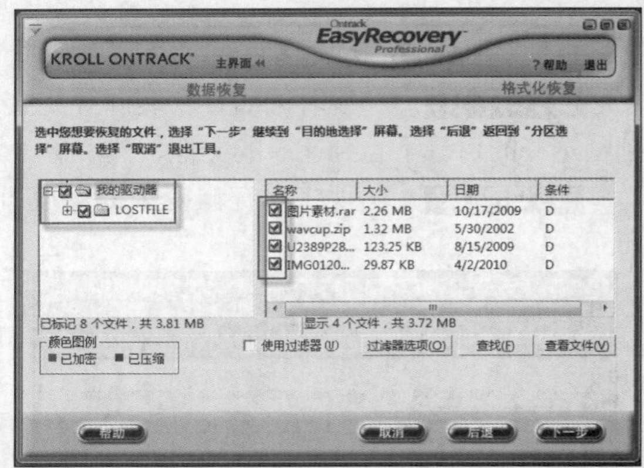

图9-16 选择要恢复的文件

STEP 5 在【数据恢复目的地】分组框中单击浏览按钮，如图 9-17 所示。

STEP 6 弹出【浏览文件夹】对话框，选择要保存的目录，然后单击确定按钮，如图 9-18 所示。

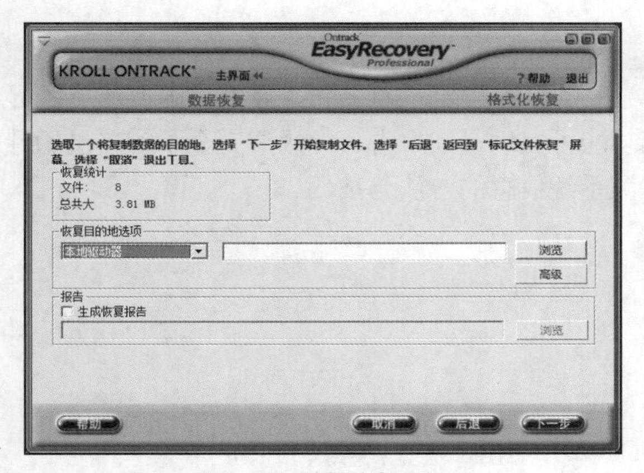

图9-17 选择恢复目标

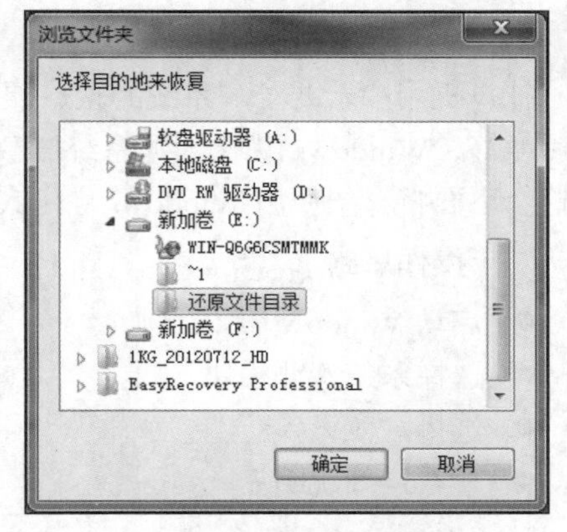

图9-18 选择恢复目录

STEP 7 回到 EasyRecovery 主窗口，单击“下一步”按钮，如图 9-19 所示。

STEP 8 一段时间后，安装向导完成恢复，并弹出数据恢复成功窗口，此时可以在刚刚选择的目录下看到还原的文件，单击“完成”按钮，如图 9-20 所示。

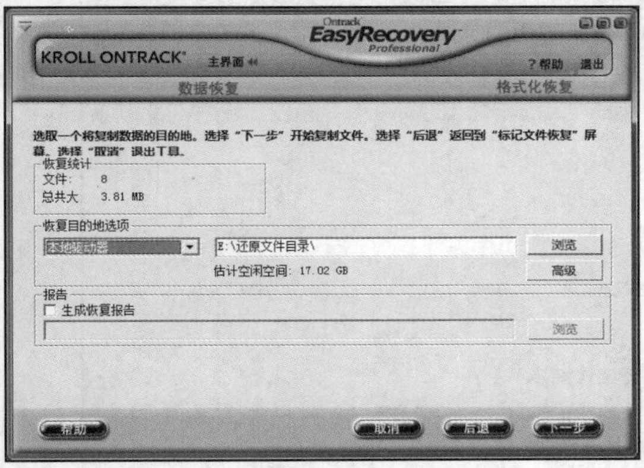

图9-19 完成目录选择

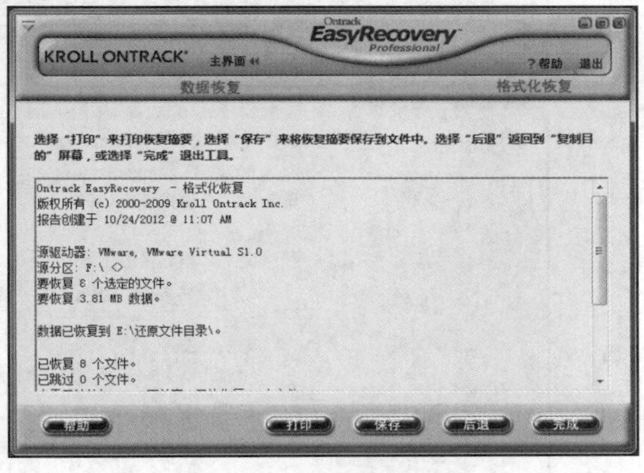

图9-20 完成格式化恢复

任务二 掌握 Windows 优化大师的使用方法

Windows 优化大师是一款功能强大的系统辅助软件，它提供了全面、有效、简便、安全的系统检测、系统优化、系统清理、系统维护 4 大功能模块及数个附加的工具软件。Windows 优化大师能够有效地帮助用户了解自己的计算机软硬件信息，简化操作系统设置步骤，提升计算机运行效率，清理系统运行时产生的垃圾，修复系统故障及安全漏洞，维护系统的正常运转。

本任务将以 Windows 优化大师 V7.99 版本为例对其如下功能进行讲解。

- 检测系统信息。
- 优化磁盘缓存/内存。
- 优化开机速度。
- 清理和备份注册表。
- 整理磁盘碎片。

（一） 系统检测

计算机用户若要了解系统的软、硬件情况和系统的性能，如 CPU 速度、内存速度、显卡速度等，Windows 优化大师系统信息检测功能可提供详细报告，让用户完全了解自己的计算机。下面将介绍使用 Windows 优化大师检测系统信息的方法与技巧。

【操作思路】

- 启动 Windows 优化大师。
- 选择系统检测模块。
- 选择对应设备。
- 查看详细说明。

【操作步骤】

STEP 1 启动 Windows 优化大师 V7.99 版本，展开 开始 选项卡，选择 首页 选项，可以快速地对计算机进行优化和清理，如图 9-21 所示。

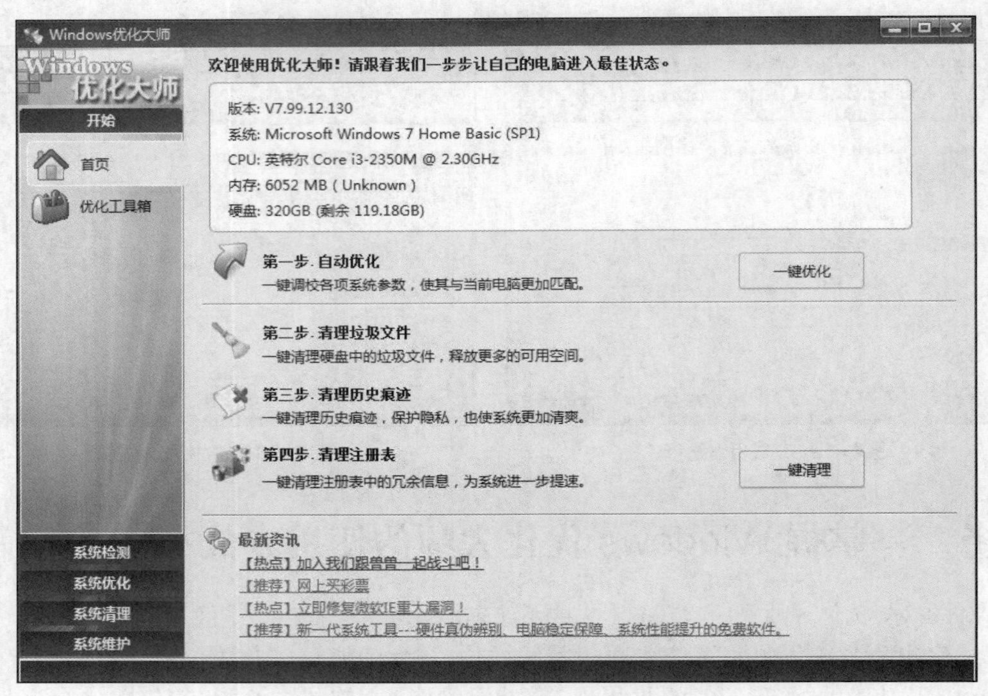

图9-21 快速优化和清理

系统的优化、维护和清理常常让初学者头痛，即便是使用各种系统工具，也常常感到无从下手。为了简便、有效地使用 Windows 优化大师，让计算机系统始终保持良好的状态，可以单击其首页上的【一键优化】按钮和【一键清理】按钮，快速完成。

STEP 2 在 开始 选项卡中，选择 优化工具箱 选项，打开 Windows 优化大师工具箱界面，如图 9-22 所示。

图9-22 优化工具箱

STEP 3 展开 系统检测 选项卡，将展开系统信息卷展栏，有 3 个选项按钮，如图 9-23 所示，其用法如表 9-1 所示。

图9-23 系统检测

表 9-1 系统检测项目的用途

按钮	功能
系统信息总览	显示该计算机系统和设备的总体情况
软件信息列表	显示计算机上的软件资源信息
更多硬件信息	显示计算机上的主要硬件信息

（二） 系统优化

Windows 系统的磁盘缓存对系统的运行起着至关重要的作用，对其合理的设置也相当重要。设置输入、输出缓存要涉及内存容量及日常运行任务的多少，因而一直以来操作都比较繁琐。下面将介绍如何通过 Windows 优化大师简单地完成对磁盘缓存、内存以及文件等系统的优化。

【操作思路】

- 选择系统优化模块。
- 设置相关参数。
- 完成优化。

【操作步骤】

STEP 1 选择系统优化模块。

启动 Windows 优化大师，进入主界面。展开【系统优化】选项卡，如图 9-24 所示，主要优化项目的用法如表 9-2 所示。

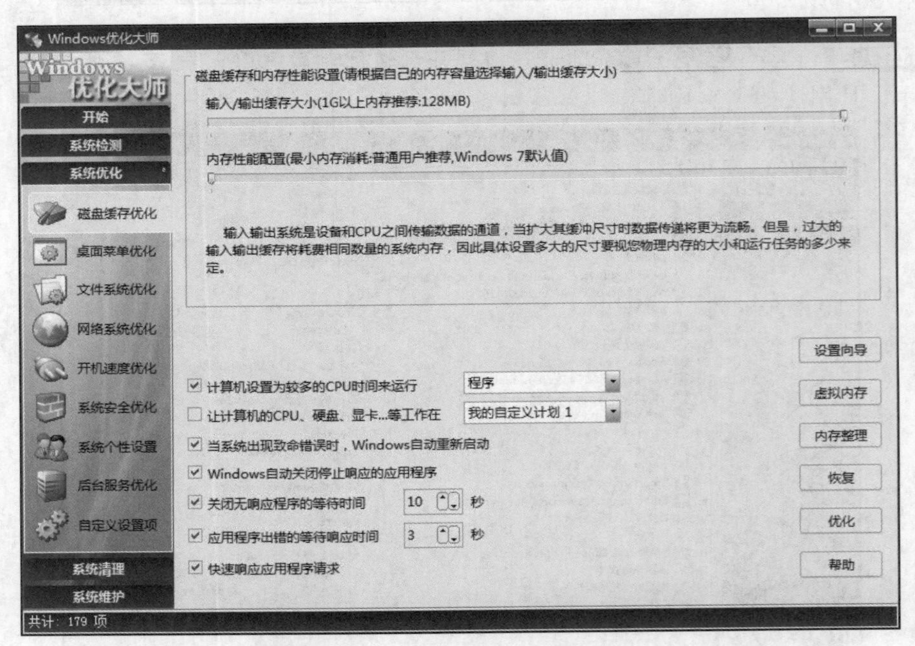

图9-24 【磁盘缓存优化】选项卡

表 9-2 系统优化项目的用途

按钮	功能
磁盘缓存优化	优化磁盘缓存，提高系统运行速度
桌面菜单优化	优化桌面菜单，使之有序整洁
文件系统优化	优化文件系统，便于文件管理和文件操作
网络系统优化	优化网络系统，提升网络速度

续 表

按钮	功能
开机速度优化	优化开机速度，缩短开机时间
系统安全优化	优化系统安全，防止系统遭受侵害
系统个性设置	进行系统个性化配置，满足用户需求
后台服务优化	优化系统后台服务的项目
自定义设置项	自定义其他优化项目

STEP 2 设置【设置磁盘缓存优化】参数。

（1） 左右移动【磁盘缓存和内存性能设置】选项下的滑块，可以完成对磁盘缓存和内存性能的设置，选中或取消选中窗口下方的复选框可完成对磁盘缓存的进一步优化，如图 9-25 所示。

在磁盘缓存优化的设置中，将【计算机设置为较多的 CPU 时间来运行】选项设置为“应用程序”，可以提高程序运行的效率。

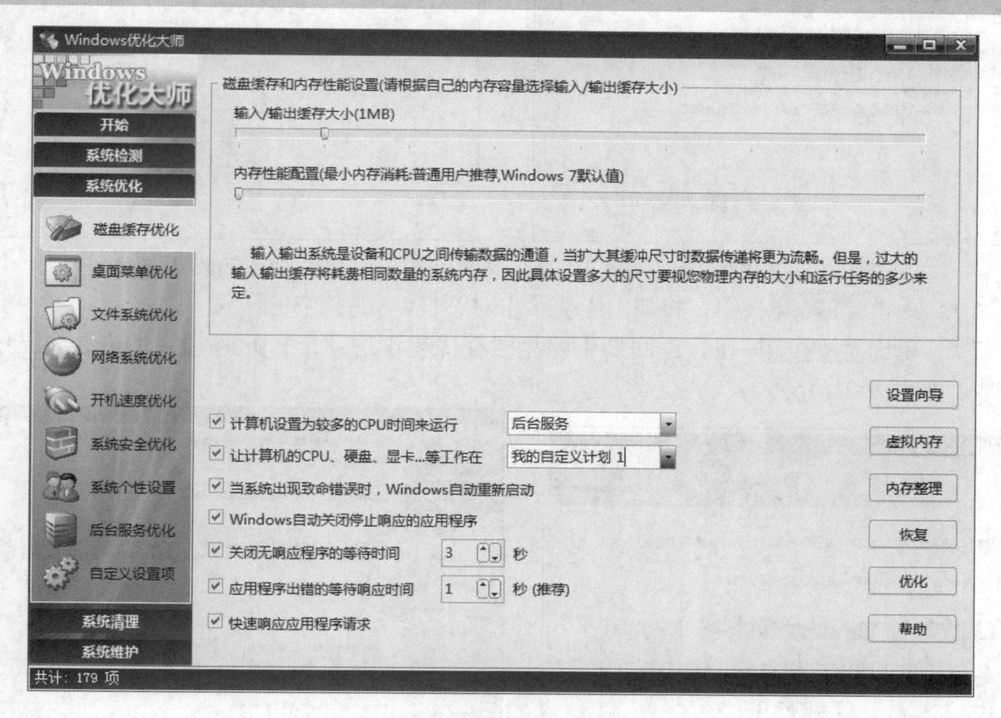

图9-25 磁盘缓存设置

（2） 单击 设置向导 按钮，打开【磁盘缓存设置向导】对话框，如图 9-26 所示。

（3） 单击 下一步 按钮，开始磁盘缓存设置，进入选择计算机类型界面，如图 9-27 所示。根据用户的实际情况选择计算机类型，这里选中【Windows 标准用户】单选按钮。

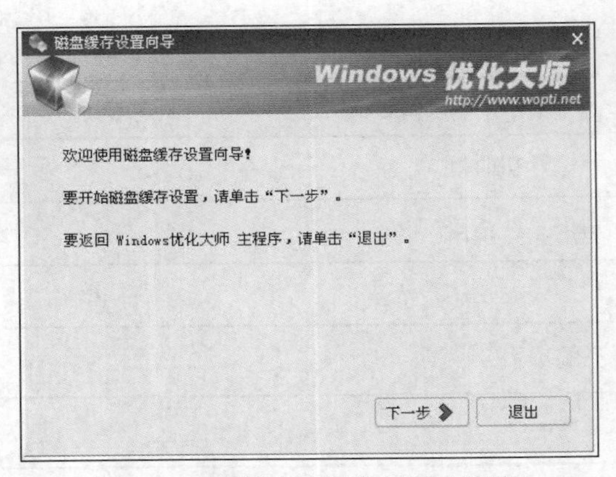

图9-26 【磁盘缓存设置向导】对话框

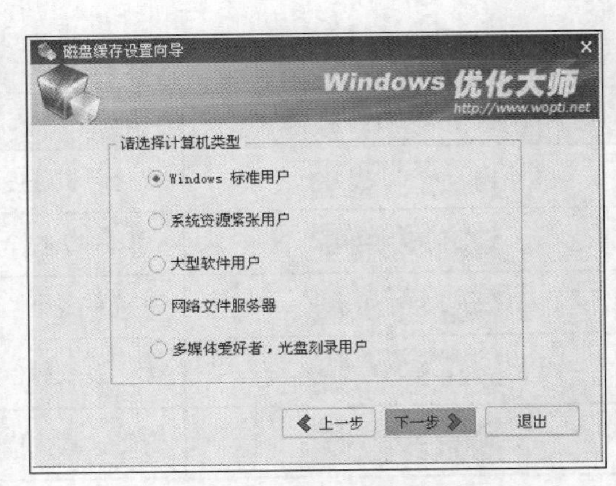

图9-27 选择计算机类型

（4） 单击 下一步 按钮，进入优化建议界面，如图 9-28 所示。

（5） 单击 下一步 按钮，完成磁盘优化设置向导，如图 9-29 所示。用户可以根据需要选中【是的，立刻执行优化】复选框，部分设置需要重新启动计算机后才能生效。

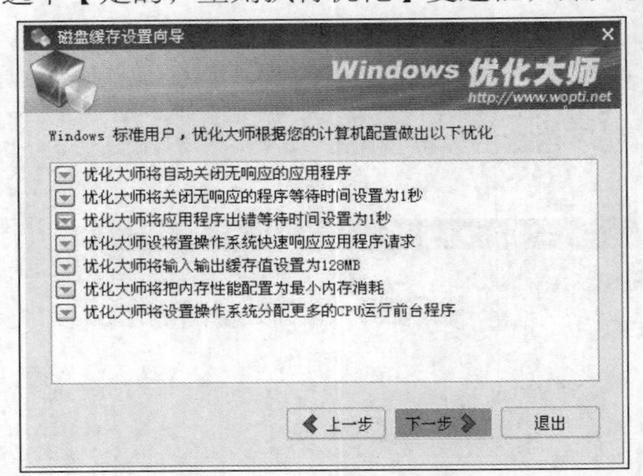

图9-28 优化建议

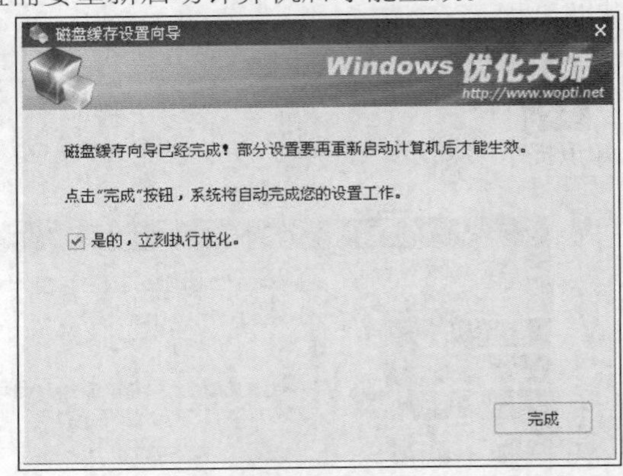

图9-29 完成设置向导

（6） 单击 完成 按钮，将弹出【提示】对话框，如图 9-30 所示。

（7） 单击 确定 按钮，返回到【磁盘缓存优化】选项卡，此时相关优化参数已经设置完成，如图 9-31 所示。

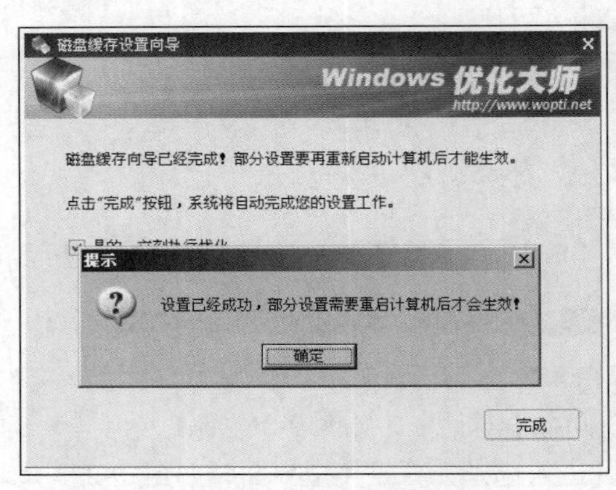

图9-30 【提示】对话框

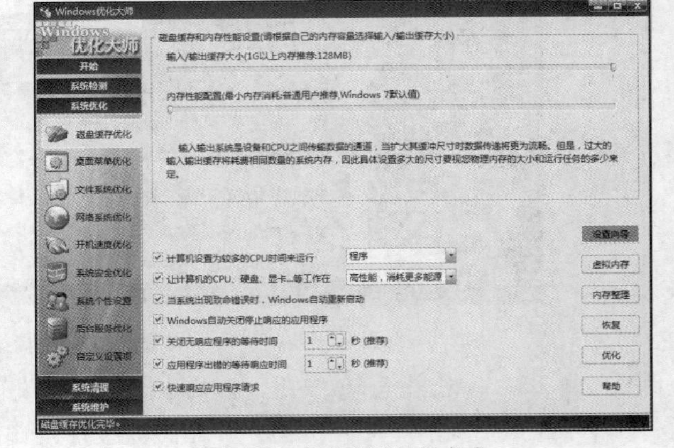

图9-31 优化参数设置完成

（8） 单击 优化 按钮即可进行磁盘缓存的优化。

STEP 3 设置【开机速度优化】参数。

（1） 在 Windows 优化大师主界面上单击【系统优化】模块下的开机速度优化选项，打开【开机速度优化】选项卡，如图 9-32 所示。

图9-32 【开机速度优化】选项卡

（2） 左右移动【启动信息停留时间】选项下的滑块可以缩短或延长启动信息的停留时间，在【启动项】栏中可以选中开机时自动运行的项目，如图 9-33 所示。

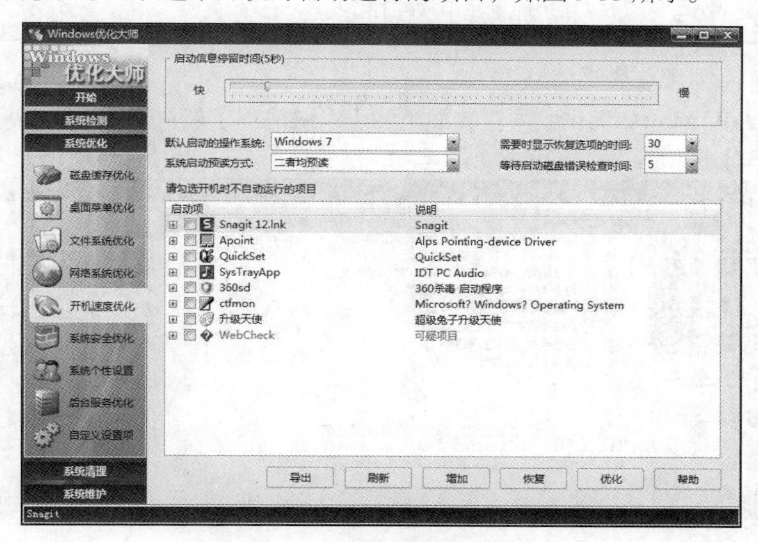

图9-33 开机速度优化设置

（3） 设置完成后，单击优化按钮，即可对开机速度进行优化。

（三） 系统清理

注册表中的冗余信息不仅影响其本身的存取效率，还会导致系统整体性能的降低。因此，Windows 用户有必要定期清理注册表。另外，为以防不测，注册表的备份也是很必要的。下面将具体介绍使用 Windows 优化大师完成注册表的优化和备份的技巧与方法。

【操作思路】

- 启动 Windows 优化大师。

- 选择系统清理模块。
- 设置相关参数。
- 完成注册表的清理和备份。

【操作步骤】

STEP 1 启动 Windows 优化大师，进入主界面。展开【系统清理】卷展栏（见图9-34），主要清理项目用法如表 9-3 所示。

表 9-3　主要系统清理项目的用法

按钮	功能
注册信息清理	清理注册表，为注册表瘦身
磁盘文件管理	管理磁盘文件，便于文件的存取
冗余DLL 清理	清理系统中多余的 DLL 文件，提升系统运行速度
ActiveX 清理	清理系统中的 ActiveX 控件，提升系统运行速度
软件智能卸载	对系统软件进行智能化卸载操作
历史痕迹清理	清理系统中的操作痕迹和历史记录信息
安装补丁清理	清理系统中软件补丁

STEP 2 清理注册表信息。

（1）　单击 Windows 优化大师主界面上的【系统清理】模块下的 注册信息清理 按钮，打开【注册信息清理】选项卡，如图 9-34 所示。

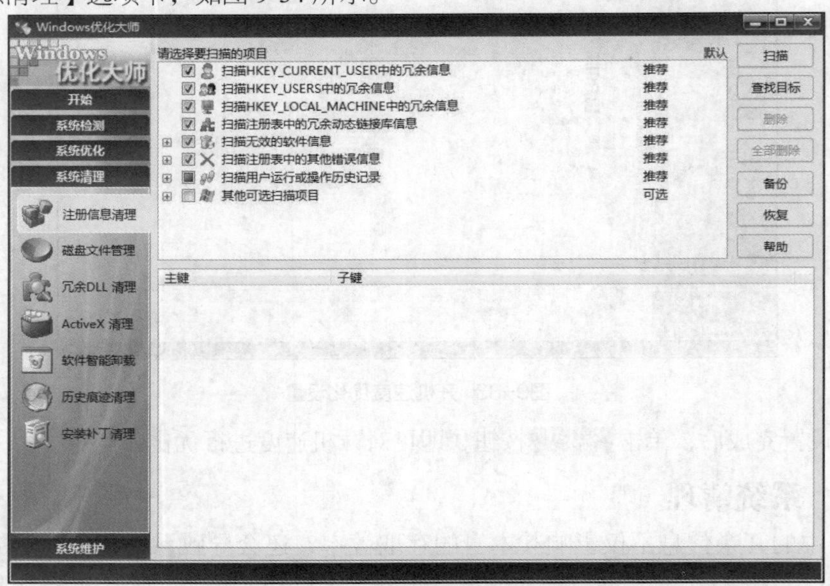

图9-34　【注册信息清理】选项卡

（2）　在窗口上方的列表框中选择要删除的注册表信息，完成后单击 扫描 按钮，在注册表中扫描符合选中项目的注册表信息。

（3） 扫描完成后，在窗口的下方显示出扫描到的冗余注册表信息，如图 9-35 所示。单击 删除 按钮或 全部删除 按钮将部分或全部删除扫描到的信息。

图9-35 扫描到的冗余注册表信息

STEP 3 备份注册表信息。

（1） 在【注册信息清理】选项卡中单击 备份 按钮，Windows 优化大师将自动为用户备份注册表信息，如图 9-36 所示。

图9-36 备份注册表

（2） 备份完成后，会在窗口的左下角显示“注册表备份成功”字样，如图 9-37 所示。

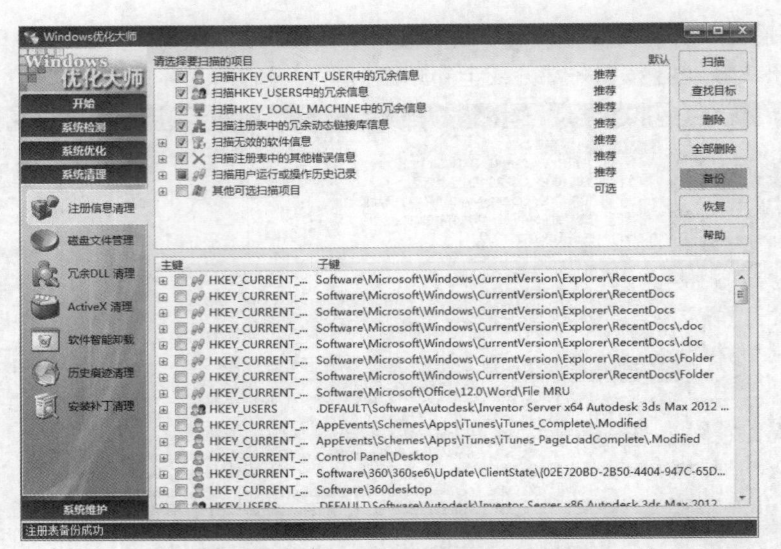

图9-37 注册表备份成功

（四） 系统维护

系统使用时间长了，就会产生磁盘碎片，过多的碎片不仅会导致系统性能降低，而且可能造成存储文件的丢失，严重时甚至缩短硬盘寿命，所以用户有必要定期对磁盘碎片进行分析和整理。Windows 优化大师作为一款系统维护工具，向 Windows 2000/XP/2003/7 用户提供了磁盘碎片的分析和整理功能，帮助用户轻松了解自己硬盘上的文件碎片并进行整理。下面将介绍利用 Windows 优化大师整理磁盘碎片的方法。

【操作思路】

- 启动 Windows 优化大师。
- 选择系统维护模块。
- 设置相关参数。
- 完成整理。

【操作步骤】

STEP 1 启动 Windows 优化大师。

启动 Windows 优化大师，进入主界面。展开【系统维护】卷展栏，如图 9-38 所示，系统维护的主要内容如表 9-4 所示。

表 9-4 系统维护的主要内容

按钮	功能
系统磁盘医生	对系统磁盘进行故障检测和诊断
磁盘碎片整理	对磁盘碎片进行整理
其它设置选项	对其他设置选项进行配置
系统维护日志	查看系统维护日志
360 杀毒	对系统进行杀毒操作

STEP 2 磁盘碎片整理。

单击 Windows 优化大师主界面上【系统维护】模块下的 磁盘碎片整理 选项，打开【磁盘碎片整理】选项卡，如图 9-38 所示。

STEP 3 整理磁盘碎片。

（1） 选中要整理的盘，然后单击右边的 分析 按钮，Windows 优化大师将自己分析所选中的盘，分析完成后单击【查看报告】对话框，对话框中给出 Windows 优化大师的建议、磁盘状态等相关信息，如图 9-39 所示。

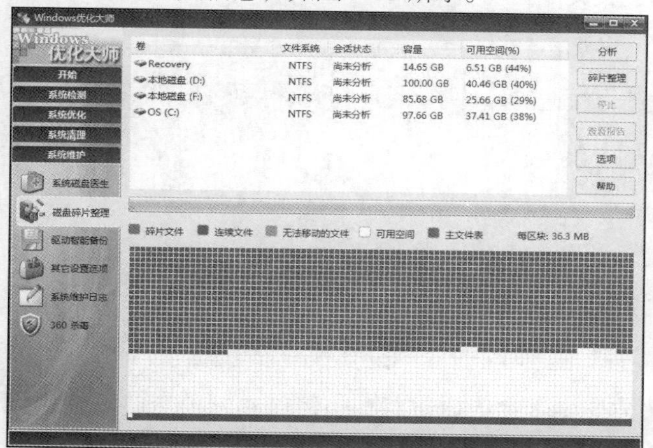

图9-38 【磁盘碎片整理】选项卡

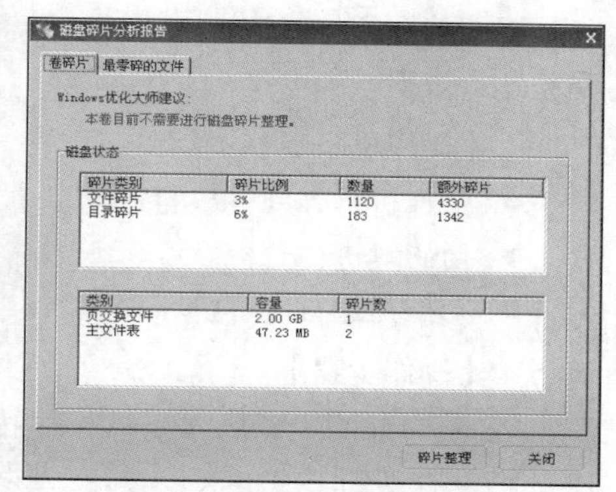

图9-39 【磁盘碎片分析报告】对话框

（2） 单击 碎片整理 按钮，进入磁盘碎片整理状态，如图 9-40 所示。

（3） 整理完成后会弹出【磁盘碎片整理报告】对话框，如图 9-41 所示。

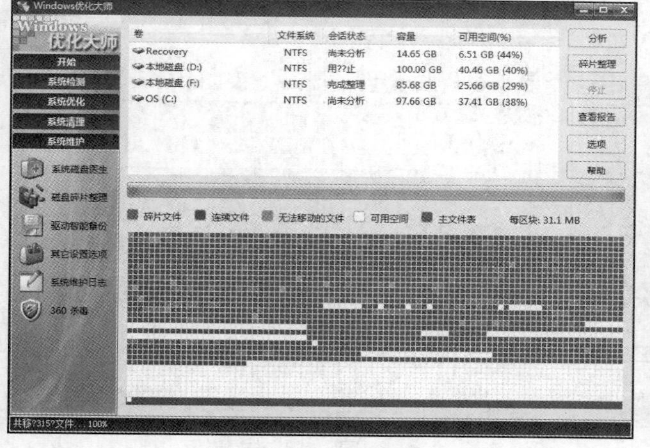

图9-40 碎片整理状态

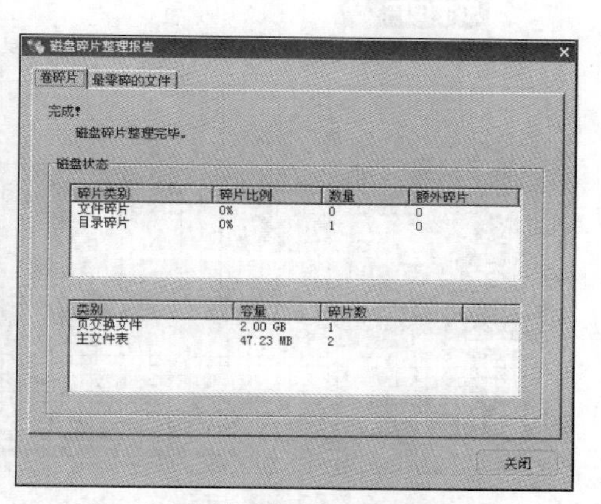

图9-41 【磁盘碎片整理报告】对话框

（4） 单击 关闭 按钮，返回【磁盘碎片整理】选项卡。

任务三 掌握 Vopt 的使用方法

硬盘中的文件会因为多次安装软件和删除文件而变得零乱，计算机的运行速度也会因硬盘存取速度变慢而大大降低。Windows 操作系统中提供了磁盘碎片整理程序，但其运行速度有些慢。Vopt 是 Golden Bow Systems 公司出品的一款优秀的磁盘碎片整理工具。它不但可以将分布在硬盘上不同扇区内的文件快速和安全地重整，以节省更多时间，而且还提供了磁盘检查、清理磁盘垃圾等方便、实用的功能。

Vopt 主要功能如下。

- 可以对一个或多个磁盘驱动器进行快速的碎片整理。
- 可以对磁盘进行错误检查。
- 可以查看系统的内存使用、网络状态等信息。
- 支持 FAT16 和 FAT32 格式及中文长文件名。

（一） 整理磁盘碎片

下面将介绍如何使用 Vopt 对磁盘进行快速的碎片整理，从而获得更多磁盘空间，加快系统运行效率。

【操作思路】

- 选择进行碎片整理的磁盘。
- 对磁盘进行分析。
- 对磁盘进行碎片整理。

【操作步骤】

Vopt 当前的较新版本是 V9.0，官方提供试用版本下载，也可以在网上下载其汉化版本。V9.0 版本相比前一版本做了一些改进，界面更加简洁。

STEP 1 启动 Vopt。

Vopt 的启动界面如图 9-42 所示。界面上方是菜单和工具按钮，界面中间的小方格表示磁盘的使用情况。

STEP 2 整理碎片。

（1） 单击分卷按钮，在弹出的菜单中选择要进行碎片整理的磁盘，如图 9-43 所示。

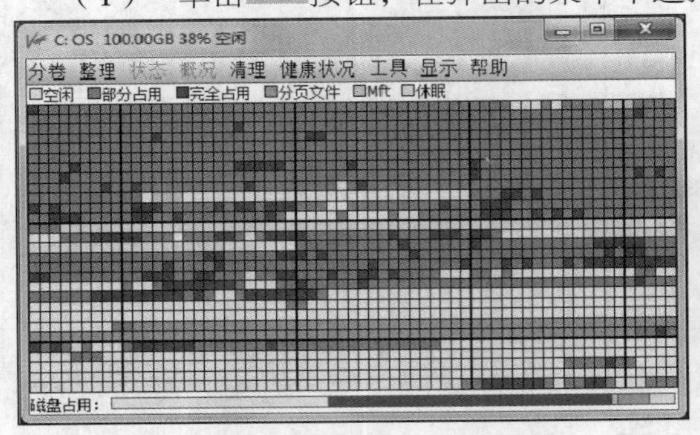

图9-42 启动 Vopt

图9-43 选择磁盘

（2） 选择 D 盘进行碎片整理，单击整理选项选择【分析】命令，然后开始对磁盘进行分析，分析完成后会在状态按钮下弹出一个菜单，其中显示了磁盘空间状况，如图 9-44 所示。

（3） 在菜单中选择清理选项，单击【清理】命令，在弹出的【清理】对话框中选中不再使用的临时文件和缓存文件，单击应用按钮进行清理，如图 9-45 所示。

（4） 清理完成后回到主界面，单击整理选项选择【整理】按钮，经过快速分析后即开始对磁盘进行碎片整理，如图 9-46 所示。

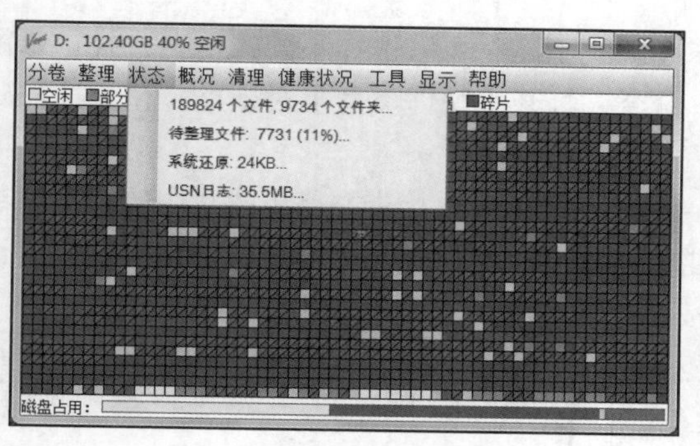

图9-44 分析结果

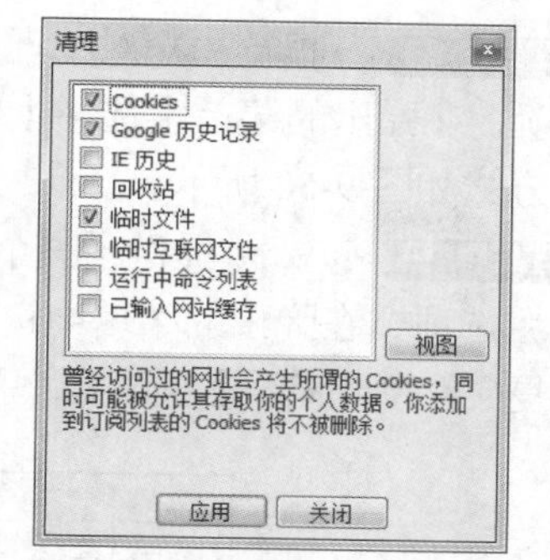

图9-45 【清理】对话框

（5） 碎片整理的时间长短由计算机性能、碎片数量以及硬盘读取速度而定。建议在碎片整理过程中关闭所有应用程序。碎片整理完成后如图 9-47 所示，可以看出碎片文件明显减少。

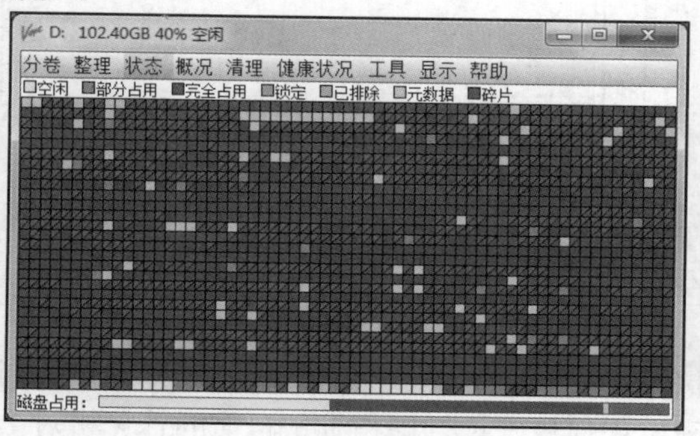

图9-46 进行碎片整理

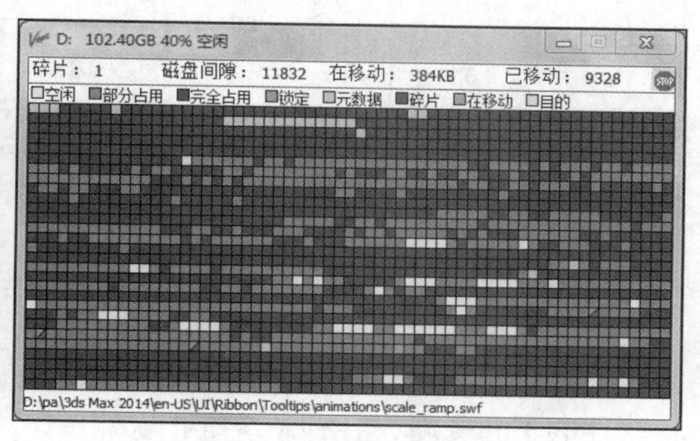

图9-47 完成碎片整理

（二） 使用附带功能

Vopt 还附带了一些实用的功能，用户使用这些功能可以更好地对磁盘进行维护。

【操作思路】

- 对磁盘进行批量整理。
- 设置整理方式。
- 检查磁盘错误。
- 轮换磁盘分区格式。

【操作步骤】

由于磁盘整理一般需要比较长的时间，所以用户希望利用空闲时间让软件自动对所有磁盘进行整理。

STEP 1 单击整理选项，在弹出的菜单中选择【批量整理】命令，如图 9-48 所示。

STEP 2 在打开的【批量整理】对话框中选中需要进行碎片整理的磁盘，还可以选中【执行后关机】复选框，让软件在整理完成后自动关闭计算机。单击 整理 按钮执行，如图 9-49 所示。

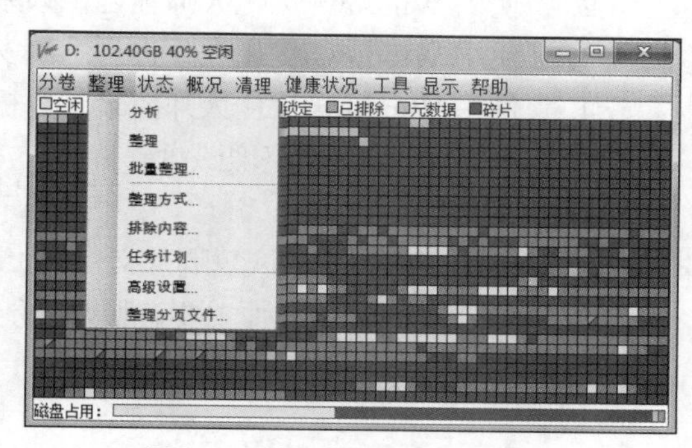

图9-48 选择【批量整理】命令

STEP 3 根据用户对整理结果和效率要求的不同，可以选择不同的整理方式。单击整理选项，在弹出的菜单中选择【整理方式】命令，打开【整理类型】对话框，在此选择碎片整理方式如图 9-50 所示。

STEP 4 Vopt 提供了一个快速检查磁盘的功能，可以检查并修复磁盘中的错误。单击健康状况选项，在弹出的菜单中选择【检查磁盘错误】命令，打开【检查磁盘】对话框，选中【修复文件系统错误】复选框，单击应用按钮即可开始磁盘检查，如图 9-51 所示。

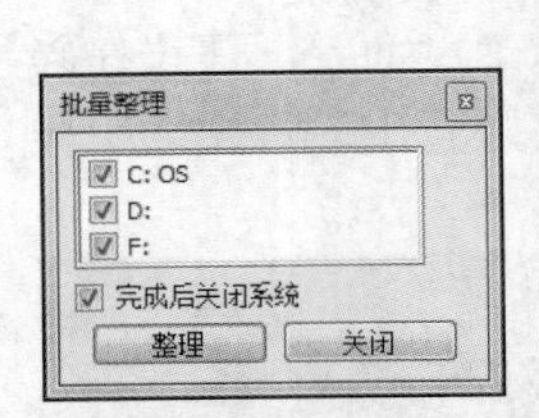

图9-49 批量整理

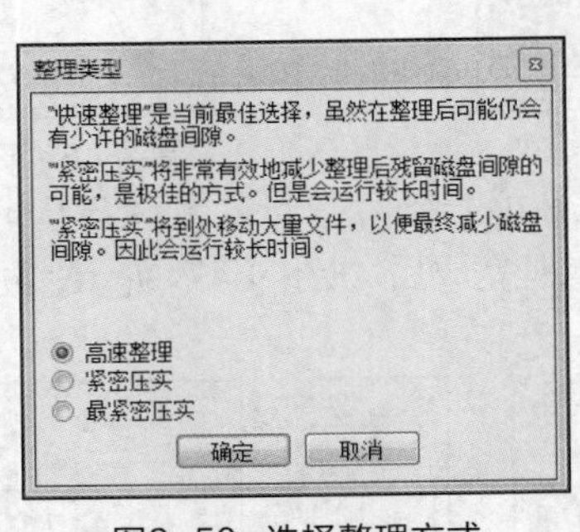

图9-50 选择整理方式

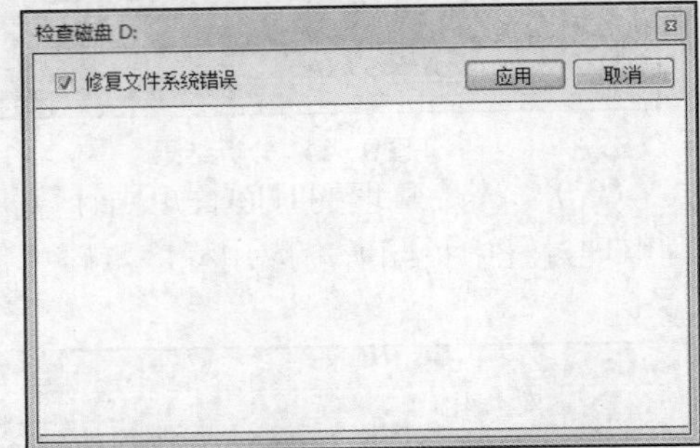

图9-51 【检查磁盘】对话框

项目小结

计算机安全问题随着互联网发展速度的加快变得越来越重要，随之而来的是计算机防病毒软件的不断更新，各种系统维护软件层出不穷。如何更好地管理与维护自己的计算机对于每一个计算机用户来说都非常重要。本项目专门介绍了 3 种比较有特色的系统维护软件：EasyRecovery、Windows 优化大师和 Vopt，相信每一个读者认真学习后都能够轻易地管理与维护自己的计算机，打造一个属于自己的系统。这 3 款软件中还有许多的知识本项目没有提到，需要读者自己去学习、掌握，发现它们的奇妙世界。

思考与练习

一、操作题

1. 使用 EasyRecovery 恢复被删除的文件。
2. 使用 Windows 优化大师优化视频系统信息。
3. 使用 Windows 优化大师进行系统安全优化。
4. 使用 Windows 优化大师清除计算机上的 IE 历史痕迹。
5. 练习使用 Vopt 整理磁盘碎片。

二、问答题

1. EasyRecovery 能恢复哪些文件？
2. Windows 优化大师主要有哪些功能？

PART 10 项目十 通信娱乐工具

随着计算机的使用越来越普遍，人们在日常生活中使用的工具软件无论是种类还是功能都日益丰富，有些工具软件更是近几年的产物。在信息高速发展的当今时代，通信和娱乐工具必不可少。本项目将介绍新浪微博、飞信和微云的用法，帮助读者掌握这些工具的使用要领，以便更好地适应丰富多彩的网络生活。

学习目标

- 掌握新浪微博的使用方法。
- 掌握飞信的基本用法。
- 明确微云的用途。

任务一 掌握新浪微博的使用方法

微博，可以理解为“微型博客”（MicroBlog）或者“一句话博客”，是一个基于用户关系的信息分享、传播以及获取平台，用户可以通过 Web、WAP 以及各种客户端组建个人社区，以 140 字左右的文字更新信息，并实现即时分享。

通过微博，用户可以将看到的、听到的、想到的事情写成一句话，或拍摄成图片，通过计算机或者手机随时随地分享给朋友。朋友们可以在第一时间看到发表的信息，随时分享、讨论。用户还可以关注自己的朋友，即时看到他们发布的信息。

目前，微博是时尚的代名词，受到越来越多人的喜爱。新浪微博是由新浪网推出提供微博服务的网站。用户可以通过网页、WAP 页面、手机短信/彩信发布消息或上传图片。本任务将重点介绍新浪微博的使用方法。

（一） 注册微博

在使用新浪微博之前，需要在 http://t.sina.com.cn/网址注册一个微博账号。手机注册网址是 http://t.sina.cn，详情请参照 http://news.sina.com.cn/wap/miniblog.html。

【操作思路】

- 登录注册网站。

- 填写注册信息。
- 进入微博。

【操作步骤】

STEP 1 登录注册网站。

打开网址 http://weibo.com，进入新浪微博登录注册界面，如图 10-1 所示。

STEP 2 填写注册信息

（1） 输入手机号，单击免费获取短信激活码按钮获取短信激活码，填写验证码。

（2） 单击右上角的立即注册按钮，随后进入【完善资料】界面填写资料，如图 10-2 所示。

图10-1 注册界面

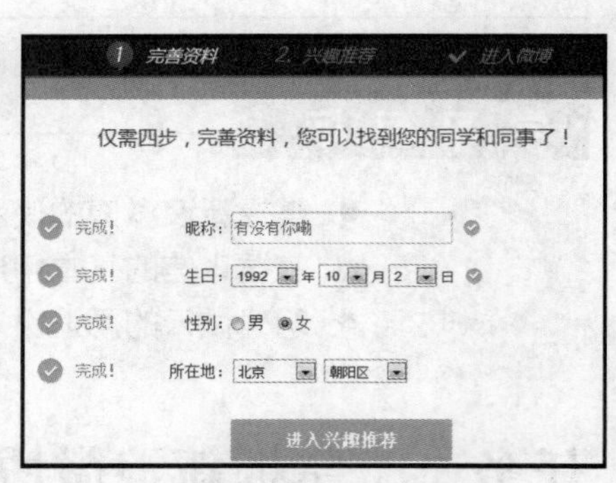

图10-2 完善资料

（3） 填写完资料后单击进入兴趣推荐按钮，选择自己的兴趣或者在【人气推荐】中选择自己想要关注的人和事，如图 10-3 所示。

STEP 3 单击进入微博，如图 10-4 所示。

图10-3 兴趣推荐

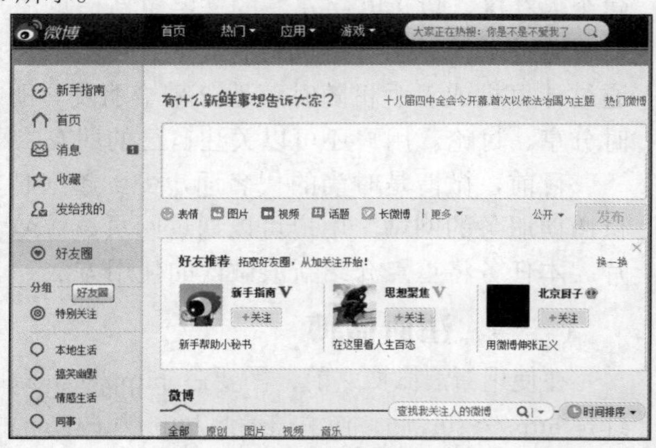

图10-4 进入微博

（二）发微博

微博注册成功后，就可以按照以下步骤发微博了。

【操作思路】

- 撰写微博。
- 添加表情。
- 添加图片。
- 添加视频。
- 发布话题。
- 添加音乐。
- 发起投票。

【操作步骤】

STEP 1 登录微博。

（1） 打开网址 http://weibo.com，在页面右上角使用你刚注册的邮箱/账号/手机号后，登录微博，如图 10-5 所示。

图10-5 登录微博

（2） 随后打开微博首页，右上角显示你的个人信息，如图 10-6 所示。

图10-6 微博首页

STEP 2　撰写微博。

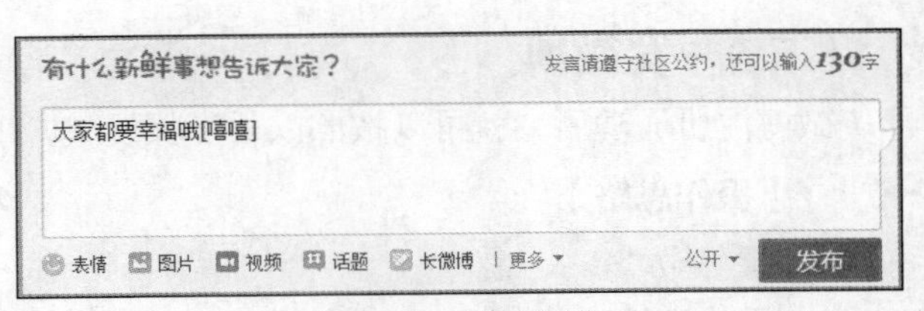

图10-7　撰写微博

（1）　在页面上方，简单的微博应用便打开了，在页面顶部的文本框中输入微博文本，如图 10-7 所示。

（2）　单击 公开 按钮的▼图标，如果选择【好友圈】选项，则你发表的微博可以被你的好友圈里面的人看到，如果选择【仅自己】选项则只有自己可以看见，如果选择【分组可见】选项，则可以根据用户手动设置可见的人群。

（3）　单击 发布 按钮就可以完成一条简单微博的发布了。

STEP 3　添加表情。

（1）　单击文本框左下角的 表情 按钮打开表情列表，如图 10-8 所示，可以选择添加常用表情和暴走漫画表情等，如图 10-9 所示。

图10-8　表情列表

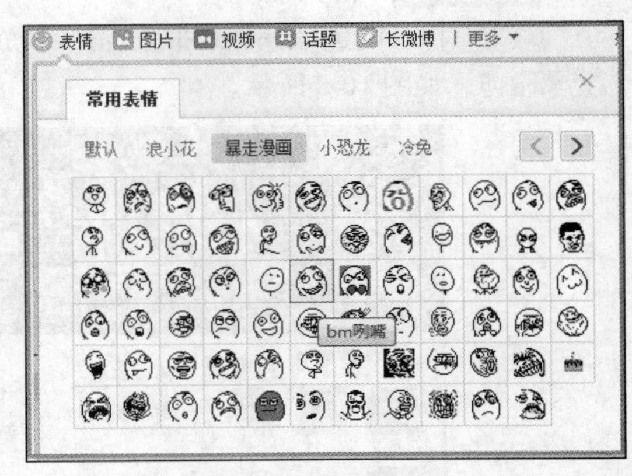

图10-9　暴走漫画表情

（2）　添加表情后的效果分别如图 10-10 和图 10-11 所示。使用表情能直观表达你的心情和情绪，可以使你的微博更加生动活泼，富有趣味性。

STEP 4　添加图片。

（1）　单击文本框左下角的 图片 按钮，打开如图 10-12 所示列表框，可以使用多种方式向微博中上传图片。

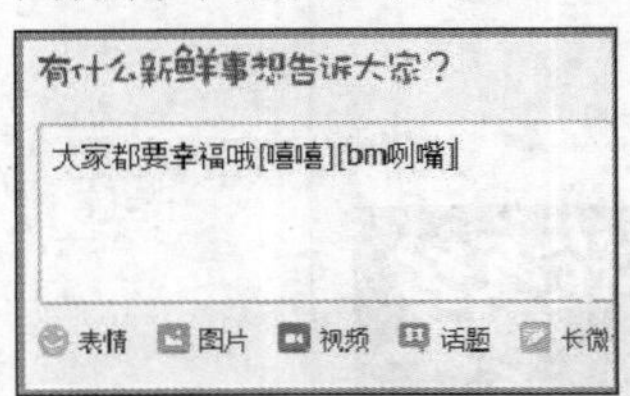

图10-10　文本框中的效果

图10-11　最终效果

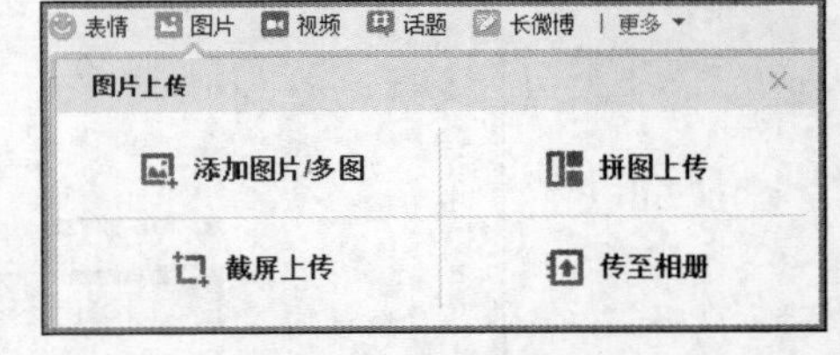

图10-12　添加图片

知识提示

当你在微博中发布照片后，如果该图片宽（或高）大于 300 像素时，系统会自动在图片右下角添加你微博地址的水印信息。若图片尺寸不足 300 像素，为了避免影响图片效果，系统不添加水印信息。

（2）　在【添加图片/多图】选项卡中，可以使用【单张图片】、【多张图片】2 种方式从本地计算机上传图片。

（3） 选中【拼图上传】选项卡，可以选取图片进行自由拼接或者模板拼图，然后发到微博上面，如图 10-13 所示。

（4） 选中【截屏上传】选项卡，可以截取图片上传微博。

（5） 选中【上传相册】选项卡，可以把图片上传到微博相册，如图 10-14 所示。

图10-13 拼图上传

图10-14 上传相册

STEP 5 添加视频。

（1） 单击文本框下方的视频按钮，打开如图 10-15 所示列表框，可以使用多种方法向微博中上传视频文件。

图10-15 添加视频

（2） 选择【本地上传】选项，首先选取视频的保存位置，然后选择要上传的视频，文件大小不超过 1GB，填写标题、简介、选区类别等，单击开始上传按钮，上传视频文件，如图 10-16 所示。

（3） 选择【在线视频】选项，在地址栏中输入视频网址后单击确定按钮即可，如图 10-17 所示。新浪微博目前已支持新浪播客、优酷网、土豆网、酷 6 网、我乐网、奇艺网、凤凰网等网站的视频播放页链接。

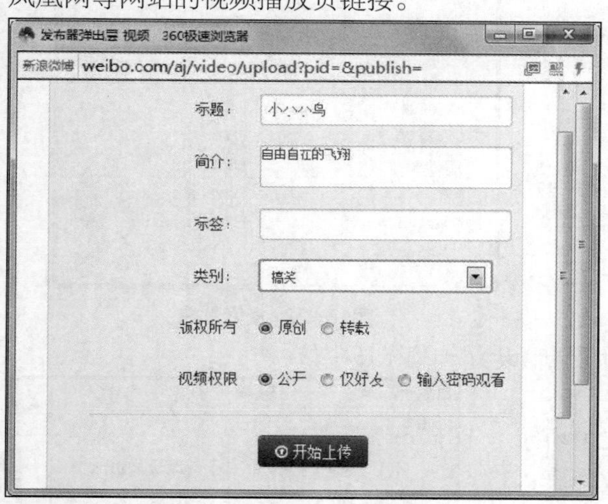

图10-16 上传视频

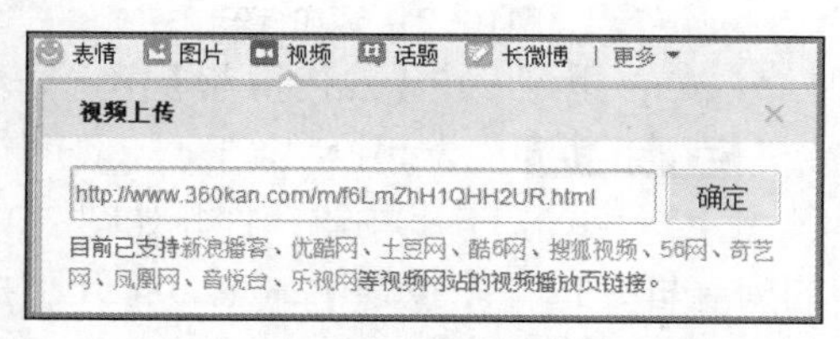

图10-17 在线视频分享

STEP 6 发布话题。

简单地说，“话题”就是微博搜索时的关键字，其书写形式是将关键字放在两个井号之间，后面再加上你想写的内容，例如，#舌尖上的母校# 今天这话题真火。

（1） 单击文本框下方的 话题 按钮，打开如图 10-18 所示的列表框，这里显示了当前的热门话题。单击这些链接可以将其加入微博中。

（2） 选择【插入话题】选项，将在文本框中显示两个“#”号，如图 10-19 所示，在其间插入话题即可。

STEP 7 添加音乐。

（1） 单击 更多 按钮，打开如图 10-20 所示的列表框，选择【音乐】命令，打开【添加音乐】文本框，如图 10-21 所示。

图10-18 话题列表

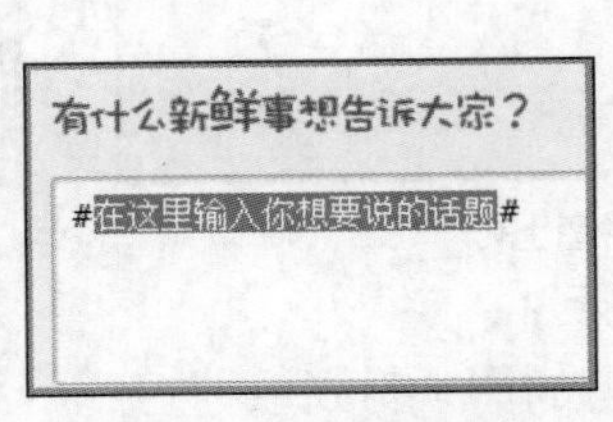

图10-19 发布话题

图10-20 【更多】列表框

（2） 在【搜索歌曲】选项卡中输入关键字，搜索歌曲，如图 10-22 所示。搜到的歌曲可以单击右侧的按钮试听，然后选择喜欢的歌曲将其加入到微博中。

图10-21 添加音乐

图10-22 搜索歌曲

（3） 也可以在【热门推荐】中选择合适的音乐添加到微博中。

STEP 8 发起投票。

（1） 单击 更多 按钮，打开如图 10-20 所示的列表框，选择【投票】命令，打开下拉列表，如图 10-23 所示。

图10-23 【投票】命令

（2） 选择【发起文字投票】选项，可以发起图片投票，按照图 10-24 所示设置投票标题、选项，单选还是多选，然后单击发起按钮。

（3） 选择【发起图片投票】选项，可以发起图片投票，按照图 10-25 所示设置投票标题、上传图片，单选还是多选，然后单击发起按钮。

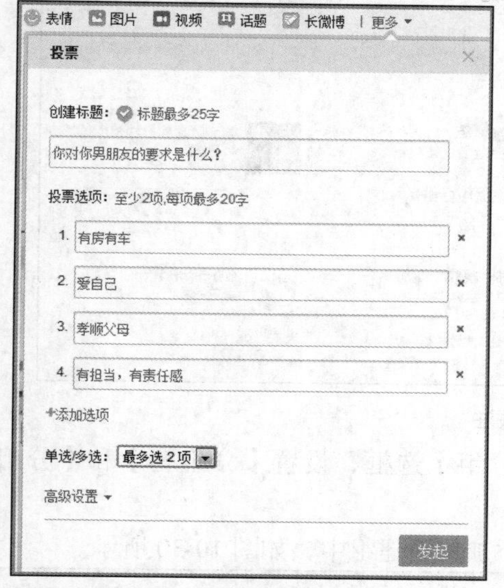

图10-24 文字投票

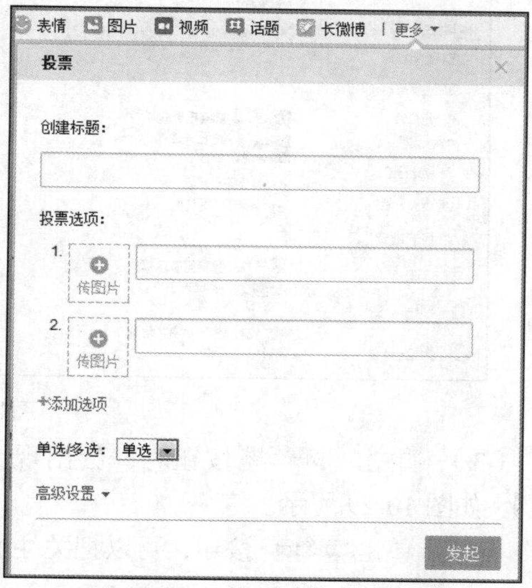

图10-25 图片投票

（三） 互动

通过以上描述相信读者对于怎样发微博已经有了深刻的理解，那么怎样在微博里和别人形成互动呢？这就需要加一些关注的人，同时尽量增加自己的粉丝。

【操作思路】

- 关注。
- 粉丝。
- 私信。
- 回复、评论等。

【操作步骤】

STEP 1 关注。

“关注”是一种单向的、无需对方确认的关系，只要喜欢某网友的微博就可以关注对方。添加关注后，系统会将该网友所发的公开微博内容，立刻显示在你的微博首页中，使你可以及时了解对方的动态。

（1） 在“我的首页”的搜索框中输入邮箱、关键字搜索以及系统选择的你可能感兴趣的人中去关注他人和邀请他人，如图 10-26 所示。

（2） 当关注的人越来越多时，管理会很麻烦，用户可以给这些关注的人分组。在“我的首页”的右侧，如图 10-27 所示，找到并单击“关注”，进入如图 10-28 所示的页面。

图10-26 找人、搜微博

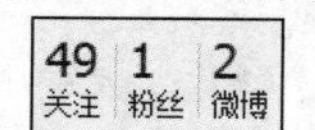

图10-27 关注链接

图10-28 关注

（3） 单击 +创建分组 按钮时，会出现【创建分组】选框，设置【分组名】和【分组描述】，如图 10-29 所示。

（4） 单击 添加组员 按钮，可以把关注的内容添加到新建组中，如图 10-30 所示。

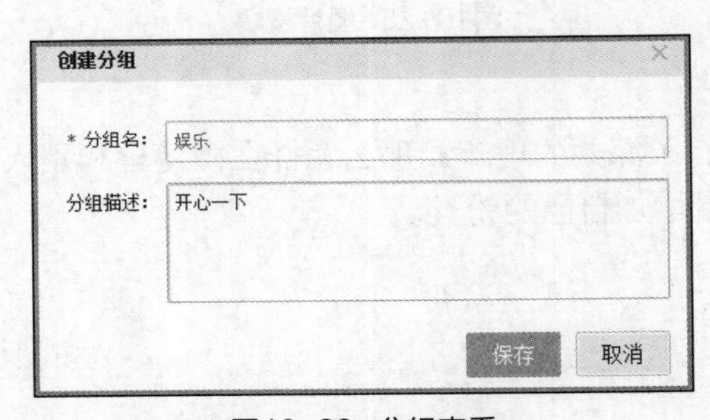

图10-29 分组查看

图10-30 添加组员

（5） 在对关注人进行分组后，在“我的首页”单击对应的组名，查看组内成员所发微博内容，如图 10-31 所示。

图10-31 组内成员的微博内容

（6） 取消关注。当你对某网友失去关注兴趣时，可以取消关注。在“我的首页”的右侧，单击【关注】按钮，在【我关注的人】页面会显示所有关注的人，每项关注后均有取消关注按钮，如图 10-32 所示。

（7） 单击取消关注按钮，系统提示“确认要取消对×××的关注吗？”单击 确定 即可，如图 10-33 所示。

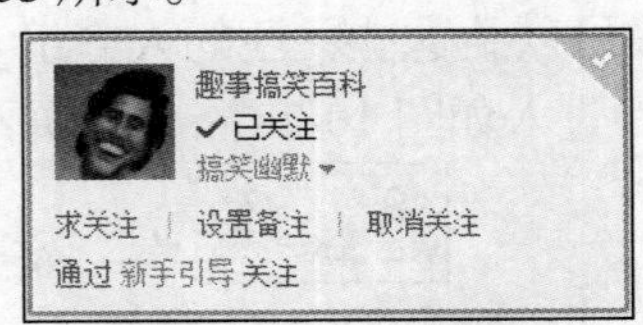

图10-32 取消关注

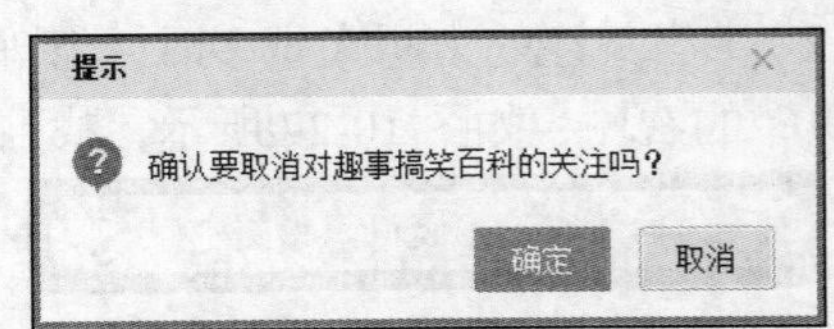

图10-33 系统提示

STEP 2　粉丝。

粉丝则是指关注你的人，无上限。一般只显示最新 1000 人。在新浪微博中，关注是指你关注的人，而粉丝则是指关注你的人。在登录微博后，右侧头像下方会显示你关注的人数和关注你的人数。你关注的人越多，则你获取的信息量越大。你的粉丝越多，则表明你发表的微博会被越多人看到。

（1）　增加粉丝。在首页的右侧导航栏中，单击头像下方的粉丝链接，在界面左侧单击【找人】命令，打开如图 10-34 所示的界面，可以快速方便地添加粉丝。

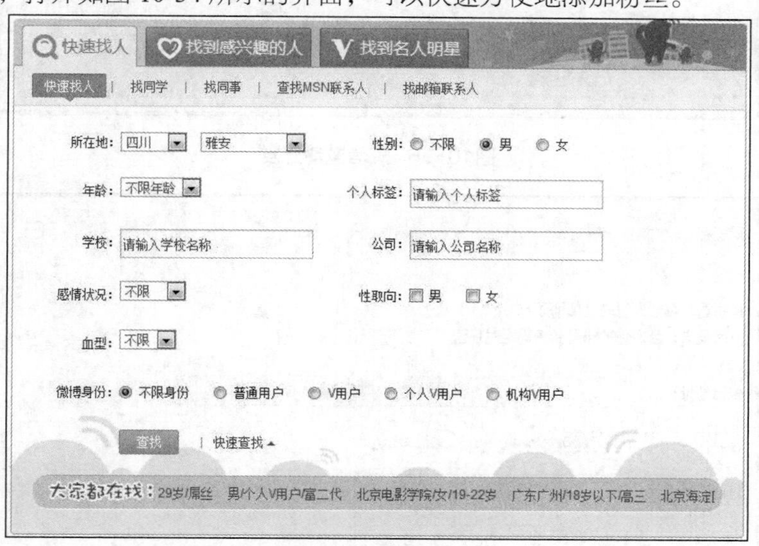

图10-34　找人

（2）　还有一种方法是邀请粉丝。在首页的右侧导航栏中，单击头像下方的【粉丝】链接，进入【关注/粉丝】页面，然后选择【邀请站外好友】选项，总共有 5 种方法邀请好友，如图 10-35 至图 10-38 所示。

图10-35　邀请站外好友

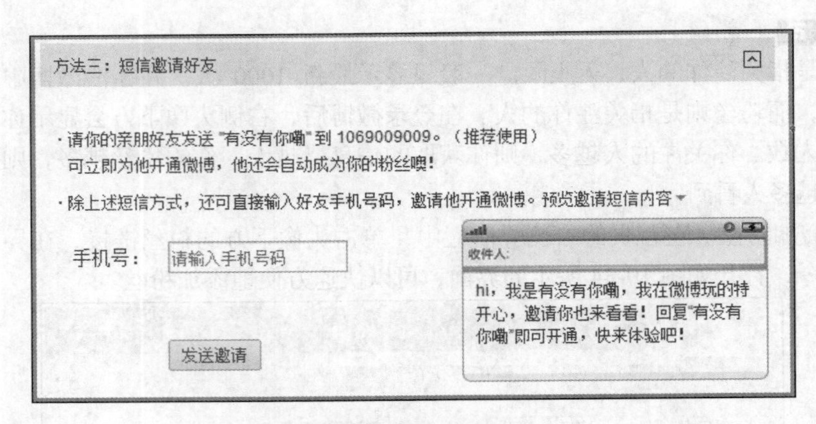

图10-36 短信邀请好友

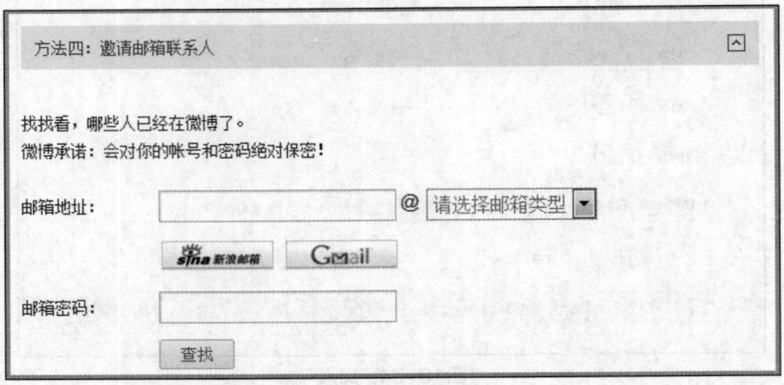

方法四：邀请邮箱联系人

找找看，哪些人已经在微博了。

微博承诺：会对你的帐号和密码绝对保密！

邮箱地址： @ 请选择邮箱类型

sina 新浪邮箱 Gmail

邮箱密码：

查找

图10-37 邀请邮箱联系人

方法五：邮件邀请

发送邀请

请输入邮箱地址，多个邮箱地址请用"；"分隔

图10-38 邮件邀请

（3） 移除粉丝。用户登录微博首页后，在首页右侧导航栏中，单击头像下方的粉丝链接，"关注我的人"页面会显示所有关注你的人，每项关注后均有移除粉丝按钮，如图 10-39 所示。

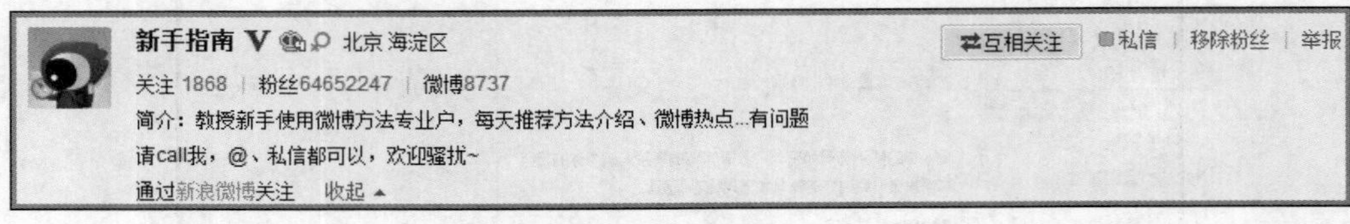

图10-39 移除粉丝

（4） 单击移除粉丝按钮后，系统提示：确定要移除×××××？移除之后将取消他对你的关注。单击 确定 按钮即可完成移除操作，如图 10-40 所示。

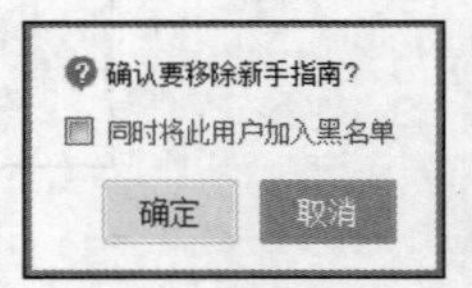

图10-40 系统提示

STEP 3 私信。

当用户想对某个人说话时，可以用@功能和发私信功能。

@这个符号英文读作 at，在微博里的意思是：向某某人说，只要在微博用户昵称前加上一个@，并在昵称后加空格或标点，他（或她）就能看到。比如：@微博小秘书 你好啊。需要注意的是：@功能只能是对你加关注的人使用。对微博小秘书不加关注也可以用@发私信功能，但是对于其他的普通用户不行。昵称后一定要加上空格或者标点符号，以此进行断句。

（1） 查看私信。在微博的个人首页，微博右侧菜单中新增“@提到我的”，如果在微博里有人使用（@昵称）提及你，单击该标签在这里就能看到。

（2） 私信聊天。新浪微博上线了私信功能，悄悄话也可以在微博上聊。只要对方是你的粉丝，你就可以发私信给他（或者她），如图 10-41 所示。

图10-41 发私信

（3） 如果你要给对方发私信的话，单击 私信 按钮，即会弹出发私信窗口，如图 10-42 所示。

因为私信是保密的，只有收信人才能看到，所以你可以放心地把想写的内容发过去，但请注意长度不能超过 300 个汉字。单击 发送 按钮之后，微博就会把你的消息传递给收件人。

STEP 4 其他操作

（1） 转发。当用户对某条微博很感兴趣，想转发时怎么办呢？用户登录微博后，可以在每条微博右下方看到转发，单击该链接可以转发其他网友发的微博。在转发微博时，还可以对转发内容发表一下自己的意见。也许你会问：对别人转发的内容我是否还能转发？答案是当然可以，其转发后的内容还是最初原始的内容，如图 10-43 所示。

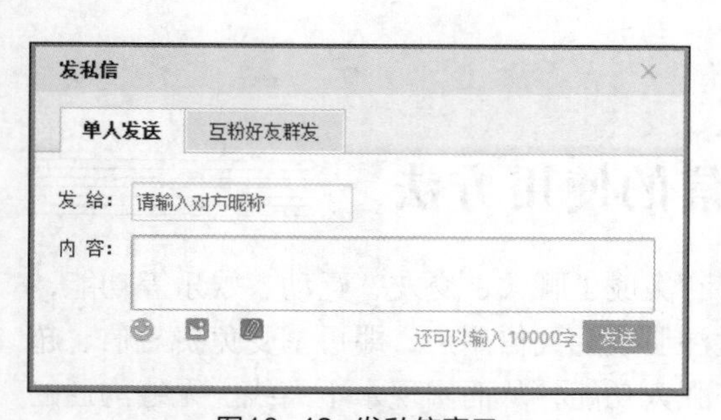

图10-42 发私信窗口

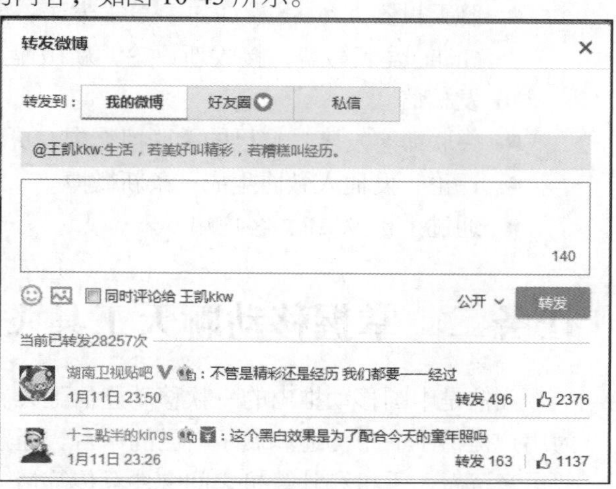

图10-43 转发微博

（2） 评论。用户想对感兴趣的微博内容进行评论，单击微博下方的评论，页面会出现评论输入框，可在此处输入最多 140 个汉字的评论内容，如图 10-44 所示。

（3） 回复。登录微博，如果你看到微博内容右下方的评论后显示有红色数字，那说明该条微博有网友写了评论，数字则是评论的条数。单击评论链接，即可看到评论内容，在每条评论后均有回复链接，单击回复链接会出现输入框，最多可以输入 140 个汉字，如图 10-45 所示。

图10-44 评论

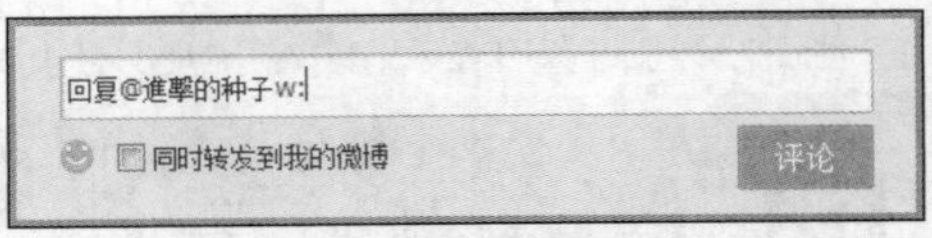

图10-45 回复评论

（4） 删除评论。在登录微博后，你可以对收到的评论和发出的评论进行删除。单击微博右下方的评论链接，系统会在你有权删除的评论后面显示删除链接。在单击删除链接后，系统会提示：确定要删除该回复吗？单击确定按钮即可完成删除操作，如图 10-46 所示。

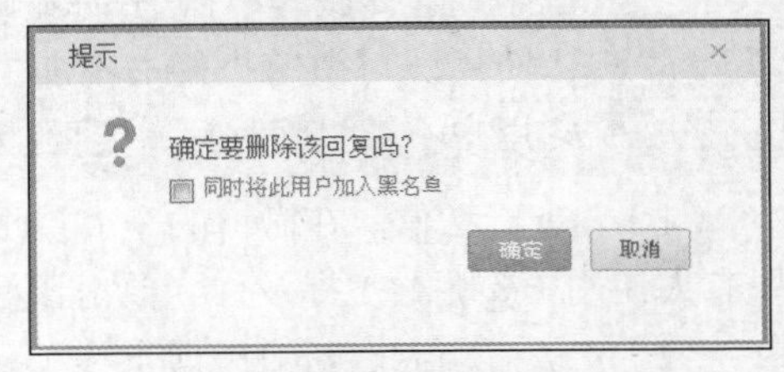

图10-46 系统提示

【知识链接】

目前，新浪微博一共有 6 种方式发出。

- 计算机发微博：可以在计算机上登录自己微博发表，发表内容最多是 140 个汉字，一条微博内最多只能有一张图片，上传图片要求为 jpg、gif、png 格式，小于 5MB 的图片，放大后图片最宽为 490 像素，查看大图最宽为 1600 像素。也可以直接输入音乐或视频的 url 地址（每条微博限一条）。
- 手机绑定短信/彩信发微博：绑定手机后通过手机发短信/彩信更新微博。对于短信，中国移动用户发短信到 1069009009，中国联通、中国电信用户发短信到 1066888866；对于彩信，目前只支持中国移动用户、中国联通用户发彩信，发送彩信到 1066888866。
- 聊天机器人 MSN、Gtalk、UC 发表：微博绑定 MSN、Gtalk 后，可以通过 MSN、Gtalk 发表微博，接收新评论，新微博、新粉丝、新私信的提醒，还可以通过 MSN 发私信。
- 关联博客发表：自己的关联博客中有更新时，就会自动产生一条微博。
- 评论：发他人微博生成一条新微博。
- 通过手机 WAP、客户端发表。

任务二　掌握移动聊天工具飞信的使用方法

飞信是中国移动推出的一款移动通信工具。它集成了聊天、交友、互动、娱乐等功能，为用户提供了一个沟通和展示自己的平台。通过注册成为飞信用户，即可享受免费短信、超低语音资费、手机和计算机之间文件互传等诸多强大功能，从而实现永不离线、无缝沟通的状态，本任务将以 Fetion 2014 版本进行介绍。

（一） 手机绑定

手机绑定就是指注册飞信用户的过程，跟 QQ 聊天工具一样，要使用该软件必须注册用户，但飞信注册需要与移动手机号绑定，下面介绍具体操作方法。

【操作思路】

- 启动飞信。
- 注册新用户。

● 短信验证。

【操作步骤】

STEP 1 启动飞信 2014 版，进入【登录】界面。

STEP 2 注册新用户。

（1） 在【登录】界面中单击免费注册链接，弹出【中国移动互联网通行证注册】网页。

（2） 在【注册飞信】对话框中输入手机号。

（3） 输入图片验证码。

（4） 在【设置密码】文本框中设置密码，并在【确认密码】文本框中再次输入密码进行确认。最终结果如图 10-47 所示。

STEP 3 短信验证。

（1） 单击获取短信验证码按钮获取短信验证码，在【短信验证码】文本框中输入手机收到的验证信息，如图 10-48 所示。

图10-47　注册新用户

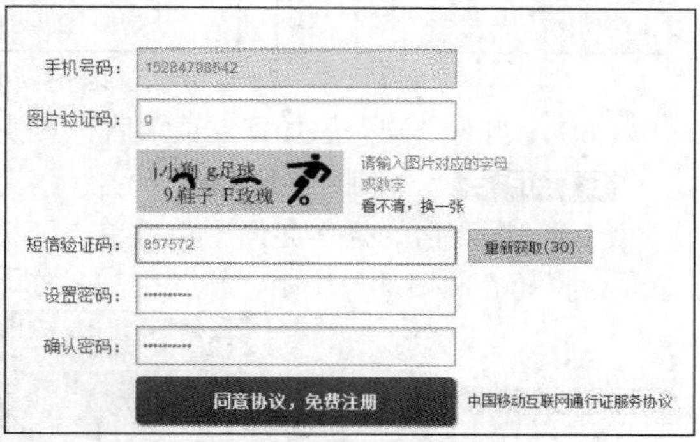

图10-48　短信验证

（2） 单击同意协议，免费注册按钮完成注册。

（二） 好友管理

手机绑定成功后，即可登录飞信。在发送各种信息前，还需要添加好友，这样才能和其他人进行信息交流。下面介绍具体操作方法。

【操作思路】

● 添加好友。

● 添加分组。

● 移动好友。

【操作步骤】

STEP 1 添加好友。

（1） 登录飞信，进入飞信的操作界面。

（2） 在操作界面下方单击按钮（或者在空白处单击鼠标右键，选择【添加联系人】命令），弹出【添加联系人】对话框。

（3） 在【添加联系人】对话框中输入好友的手机号、飞信号或邮箱。

（4） 单击添加按钮，弹出【添加好友】对话框。

（5） 在【添加好友】对话框中设置好友的备注名称，选择好友所在的组，并向好友发送自己的身份，最终的操作效果如图 10-49 所示。

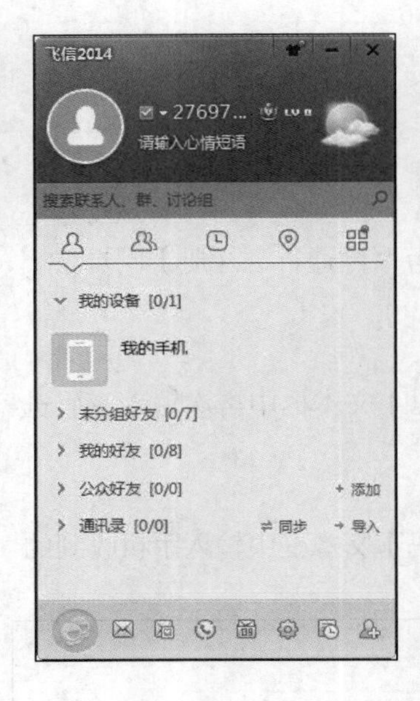

图10-49　添加好友

（6）　当对方同意添加好友请求后，其就会立即显示在飞信的好友框里。

STEP 2　添加分组。

（1）　在飞信的操作界面空白处单击鼠标右键，在弹出的快捷菜单中选择【添加分组】命令，将在界面增加一个组，输入组的名称即可，如图 10-50 所示。

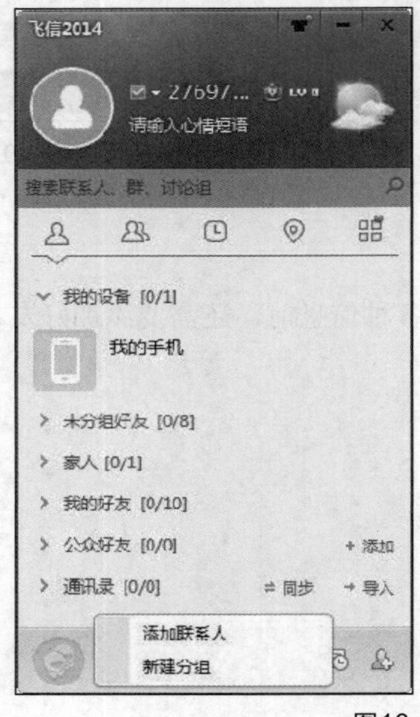

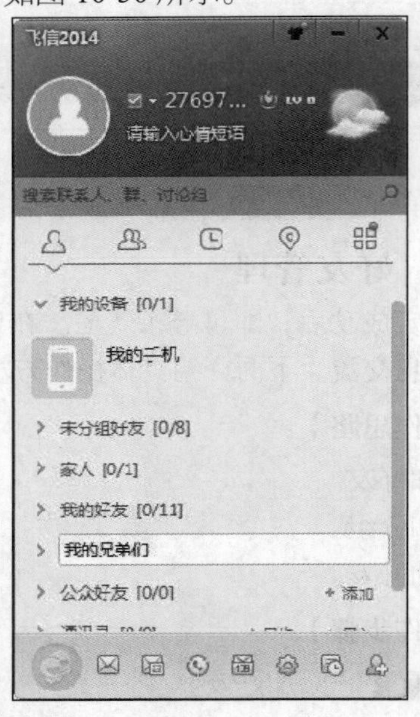

图10-50　添加组

（2）　单击空白处完成分组创建。

STEP 3　移动好友。

（1）　选中需要移动的好友。

（2）　单击鼠标右键，在弹出的快捷菜单中选择【组管理】/【将该好友移动到】/【家人】命令，将成员移动到【家人】分组中，如图 10-51 所示。

图10-51 移动好友

知识提示

还可直接将选定的成员拖曳到其他分组中，这种操作更加简便。

（三）发送信息

飞信最主要的功能就是可以在计算机前发送信息到对方计算机或手机上，这样既方便又快捷。下面介绍具体操作方法。

【操作思路】

- 给手机发送短信。
- 发送即时消息。

【操作步骤】

STEP 1 给手机发送短信。

（1） 启动飞信，进入其操作界面。

（2） 右键单击联系人，在弹出的快捷菜单中选择【发送手机信息】/【发送短信】命令，打开聊天窗口。

（3） 在聊天窗口中输入发送的内容。

（4） 单击 发送 按钮（或按 Enter 键），便可以将信息发送到对方手机上，最终的操作效果如图 10-52 所示。

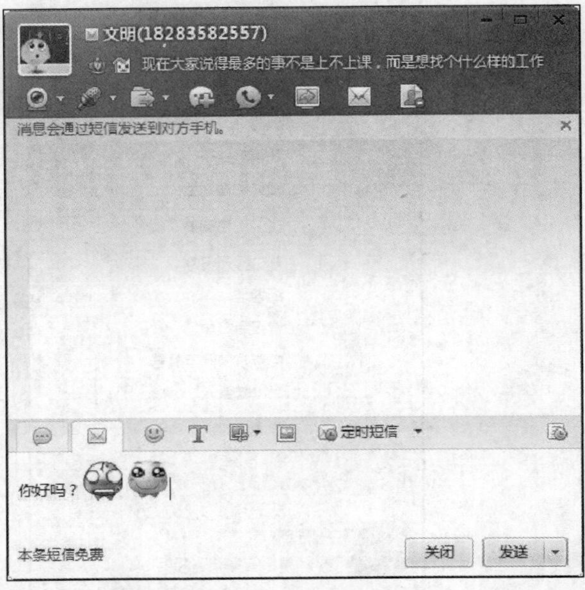

图10-52　发送短信

STEP 2　发送即时信息。

（1）　在飞信操作界面上双击在线飞信好友，打开聊天窗口。

（2）　在聊天窗口中输入发送的内容。

（3）　单击 发送 按钮，便可以将信息发送到对方飞信上。

知识提示

如果联系人不在线，即时信息将发送到对方的手机上；如果对方在线，将发送信息到对方飞信客户端上。还可以通过飞信发送彩信、图片、文件等信息。

任务三　掌握微云的使用方法

微云是腾讯公司为用户精心打造的一项智能云服务，您可以通过微云方便地在手机和电脑之间同步文件，推送照片和传输数据。其支持文件、照片一键分享到微信，微信支持微云插件发送照片、文件，支持 2G/3G 网络下推送照片。

【操作思路】

- 添加应用。
- 基本操作。

【操作步骤】

STEP 1　添加应用。

打开 QQ 面板，在下方单击“打开应用管理器”按钮，如图 10-53 所示，弹出【应用管理器】对话框，双击【微云】图标，如图 10-54 所示。

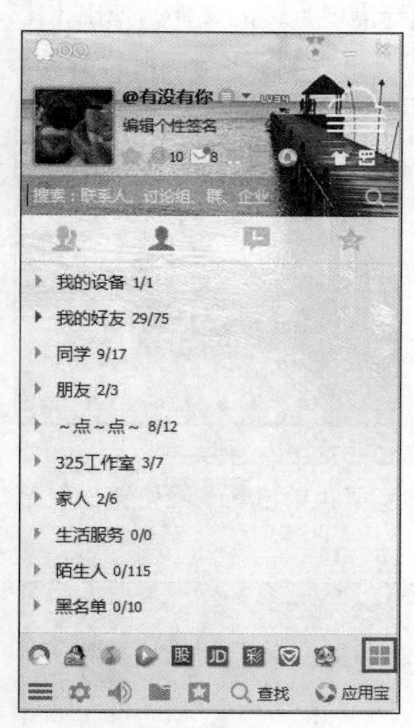

图10-53 QQ 面板

图10-54 添加微云

STEP 2 添加文件/文件夹/笔记。

（1） 打开微云，其界面如图 10-55 所示。

图10-55 微云界面

（2） 单击面板的 + 添加 按钮，选择【文件】命令，选择需要上传的文件，弹出【上传文件】对话框，单击 开始上传 按钮即可开始上传，如图 10-56 所示。

（3） 单击面板的 + 添加 按钮，选择【文件夹】命令，选择需要上传的文件，弹出【上传文件】对话框，单击 开始上传 按钮即可开始上传，如图 10-57 所示。

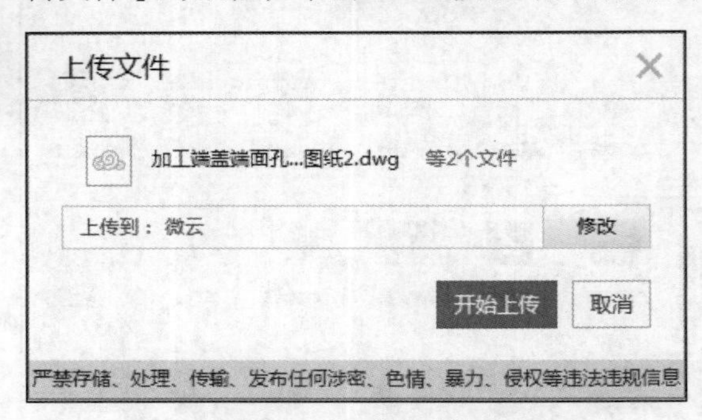

图10-56 上传文件

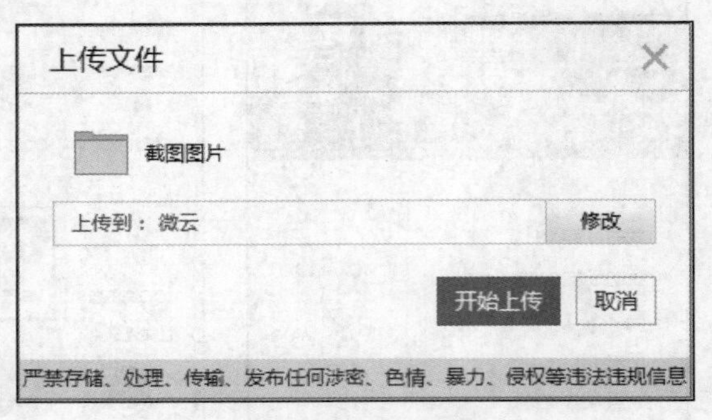

图10-57 上传文件夹

（4） 单击面板的 + 添加 按钮，选择【笔记】命令，新建笔记，单击 保存 按钮保存笔记，也可单击 按钮分享笔记，如图 10-58 所示。

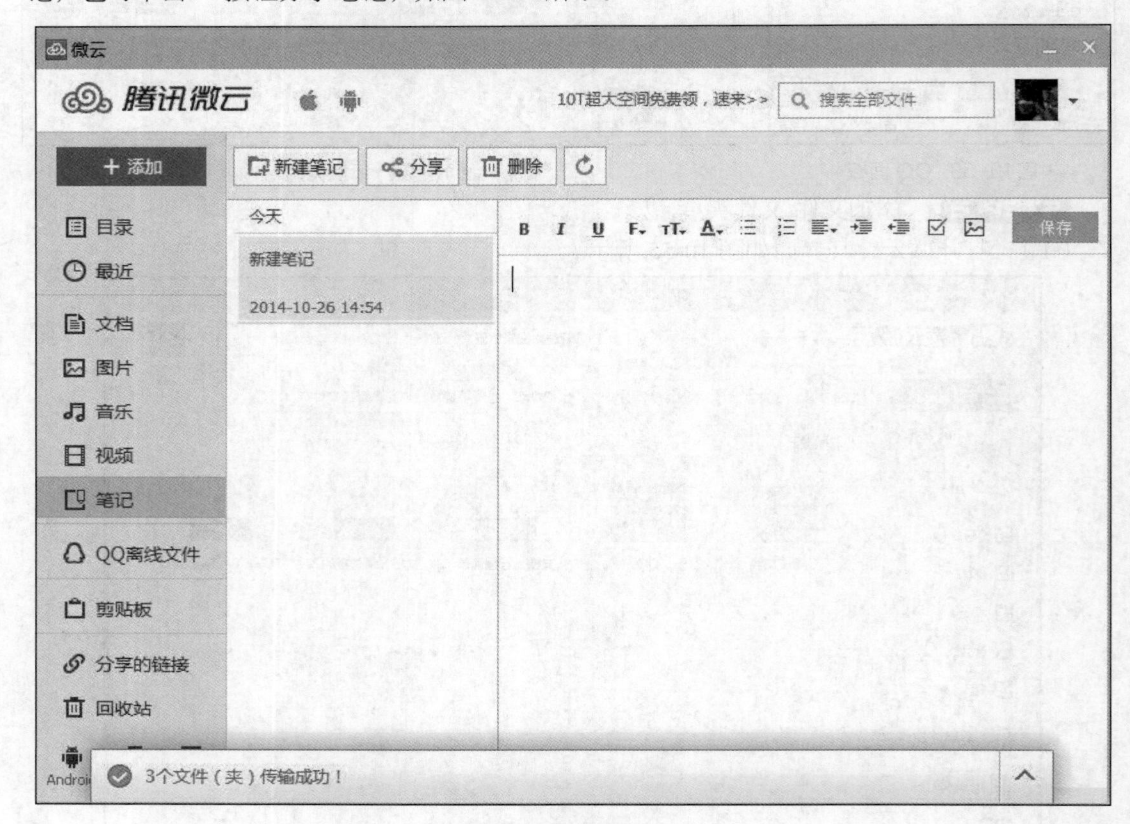

图10-58 新建笔记

STEP 3 下载文件。

（1） 将鼠标指针移至需要下载的文件上，单击 按钮，即可开始下载文件，设置保存地址，如图 10-59 所示。

（2） 单击鼠标右键选择【下载】命令也可下载文件，设置保存地址，如图 10-59 所示。

微云
腾讯微云
10T超大空间免费领，速来>>
搜索全部文件
+ 添加
下载
分享
移动到
重命名
删除
新建文件夹
目录
最近
文档
图片
音乐
视频
笔记
QQ离线文件
剪贴板
分享的链接
回收站
微云
QQ离线文件
截图图片
QQ
XLS
文档：行程清单
DOCX
文档：最关键的人脉
MP3
音乐：Be The Best
下载
删除
移动到
重命名
获取二维码
分享
3个文件（夹）传输成功！

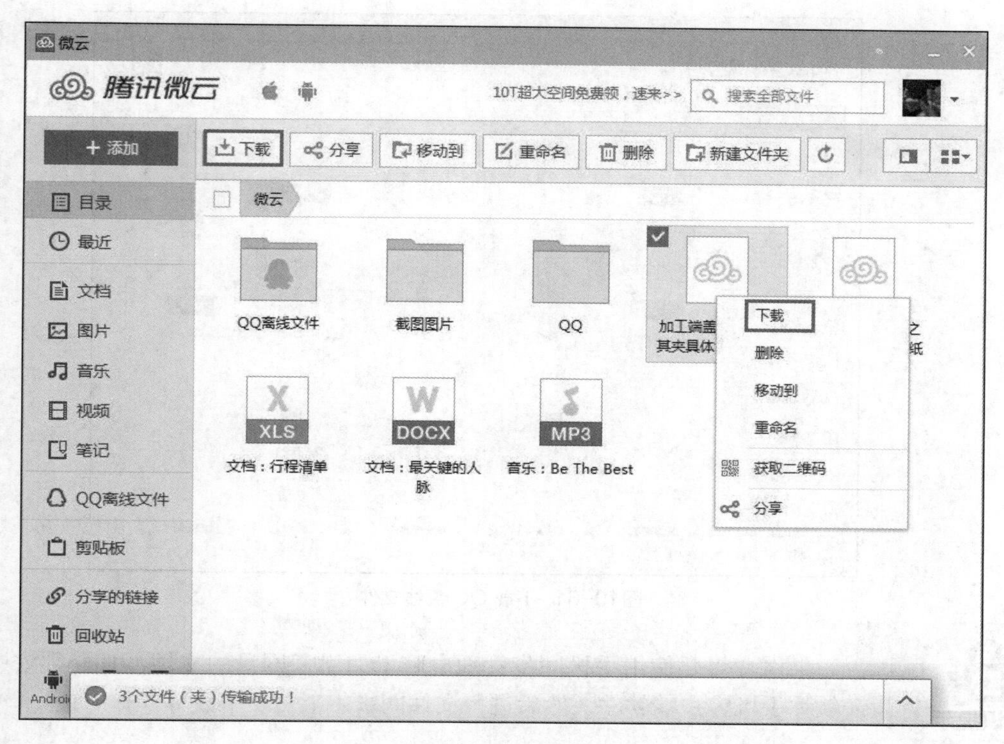

图10-59 下载文件

STEP 4 分享文件。

单击按钮可以分享此链接给好友，好友通过链接下载此文件，也可以通过【邮箱分享】把此链接分享给好友，如图 10-60 所示。

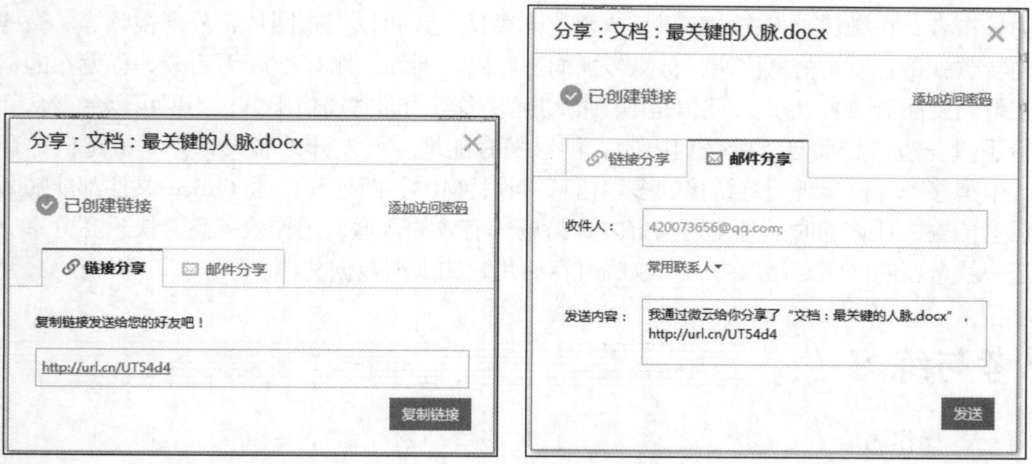

分享：文档：最关键的人脉.docx
已创建链接
添加访问密码
链接分享
邮件分享
复制链接发送给您的好友吧！
http://url.cn/UT54d4
复制链接
分享：文档：最关键的人脉.docx
已创建链接
添加访问密码
链接分享
邮件分享
收件人：
420073656@qq.com;
常用联系人
发送内容：
我通过微云给你分享了“文档：最关键的人脉.docx”，
http://url.cn/UT54d4
发送

图10-60 分享

STEP 5 下载 QQ 离线文件。

微云还可以接受下载 QQ 离线文件，单击 QQ离线文件 按钮，即可打开 7 天之内 QQ 接收到的离线文件，选择文件单击鼠标右键，可下载文件，删除文件或者另存文件，如图 10-61 所示。

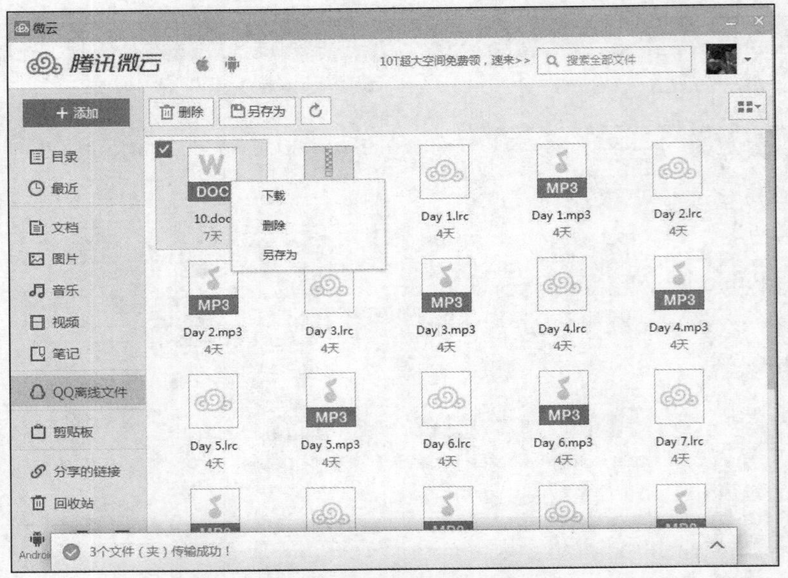

图10-61 下载 QQ 离线文件

如果用户想要使用手机同步管理电脑上的微云网盘的文件，那必须安装微云软件手机客户端软件，然后进行文件同步、上传、下载等操作。

项目小结

微博提供了这样一个平台，你既可以作为观众，在微博上浏览你感兴趣的信息，也可以作为发布者，在微博上发布内容供别人浏览。微博上还可以发布图片，分享视频等。微博最大的特点就是：发布信息快速，信息传播的速度快。例如，你有 200 万听众，你发布的信息会在瞬间传播给 200 万人。飞信是中国移动运营多年的即时通信工具，不但可以免费从计算机给手机发短信，而且不受任何限制，能够随时随地与好友开始聊天，并享受超低语音资费。中国移动飞信实现无缝链接的多端信息接收，MP3、图片和普通 Office 文件都能随时随地任意传输，让你随时随地都可与好友保持畅快有效的沟通，工作效率高，快乐齐分享。微云是一款全新的网络存储服务，可以临时存储用户的大型数据文件。

思考与练习

一、操作题

1. 练习注册自己的微博账号，然后发布自己的第一条微博。
2. 安装飞信，绑定自己的手机号，练习使用飞信发送信息。

二、问答题

1. 简要说明微博的基本功能。
2. 如何使用飞信向好友的手机发送信息？
3. 微云主要有哪些用途？